启农教育
QI NONG JIAO YU

新型职业农民培育规划教材

现代农业与
科学种养实用技术

◎ 赵献芳 等 主编

U0271905

中国农业科学技术出版社

图书在版编目（CIP）数据

现代农业与科学种养实用技术／赵献芳等主编．—北京：中国农业科学技术出版社，2015.11

ISBN 978 - 7 - 5116 - 2309 - 6

Ⅰ.①现…　Ⅱ.①赵…　Ⅲ.①农业技术 – 基本知识　Ⅳ.①S

中国版本图书馆 CIP 数据核字（2015）第 243439 号

责任编辑	白姗姗
责任校对	贾海霞

出 版 者	中国农业科学技术出版社
	北京市中关村南大街 12 号　邮编：100081
电　话	（010）82106638（编辑室）　（010）82109704（发行部）
	（010）82109709（读者服务部）
传　真	（010）82106650
网　址	http://www.castp.cn
经 销 者	各地新华书店
印 刷 者	北京富泰印刷有限责任公司
开　本	850mm ×1 168mm　1/32
印　张	12
字　数	312 千字
版　次	2015 年 11 月第 1 版　2016 年 11 月第 3 次印刷
定　价	36.00 元

前　言

  中国是一个有悠久历史的农业大国。农业在国家的经济社会发展中有着极其重要的地位。中国有 13 亿人口，有 8 亿农民，"三农"问题是党和政府长期关注的重点问题，如何解决这一问题，为诸多学者所关注。古人语"授人以鱼，不如授人以渔"，意思是说与其给他人输血，不如让他们能够自己造血。党中央、国务院以"四化"同步发展为推动力，提出大力培养新型职业农民。这是解决今后"谁来种田"问题做出的重大决策，抓住了农业农村经济发展的根本和命脉。国家农业部以启动实施新型职业农民为方向目标，认定标准、实施办法和扶持政策，探索积累了培育新型职业农民的经验，奠定了我国培养新型职业农民发展的基础。2014 年国务院及有关部门相继出台了有关文件，使新型职业农民培训工作更加健康有序开展，使新型职业农民有更多实惠，也将进一步调动新型职业农民从事农业生产的积极性和主动性，有力地促进我国农业经济的发展。

  本书介绍了新型职业农民培训相关知识，包括种养殖业知识、农业环保知识、土壤肥料知识、新能源知识、农村财务、农村政策及"三农"法律法规等知识。

  由于编写时间紧迫，加之编者水平有限，书中不尽如人意之处在所难免，恳请希望广大读者和同行不吝指正。

编　者

2015 年 8 月

目　录

第一部分　种植篇

第一部分　种植篇

第一章 小麦基础知识

第一节 小麦品种

1. 济麦 22

特征特性：

该品种属半冬性，中晚熟，成熟期比石 4185 品种晚 1 天，幼苗半直立。抗寒性一般，分蘖性较强，成穗率较高。株高 72 厘米左右，株型紧凑，叶片较小、旗叶上冲，长相清秀，穗层整齐，茎叶蜡质较多，茎秆弹性好，抗倒伏能力强，综合抗病性好。落黄佳，穗长方形，长芒，白壳。白粒，角质。籽粒饱满。2005 年、2006 年混合样品测定，容重 809 克/升。产量构成因素，亩穗数 40 万~45 万，穗粒数 36.65 粒，千粒重 40 克。

产量表现：2004—2005 年度参加黄淮冬麦区北片水地组区域试验，平均亩*产 517.06 千克，比对照石 4185 品种增产 5.03%；2005—2006 年度续试，平均亩产 515.3 千克，比对照石 4185 增产 3.58%。2005—2006 年度生产试验，平均亩产 496.9 千克，比对照石 4185 增产 2.05%。

栽培要点：在河北鸡泽县适宜播期为 10 月 1~10 日。适宜播量每亩基本苗 12 万左右。开始分蘖后及时锄划，适时浇冬水，并追施尿素每亩 5 千克。春季第一水宜在拔节期，同时追施尿素 15 千克或碳酸氢铵 30 千克。浇好孕穗水和灌浆水。抽穗后及时防治蚜虫，适时收获，机械收获适期为完熟期。

---

* 1 亩约 666.7 平方米，1 公顷 = 15 亩，全书同

2. 良星 99

特征特性：幼苗半匍匐。叶片绿色，成株株型紧凑，株高74厘米左右。穗纺锤形，长芒、白壳、白粒、硬质。穗粒数31个左右，千粒重42克左右，容重790克/升左右。属半冬性中晚熟品种，生育期241天左右。分蘖力较强，穗层较整齐，抗倒力较强，抗寒性较好，熟相好。2003年、2004年两年河北省农林科学院植物保护研究所抗病鉴定结果：抗条锈1～4级，叶锈1～4级，白粉1～2级。

品质性状：2004年河北省农作物品种品质检测中心检测结果：籽粒蛋白质14.08%，沉降值26.3毫升，湿面筋34.0%，吸水率63.8%，形成时间2.8分钟，稳定时间2.6分钟。

产量表现：2003年冀中南水地组冬小麦区域试验结果，平均亩产483.95千克；2004年同组区域试验结果，平均亩549.24千克；2004年同组生产试验结果，平均亩产553.45千克。

推广意见：推荐适宜种植区域为河北省中南部冬麦区，建议在中、高水肥条件下种植。注意防治小麦赤霉病。

栽培技术要点：适宜播期10月1～10日，播种量不宜过大，精播地块每亩适宜基本苗10万～12万苗，半精播地块每亩适宜基本苗15万～20万苗。注意氮、磷、钾肥配合，防止早衰。

3. 鲁原 502

特征特性：半冬性中晚熟品种，成熟期平均比对照石4185晚熟1天左右。幼苗半匍匐，长势壮，分蘖力强。区试田间试验记载冬季抗寒性好。亩成穗数中等，对肥力敏感，高肥水地亩成穗数多，肥力降低，亩成穗数下降明显。株高76厘米，株型偏散，旗叶宽大，上冲。茎秆粗壮、蜡质较多，抗倒性较好。穗较长，小穗排列稀，穗层不齐。成熟落黄中等。穗纺锤形，长芒、白壳、白粒，籽粒角质，欠饱满。亩穗数39.6万穗、穗粒数36.8粒、千粒重43.7克。抗寒性鉴定：抗寒性较差。抗病性鉴定：高感条锈病、叶锈病、白粉病、赤霉病、纹枯病。2009年、

2010 年品质测定结果分别为：籽粒容重 794 克/升、774 克/升、硬度指数 67.2（2009 年），蛋白质含量 13.14%、13.01%；面粉湿面筋含量 29.9%、28.1%，沉降值 28.5 毫升、27 毫升，吸水率 62.9%、59.6%，稳定时间 5 分钟、4.2 分钟，最大抗延阻力 236E.U.、296E.U.，延伸性 106 毫米、119 毫米，拉伸面积 35 平方厘米、50 平方厘米。

产量表现：2008—2009 年度参加黄淮冬麦区北片水地组品种区域试验，平均亩产 558.7 千克，比对照石 4185 增产 9.7%；2009—2010 年度续试，平均亩产 537.1 千克，比对照石 4185 增产 10.6%。2009—2010 年度生产试验，平均亩产 524.0 千克，比对照石 4185 增产 9.2%。

栽培要点：适宜播种期 10 月上旬，每亩适宜基本苗 13 万 ~ 18 万苗。加强田间管理，浇好灌浆水。及时防治病虫害。

4. 邯麦 13

特征特性：半冬性，中熟，成熟期比对照石 4185 品种晚熟 1 天。幼苗半匍匐，分蘖力中等，成穗率高。株高 77 厘米左右，株型紧凑，旗叶上举，长相清秀，茎秆坚硬。穗层较整齐，小穗排列紧密。穗纺锤形，短芒，白粒，角质，籽粒饱满。两年区试平均亩穗数 40.3 万穗，穗粒数 37.7 粒，千粒重 40.6 克。抗寒性鉴定，抗寒性 2 级，冬季抗寒性较好；耐倒春寒能力一般。抗倒性好。落黄好。接种抗病性鉴定：中抗赤霉病，中感条锈病、白粉病、纹枯病，高感叶锈病。区试田间试验部分试点感叶枯病较重。2007 年、2008 年分别测定品质（混合样）：籽粒容重 812 克/升、822 克/升，硬度指数 61.0（2008 年），蛋白质含量 15.22%、15.43%；面粉湿面筋含量 33.9%、35.0%，沉降值 36.4 毫升、34.1 毫升，吸水率 56.6%、57.4%，稳定时间 4.1 分钟、3.8 分钟，最大抗延阻力 218E.U.、202E.U.，延伸性 16.2 厘米、17.4 厘米，拉伸面积 51 平方厘米、51 平方厘米。

产量表现：2006—2007 年度参加黄淮冬麦区北片水地组品种

区域试验，平均亩产 534 千克，比对照石 4185 增产 4.56%；2007—2008 年度续试，平均亩产 537.5 千克，比对照石 4185 增产 4.07%。2008—2009 年度生产试验，平均亩产 522.9 千克，比对照品种石 4185 增产 5.66%。

栽培要点：鸡泽县适宜播种期 10 月 5～15 日，中高水肥地每亩适宜基本苗 20 万～22 万苗。注意足墒播种、播后镇压，浇越冬水，注意防治叶锈病、叶枯病、蚜虫等病虫害。

第二节　河北省鸡泽县冬小麦高产栽培技术

冬小麦是鸡泽县重要的粮食作物之一，是鸡泽县农业生产的重中之重。鸡泽县常年种植小麦 28 万亩左右，小麦高产栽培技术对鸡泽县麦农非常的实用，下面作一下简单介绍。

一、选用高产良种

良种是高产的内在因素，选用单株生产力高、抗倒伏、抗病性好、抗逆性强、株型较紧凑、光和能力强、经济系数高，不早衰的良种，有利于高产栽培，通过品种比较实验，笔者认为，适合高产麦田种植的品种有石麦 14、石麦 15、邯 6172、石新 828、良星 99、济麦 22 等。

二、深耕细作，耕耙配套，提高整地质量

高产麦田一般采用机耕，耕深达 23～25 厘米，要破除犁底层，不漏耕，要耕透耙透，无明显暗坷垃，无架空暗垡，达到上松下实，耕后耙平。起垄作畦后，在畦内再整平，为培育壮苗奠定基础。

三、施足底肥，培肥地力，做到有机无机肥料相结合

培肥地力是实现小麦高产的基础。种植经验表明，在底肥投

入上，不但要施足氮磷钾肥，同时还要增加有机肥的投入，做到有机肥与无机肥相结合。一般当季投肥量要本着供大于求，各种养分略有剩余，做到稳步提高地力，保证持续增产的原则。高产麦田最基本的投肥标准：每亩施入经过堆沤腐熟的膨化鸡粪1 000千克，或者圈肥3 000~4 000千克，纯氮10千克以上，五氧化二磷12千克，氧化钾10千克，硫酸锌1千克，硼肥1千克，一般将有机肥、磷肥、钾肥、微肥和氮肥总量的50%~60%作基肥，氮肥总量的40%~50%作追肥。

四、采用4.5寸等行距种植方式

通过对冬小麦各种不同种植方式实验表明：4.5寸*等行距种植是高产麦田一种理想的种植方式，这种种植方式能够使小麦个体间均衡发育，还可改善群体内的光照条件，提高光能利用率。

五、适期足墒播种，提高播种质量

鸡泽县高产麦田最适宜的播期为10月5~15日。为确保一播全苗，播种时一定要足墒播种，采取整畦后，浇水造墒，然后，经过精细耕作，将地整平后再播种。播种前要进行晒种两天，后用拌种剂进行拌种，以防治地下害虫。

六、加强田间管理，科学运筹肥水

（1）及时查苗、间苗、补种，小麦出苗后，对缺苗断垄处在出苗期进行补种。

（2）控制冬前分蘖，当冬前每亩总茎数达到预期指标后，采用深锄的办法控制多余分蘖，深锄的办法是隔行深锄，深度为10厘米，锄后耧平压实，接着浇冻水，防止透风发生冻害。

（3）浇好冻水，为使小麦安全越冬，补足早春小麦生长所需

---

*　1寸约3.33厘米，全书同

的水分，于11月底前普浇一遍冻水，浇冻水必须掌握在夜冻昼消时浇比较好。浇冻水是保证冬小麦安全越冬的重要措施。一方面它不仅能起到冬水春用、防止春旱的作用，而且还可压实土壤，风化土块，弥补地表裂缝，减缓地温的剧烈变化，防止冻害造成死苗。另一方面能在小麦返青后保证有较多的土壤水分，有利于形成上虚下实的土壤结构。并且还可以消灭越冬害虫，促进土壤微生物的活动，加速土壤有机肥料分解，为小麦春季返青创造良好的肥力条件。

（4）搞好早春管理，以增温保墒为重点，小麦拔节前不施任何肥水，重点搞好划锄，保墒增温，改善群体内的光照条件，以利大蘖生长发育，提高成穗率，促进穗大粒多。

（5）重施拔节肥水，高产的麦田春季第一次肥水应推迟到拔节期，这样可以有效地控制无效分蘖的生长，控制旗叶过长，建立高产小麦紧凑型株型；能够促进根系下扎，有利于延缓衰老，提高粒重；增加穗粒数，是高产栽培技术的关键措施。但施拔节肥浇拔节水的时间要根据地力水平和麦苗情况而灵活变化。对地力水平刚达到高产麦田的基本标准，群体适宜或偏大的麦田，宜在拔节期后期追肥浇水。

（6）搞好小麦后期管理工作，后期管理主要是浇好灌浆水，对延缓小麦后期衰老，提高小麦千粒重有重要作用，一般应在小麦开花后10天左右浇灌浆水。以后根据天气变化情况酌情浇水。为防止倒伏和有利于机械收获，保证高产优质，无论前期灌水情况如何，应于收获前10～15天停止浇水。对病虫防治应注意预测预报，后期防干热风，结合河北省、市"一喷三防"工作，及时进行药剂防治。为防止小麦早衰，可在小麦抽穗期和灌浆期喷施微肥或生长调节剂。能有效延缓叶片衰老，提高光和能力，增加粒重。

七、适时收获

在蜡熟末期收获小麦，籽粒的千粒重最高，蜡熟末期长相为植株茎秆全部黄色，叶片枯黄、茎秆尚有弹性，籽粒含水量20%左右，籽粒颜色接近品种故有光泽，籽粒较为坚硬。

八、重视保护措施，确保丰产丰收

防与治结合，前中后期并重，防治病虫草害。播种阶段采用包衣种子或药剂拌种控制土传、种传病害和地下害虫；苗期采用杂草秋治技术，并注意防治苗期病虫害；返青期至拔节期：以防治麦田春季杂草、纹枯病、根腐病为主，兼治白粉病、锈病；孕穗至抽穗扬花期：以防治吸浆虫、麦蚜、麦蜘蛛为主，兼治白粉病、赤霉病等。灌浆期重点防治穗蚜、白粉病、锈病。提高病虫草害综合防治效果，确保小麦生产安全。

第三节 探析冀南地区冬小麦"七分种"技术

随着国家惠农政策力度的不断加大和深入，广大群众种植粮食的积极性日益高涨。但在机械化普及和农村广大劳力外出务工情况下，广大群众对小麦的管理日益粗放，常常限制了小麦高产潜力的挖掘和发挥，导致了不能有效的抵抗自然灾害威胁。

在现有技术条件和基础下，小麦已经由过去的"三分种、七分管"变为现阶段的"七分种、三分管"，也就说做好小麦的播种阶段工作为小麦一生管理的重中之重。为使广大农户能够更全面的理解和掌握小麦的"七分种"技术，从而为促进苗齐、苗壮，为减少、方便小麦中后期管理打好基础，以便提高小麦产量，增加农民收入，笔者结合当前小麦生产实际情况，根据多年试验研究，总结出一套适合冀南麦区的高产栽培技术，现介绍如下。

一、选择适宜当地种植的小麦新品种

小麦品种的优良与否，是整个小麦生产的核心因素。只有选择适宜当地种植的小麦新品种，才能保证小麦的良好发育，最终稳产、高产。

应选用通过国家或省级审定，适宜在冀南地区种植的节水性、高产性、稳产性、优质性和抗逆性兼顾的优良品种，如邯6172、邯7086、石麦15、师栾02 - 1、科农199、良星66、济麦22等。

二、"冬小麦适时晚播"技术

最近十多年来，河北省气温呈明显升高趋势，出现"暖冬"现象。这为小麦适当晚播提供了温度基础。"冬小麦适时晚播"栽培技术实际是在冬前阶段积温增加的情势下，适当晚播，以减少小麦冬前积温，形成壮苗，避免旺苗，并使夏玉米充分成熟的小麦玉米双赢技术。

根据近10年气温变化特点，始播期较以前应推迟5天左右为宜，适宜播期在10月5～15日。早播和晚播分别容易使小麦长成旺苗和弱苗，不利于小麦的正常发育和安全越冬。

三、浇足底墒水，切忌抢墒播种

冀南个别地区存在不论墒情一律采用抢墒播种，而后浇"蒙头水"或"满月水"的习惯。这样不利于小麦正常出苗，不能够做到达到苗齐、苗匀、苗壮，影响了小麦群体的良好发育。

因而在播种前墒情不足时，必须造足底墒，保证足墒播种。造足底墒后，不仅能够做到一播全苗，苗齐、苗匀、苗壮，而且根据适时情况可以免浇冻水、春季推迟浇水，实现节水高产。

四、合理施肥原则

针对当前生产上盲目大量使用氮肥的措施，要掌握合理配肥，重视基肥，氮、磷、钾平衡施肥，有机肥与无机肥结合施肥，另施锰锌等少量微肥的施肥原则。应保证各种肥料的有效利用，而不是盲目过多或少量施肥而造成的浪费或不足。

笔者根据多年研究，针对冀南麦区的肥力状况，对于中上等肥力的地块，总结出一套施肥方案，即播种前每亩撒施农家肥1.5~2.5 立方米/亩，底施尿素 16~20 千克，过磷酸钙 50~60千克，氯化钾 10~15 千克，另施微肥 $ZnSO_4$ 1.5 千克和 $MnSO_4$ 0.5 千克（即每亩折合纯氮 12~15 千克，P_2O_5 磷 6~8 千克，K_2O 钾 6~9 千克，根据不同肥料种类，按照比例折算）。

五、药剂拌种或者毒麸诱杀

为了保证播种后小麦苗齐、苗匀，应在播种前对麦种进行药剂拌种或者毒麸诱杀，可有效防治地下害虫的危害。

药剂拌种，用 50%~70%辛硫磷 10~15 毫升，加水 10 倍配成药液与 10 千克麦种混合均匀，或者用 20%的甲基异硫磷乳油 20~25 毫升拌麦种 10 千克，在阴凉处晾干，切忌晒干。

毒麸诱杀，在耕地前，撒施"地下卫士"，每亩一袋（750克），拌麸皮 15~20 千克，或者每亩用辛硫磷 250 毫升对水 2.5 千克，拌麸皮 15 千克撒施。

六、精细整地

为了减少投入力度，冀南多数麦田播种粗放，旋耕后直接播种，土壤悬松，造成播种过深。而且用旋耕机旋耕只能松土 12~15 厘米，旋耕几年后在 12 厘米处形成比较坚实的犁底层，小麦根扎不下去，影响水分下渗。

因此，针对已连续旋耕 3 年以上的地块，应深耕或深松一次，打破犁底层，有利于小麦根系下扎，蓄水保肥，提高产量和水肥资源利用率。而在最近3年内深耕过的，可旋耕2遍，使深度达到14厘米以上，确保旋耕质量。在旋耕后应及时镇压（可在旋耕犁后加镇压器），及时耙地，避免形成坷垃，使耕层上虚下实，土面细平。

七、适量播种

播种前根据品种特性、播种期和地力等条件合理确定播种量。

冀南麦区，在适宜播期范围内，播量一般为每亩10~15千克。即在适播期内每亩保证基本苗20万左右，适播期后每推迟1天增加1万基本苗。播种深度掌握在3~5厘米，早播宜深，晚播宜浅。为了减少无效水分蒸发，充分利用光热水肥资源，应采用15厘米等行距的"缩距增行"种植形式。播种时一定要保证质量，尤其是地头两边的质量，确保苗齐、苗全。

播种后要根据墒情适时镇压，提墒保墒。镇压的时间一般选在晴天的中午。墒情稍差的，要马上镇压；墒情好的可稍后镇压。

八、苗情检查，根据不同苗情有针对的采取合理的措施

在小麦出苗后，应及时到田间查看苗情，对缺苗断垄地块（行内连续10厘米无苗为缺苗，15厘米以上无苗为断垄）应及时进行补种，保证苗齐；针对旺苗地块，可在越冬后及早进行镇压，达到踏实土壤、防冻保墒、控制旺苗生长的作用；对于生长较弱的麦块，可在开春返青后，灌溉时配合追施尿素或者二铵，促进小麦生长，保证小麦产量。

九、酌情浇灌冻水，保证冬小麦顺利越冬

对于麦区表墒偏旱的麦田，或由于秸秆还田等原因造成土壤不实的麦田，都应适时浇好冻水，以踏实土壤，减少空隙，补充水分，防止冻害。

适时浇水的时间在日平均气温5℃开始，土壤夜冻昼消时结束，即11月上旬。浇后要及时划锄，破除土壤板结。

第四节 小麦施肥技术

小麦是需肥较多的作物，不同生育期吸收氮、磷、钾养分的吸收率不同。对氮的吸收有2个高峰，一是出苗至拔节期，吸收氮占总氮量的40%左右；二是拔节至孕穗开花期，吸收氮占总氮量的30%~40%。小麦对磷的吸收以孕穗至成熟期吸收最多，约占总吸收量的40%。小麦对钾的吸收以拔节至孕穗开花期最多，占总吸收量的60%左右；开花时对钾的吸收达最大量。因此，在小麦苗期。应施用适量的氮素营养和一定的磷、钾肥，促使幼苗早分蘖、早发根。培育壮苗。拔节至开花是小麦生育期中吸收养分最多的时期，需要较多的氮、钾营养，抽穗、扬花后应保持足够的氮、磷、营养，以防脱肥早衰，促进光合物的转化和运输，促进麦粒灌浆饱满，增加粒重。一般情况下，每生产100千克小麦，约需从土壤中吸收氮（N）3.0千克、磷（P_2O_5）1.4千克、钾（K_2O）3.6千克。现将小麦不同阶段的施肥技术总结如下，以供全县种植户参考。

1. 施足基肥

小麦施足底肥是提高麦田土壤肥力的重要措施。底肥能保证小麦苗期生长对养分的需要，促进其早生快发，使麦苗在冬前长出足够的健壮分蘖和强大的根系，并为春后生长打下基础。底肥的数量应根据产量要求、肥料种类、性质、土壤和气候条件而定。碳铵由于性质不稳定，容易挥发损失，追施后如不及时灌水容易使氮素损失，因此，碳铵作底肥时应深施。如果碳铵全部作底施，从施肥到小麦拔节、孕穗，至少要经历4~5个月，虽然冬春温度低加上深施，损失较少。但碳铵的肥效很难维持到小麦生育后期。因此，1次底施肥往往满足不了小麦各个生育期的需要。据试验，碳铵用量600千克/公顷。全部作底肥的产量为6 642千克/公顷；而用225千克/公顷作底肥，冬前追150千克/公顷，拔节时再追225千克/公顷，产量7 338千克/公顷。底肥和分期追肥并用的增产696千克/公顷。底肥应占施肥总量的60%~70%为宜。底肥应以有机肥料为主，适量配合施用氮、磷、钾等化学肥料。一般施农家15.0~22.5吨/公顷，尿素150千克/公顷或碳铵375千克/公顷。高浓度复混肥375~450千克/公顷。

2. 合理使用种肥

小麦播种时用适量速效氮、磷肥作种肥，能促进小麦生根发苗，提高分蘖，增加产量，对晚茬麦和底肥不足的麦田有显著的增产效果。试验证明，施用硫铵拌种的可增产10%左右。氮肥作种肥一般施硫铵45千克/公顷与尿素37.5千克/平方千米，碳铵因易挥发造成种子灼伤而不能作种肥。磷肥作种肥，可预先将过磷酸钙与腐熟的农家肥粉碎过筛后，制成颗粒肥与小麦种子混播；也可将过磷酸钙撒在土表后。浅耙与土混匀再行播种。磷酸钙用量一般为112.5~150.0千克/公顷。对土壤肥沃或底肥充足的麦田，种肥可以不施。

3. 返青至拔节期看苗追肥

追肥要看苗追施，对于冬前总茎数达1 500万个/公顷以上的旺苗，由于分蘖太多，叶色深绿，叶片肥大，返青肥应以磷、钾为主，不要再追氮肥。施过磷酸钙225千克/公顷，草木灰750~1 500千克/公顷或钾肥150千克/公顷左右，对壮秆防倒伏有好处。对于冬前总茎数已达1 050万~1 500万个/公顷的壮苗，应以巩固冬前分蘖为主，适当控制春季分蘖，以减少无效分蘖。追肥可在 2 月底至 3 月底，施碳铵 112.5～150.0 千克/公顷。保水保肥力强的，可适当早施；保水保肥力差的砂壤土，可适当晚施。麦田有点、片弱苗时，可酌情施"偏心"肥。对于冬前分蘖不足的弱苗，应重施返青肥。

4. 巧施拔节孕穗肥

小麦从拔节至抽穗是一生中生长发育最旺盛的时期，吸收量大，需肥多，满足这一时期的养分供应，对夺取小麦高产非常重要。拔节、孕穗肥应该看苗巧施。对小麦生长不良、苗弱偏小的群体，应早施拔节肥，提高分蘖成穗率，力争穗多、穗大。追肥量可占总施肥量的 10%～15%，用尿素 45～60 千克/公顷沟施或穴施。对于生长健壮的麦苗。由于群体适宜，穗数一般有保证，主要应攻大穗，拔节期应适当控制肥水，防止倒伏，待叶色自然褪淡，第 1 节间定长，第 2 节间迅速伸长时，再水、肥并进，以保花增粒。对于群体大，叶面积过大，叶色浓绿，叶宽大下垂的旺苗，可少施或不施拔节肥。

5. 后期叶面追肥

在后期根系吸收能力差时，叶面追肥更直接有效，同时能有效防止干热风危害。叶面喷肥品种主要是尿素、磷酸二氢钾、微肥等，浓度在 0.5%～2.0%。喷施一般在 8 时前、17 时后或阴天进行，喷后遇雨要重喷。

第五节　小麦吸浆虫综合防控技术

小麦吸浆虫为世界性害虫，广泛分布于亚洲、欧洲和美洲主要小麦栽培国家。国内的小麦吸浆虫亦广泛分布于全国主要产麦区，我国的小麦吸浆虫主要有两种，即麦红吸浆虫和麦黄吸浆虫。小麦红吸浆虫主要发生于平原地区的渡河两岸，而小麦黄吸浆虫主要发生在高原地区和高山地带。

一、为害症状

小麦吸浆虫是小麦生产上的主要害虫,以幼虫潜伏在颖壳内吸食正在灌浆的麦粒汁液,造成秕粒、空壳,一般可造成10% ~ 30%的减产,严重的达70%以上甚至绝产。被吸浆虫为害的小麦,其生长势和穗形都不受影响,且由于麦粒被吸空、麦秆表现直立不到,具有"假旺盛"的长势。受害小麦麦粒有机物被吸食,麦粒变瘦,甚至成空壳,出现"千斤的长势,几百斤甚至几十斤产量"的残局。

二、发生规律

自然状况下两种吸浆虫均一年1代,也有遇到不适宜的环境多年发生1代。吸浆虫以末龄老熟幼虫在土壤中结圆茧越夏或越冬。一般黄河流域3月上中旬越冬幼虫破茧向地表上升,4月中下旬在地表大量化蛹,4月下旬至5月上旬成虫羽化在麦穗中产卵,一般3天后孵化,幼虫从颖壳缝隙钻入麦粒内吸食浆液。吸浆虫化蛹和羽化的迟早虽然因各地气候条件而异,但与小麦生长发育阶段基本吻合。一般小麦拔节期幼虫开始破茧上升,小麦孕穗期幼虫上升至地表化蛹,小麦抽穗期成虫羽化,抽穗盛期也是羽化盛期。

吸浆虫发生与雨水、湿度关系密切,春季3 ~ 4月间雨水充足,利于越冬幼虫破茧上升土表、化蛹、羽化、产卵及孵化。此外,麦穗颖壳坚硬、口紧、种皮厚、籽粒灌浆迅速的品种受害轻。抽穗整齐,抽穗期与吸浆虫成虫发生盛期错开的品种,成虫产卵少或不产卵,可逃避其为害。主要天敌有宽腹姬小蜂、光腹黑蜂、蚂蚁、蜘蛛等。

三、防治方法

小麦吸浆虫的防治应贯彻"蛹期防治为主,成虫期防治为辅"的指导思想。

（一）农业防治

1. 选用抗虫品种

吸浆虫耐低温而不耐高温，因此越冬死亡率低于越夏死亡率。土壤湿度条件是越冬幼虫开始活动的重要因素，是吸浆虫化蛹和羽化的必要条件。不同小麦品种，小麦吸浆虫的为害程度不同，一般芒长多刺，口紧小穗密集，扬花期短而整齐，果皮厚的品种，对吸浆虫成虫的产卵、幼虫入侵和为害均不利。

因此要选用穗形紧密，内外颖毛长而密，麦粒皮厚，浆液不易外流的小麦品种。

2. 轮作倒茬

麦田连年深翻，小麦与油菜、豆类、棉花等作物轮作，对压低虫口数量有明显的作用。在小麦吸浆虫严重田及其周围，可实行棉麦间作或改种油菜、大蒜等作物，待几年后再种小麦，就可减轻为害。

（二）化学防治

1. 蛹期防治

小麦孕穗期吸浆虫上升至地表化蛹，这是用药关键时期，可选用2%甲基异柳磷粉剂、50%辛硫磷颗粒剂等药剂加细土拌成毒土均匀撒施于地表，撒毒土后浇水效果更好。

2. 成虫期防治

当小麦抽穗率达50%（成虫盛发期）时用药防治。可选药剂：40%氧乐果乳油、10%吡虫啉可湿性粉剂或25克/升高效氯氟氰菊酯乳油。防治时要小麦全株着药，喷匀打透，亩药液量不少于30千克，同时可兼治麦蚜等害虫。

每年都有因为小麦吸浆虫防治不好而导致绝收的地块。因此，我们好大力宣传小麦吸浆虫的防治技术，坚持"蛹期防治为主，成虫期防治为辅"的原则，做好小麦吸浆虫的防治工作。

第六节 小麦冻害的分类、预防及补救措施

小麦冻害是指麦田经历连续低温天气而导致的麦穗生长停滞。冻害较轻麦田，麦株主茎及大分蘖的幼穗受冻后，仍能正常抽穗和结实；但穗粒数明显减少。冻害较重时，主茎、大分蘖幼穗及心叶冻死，其余部分仍能生长；冻害严重的麦田，小麦叶片、叶尖呈水烫一样地硬脆，后青枯或青枯成蓝绿色，茎秆、幼穗皱缩死亡。

我国小麦种植区域广，南北跨度大，地形多变，霜冻害发生的情况比较复杂。但以平原地区发生多而重，鸡泽县地处太行山东麓海河平原的黑龙港流域，东经 114°51′~115°01′，北纬 36°93′~37°49′，而我国小麦冻霜危害比较频繁的区域主要分布在东经 105°~120°，北纬 33°~38° 的区域内，而东经110°~118°，北纬 34°~36° 为重发区，即黄淮麦区，鸡泽县正好处于小麦冻害易发区、多发区、重发区。

据统计，鸡泽县小麦发生霜冻的年概率 20 世纪 80 年代为 50%，20 世纪 90 年代为 78%，这表明黄淮麦区霜冻发生频繁，且近年有加重的趋势，给小麦生产造成较大的损失。

一、小麦冻害的类型

鸡泽县及黄淮麦区小麦冻害按时间划分，可分为以下几种。

(一) 初冬冻害

初冬冻害即在初冬发生的小麦冻害，一般由骤然强降温引起，因此常称为初冬温度骤降型冻害。11 月中下旬至 12 月中旬，最低气温骤降 10℃左右，达 -10℃以下，持续 2~3 天，小麦的幼苗未经过抗寒性锻炼，抗冻能力较差，极易形成初冬冻害。发生冻害的小麦类型是弱苗和旺苗，壮苗一般不会造成冻害，最多造成叶尖受冻，对小麦的生长和产量影响不大。苗龄小，未积累

大量可溶性固形物，仍处在较旺盛生长时期的幼小弱苗，抗低温能力较差，易发生初冬冻害，造成叶片干枯和幼苗死亡。早播旺苗，冻害主要造成幼穗冻死叶片和叶片干枯，尤其是土壤肥力低，整地质量差，土壤缺墒的麦田，如遇突发性强降温天气，极易造成初冬冻害。

（二）越冬期冻害

小麦越冬期间（12月下旬至翌年2月中旬）持续低温（多次出现强寒流）或越冬期间因天气反常造成冻融交替而形成的小麦冻害。一般分为冬季长寒型、交替冻融型两种类型。冬季长寒型是由于长期受严寒天气的影响而导致的小麦地上部严重枯萎甚至成片死苗；交替冻融型是进入越冬期的麦苗因气温回升的恢复生长，抗寒力下降，又遇到强降温成的冻害。当冬季有两个月以上平均气温比常年偏低2℃以上，最低气温在 −15 ~ −13℃的天数较多，鸡泽县近年降雪较少，易发生冬季长寒型冻害。越冬期小麦处于休眠状态，抗寒力很强。但在鸡泽县小麦具有越冬不停止生长的特点，此阶段小麦处于植株地上部稍生长、地下部分继续生长阶段，一旦遇回暖天气，幼苗又开始生长，抗寒力相对减弱，当再次寒流降温到 −15 ~ −13℃时，即会产生较严重的越冬冻害。越冬冻害一般以冻死部分叶片为主要特征，对生产危害较小。另外，整地质量差的麦田，特别是近年旋耕未镇压的麦田以及沙土地麦田，年年都有越冬期冻死苗现象。墒情差的情况下，也可形成严重冻害。

（三）早春冻害

小麦返青至拔节期间（2月下旬至3月中旬）发生的冻害。返青后麦苗植株生长加快，抗寒力明显下降，如遇寒流侵袭则易造成冻害。此类冻害发生较为频繁且程度较重，是鸡泽县小麦的主要冻害类型。

（四）春末晚霜冻害

小麦在拔节至抽穗期间（3 月下旬 4 月中旬）发生的霜冻冻害。这一阶段小麦生长旺盛，抗寒力很弱，对低温极为敏感，若遇气温突然下降，极易形成霜冻冻害。形成的原因主要是由于气温回暖后又突然下降形成的霜冻。晚霜冻害其他地区发生较少，主要分布在黄淮麦区。

二、小麦冻害的特征

小麦遭受冻害的时期不同，其受冻部位及形态特点也有区别。小麦初冬冻害，冬季冻害、早春冻害及晚霜冻害在冻害症状的表现上存在着明显区别。

（一）初冬冻害与越冬冻害的特征

从植株形态上看，发生在不同阶段冻害的表现不同。小麦发生初冬冻害，受冻植株外部特征比较明显，叶片干枯严重。一般条件下，鸡泽县初冬冻害与越冬冻害，只有在降温幅度很大时才出现死苗死蘖现象，冻死小麦主要是弱苗和旺苗，而壮苗一般不会发生冻害。植株冻害死亡的顺序是先小蘖后大蘖再主茎，而冻死分蘖节的现象很少。播种过早，越冬期幼穗分化达护颖分化期以后，越冬期可造成严重冻害，分蘖死亡顺序为主茎→大蘖→小蘖。越冬冻害、冬季冻害的外部症状明显，开始叶片的部分或全部为水渍状，以后逐渐干枯死亡。叶片死亡面积的大小依冻害程度而定，冻害越重叶片干枯面积越大，初冬冻害及越冬期冻害一般以冻死部分叶片为主要特征，对小麦产量的影响不大。

（二）早春冻害的特征

小麦发生早春冻害，心叶、幼穗首先受冻，而外部冻害特征一般不太明显，叶片干枯较轻。但降温幅度很大时也有叶片轻重不同的干枯。受冻轻时表现为麦叶叶尖退绿为黄色，尖部扭曲卷起。3 月底以前发生的冻害，主要是叶尖发黄，黄尖率一般达

5%～50%，严重时黄尖率更高。随着冻害的加重，叶片会失水干枯，叶片受冻部分先呈水烫状，随后变白干枯。严重干旱时，叶片易受冻干枯。心叶冻干1厘米以上，幼穗就可能受冻死亡。幼穗受冻死亡的顺序依次为：主茎→大蘖→小蘖。冻死的主茎及大分蘖基部分蘖节上或第一节间的潜伏芽再长出新分蘖，一般新生分蘖不能成穗，只有当大部分已拔节的分蘖幼穗冻死时，新生分蘖才能成穗，不同品种冻死茎率与是否发生新分蘖成穗的反映不同，一般在50%以上时才有新生分蘖成穗。冻害严重时，幼穗全部死亡，只剩下分蘖节，下面的潜伏芽可再长出分蘖。大面积冻死整株苗的现象很少发生。很少有叶片受冻干枯而幼穗不受冻的情况。幼穗观察结果表明，早春冻害的幼穗全部进入护颖分化期，即小麦进入起身阶段，而二棱末期的幼穗没有冻死，二棱末期仅是受到伤害，造成穗轴伸受阻，上端小穗紧密排列，形成一个疙瘩，成为"大头穗"。另外在护颖分化期受轻霜冻时，也会形成"大头穗"。

(三) 晚霜冻害的特征

拔节后孕穗前发生的晚霜冻害，一般外部症状不明显，主要是主茎和大分蘖幼穗受冻。但降温幅度很大、温度很低时也可造成叶片严重干枯，这样的地块小麦主茎和大分蘖几乎全部冻死。很少有叶片受冻干枯而幼穗不受冻的情况。孕穗期发生晚霜冻害，受害部位为穗部。因受冻时间及程度不同主要受害症状为：幼穗干死于旗叶鞘内而不能抽出；或抽出的小穗全部发白枯死；或部分小穗死亡，形成半截穗。孕穗期晚霜冻害发生时叶片表面结冰，叶片、叶鞘呈水渍状，气温回升结冰融化水渍状消失，叶片不显出冻害症状，几天后叶片颜色加深呈浓绿色，有的品种形成条纹状花叶，即表明发生了冻害。冻害越重叶色越深，若叶色呈蓝绿色或黑绿色，一般是幼穗死亡或受到严重的伤害。抽穗后冻害症状才能表现出来，孕穗期晚霜冻害的症状主要表现如下。

(1) 残穗。即只有部分小穗发育结实，其余发育不完整或只有穗轴而无膨大的颖壳。

（2）形成无颖的空穗，只有穗轴。

（3）形成空心穗即"哑巴穗"。该类型幼穗全部冻死，但节间完好，仍有生长点能继续生长，无潜蘖芽出生（潜蘖芽是指小麦大分蘖冻死以后，从其分蘖节或其他节位生长出的新分蘖）；而生长点完全冻死的单茎，株高不再长高，下部分蘖节可长出新的分蘖。

（4）无籽粒穗。小麦幼穗在药隔形成后期受冻，子房会全部冻死，穗完好但不能结实，在太阳下明显可见整个穗透明。

三、小麦发生冻害的生理机制

（一）细胞结冰造成质壁分离

从生理机制上讲，当气温突然下降到 0℃ 以下时，植物细胞间隙的水首先结冰形成冰晶，细胞间溶液浓度增高，细胞内未结冰的水向细胞间隙运动，造成细胞内失水，细胞膨压下降，质壁分离，原生质失水而凝固失活。当气温继续下降，细胞内结冰，在细胞内外冰晶的机械挤压下，细胞壁和原生质遭到破坏，细胞死亡，即形成冻害。冯玉香等（1999）霜箱试验结果表明，在夜间温度降到 -9.4 ~ -2.6℃ 的条件下，总可以将试验的植株分为两组，一组是保持过冷却状态；另一组是发生结冰的。保持过冷却状态的植株气温回暖后都能正常生长，顺利抽穗成熟。发生结冰的植株，解冻后有的能正常生长并抽穗成熟，有的受到了伤害，幼穗伤害的表现多种多样。研究还指出，幼穗冻害的程度与小麦幼穗离地面的高度以及幼穗的长度有关，小麦拔节后 1 ~ 5 天，凡是受害的幼穗都是严重的伤害，分不出轻重，而拔节 7 天以后冻害就有轻、中、重之分。

（二）保护酶系统遭受破坏

从生化方面讲，据研究（王晨阳等，1996），冻害首先使细胞膜上的功能蛋白 ATP 酶活性降低或失活，造成周围环境的物质交换平衡关系破坏。

四、冻害对小麦经济性状的影响

小麦冻害时期和冻害程度不同，减产幅度差异很大，冻害严重的地块基本绝收。一般越冬冻害减产 5%～20%，早春冻害减产 5%～30%，晚霜冻害减产 15%～60%。

（一）对成穗数的影响

一般情况下，冬季冻害，特别是初冬冻害对成穗数影响较大，早春冻害对成穗数影响较小，晚霜冻害对成穗数影响较大。

晚霜冻害麦田每亩成穗的多少，与冻害程度和冻后管理水平密切相关。一般情况下，晚霜冻害程度重，每亩成穗数则多。而对成穗数与成穗质量影响最大的是浇水，严重冻害地块，只要是浇透水的，亩穗数一般都可达到或越过正常的水平。浇透水并结合追施少量氮肥的，亩成穗数一般可超过正常麦田成穗水平。

（二）对穗粒数的影响

冬季冻害主要影响成穗数，对穗粒数基本无影响。早春冻害形成不同穗层的地块，穗粒数可减少 3～7 粒，晚霜冻害主要影响穗粒数，可减少 7～10 粒，较重者减少 50%～70%，严重者颗粒无收。

（三）对千粒重的影响

冬季冻害对千粒重基本无影响，早春和晚霜冻害严重时，千粒重下降 1～7 克。

（四）对产量的影响

冬季冻害死蘖 10%，减产 5%左右；死蘖 20%～30%，减产 10%～20%。早春冻害，幼穗冻死 40%，减产 5%～15%；幼穗冻死 80%，减产 20%～40%；晚霜冻害，幼穗冻死 40%，减产 15%～25%；幼穗冻死 80%，减产 60%～70%。

五、晚霜冻害后小麦恢复生长发育的特点

(一) 潜伏芽迅速萌动，形成新的分蘖

冻害后 5~7 天潜伏芽开始萌动，形成新的分蘖，冻后 10~15 天是新分蘖发生的高峰期。冻害越重，分蘖发生的越多，发生时间越集中。新分蘖大部分在分蘖节处发生，小量在第二节（第一伸长节间的上端）发生，个别在第三节发生。冻害越重，第二节、第三节分蘖的比例越大。分蘖发生的数量主要与冻害程度有关，品种间差异不显著。发生速度及成穗率则与浇水等管理密切相关。幼穗冻死 50% 以上的麦田，新生分蘖的数量一般均超过幼穗冻死数，幼穗冻死 20% 以下的麦田一般不再发生新的分蘖。

(二) 新生分蘖节间伸长快，节间变短

晚霜冻害后，新生分蘖的叶片一般为 4 片，节间（包括穗下节）一般为 4 节，即使着生在第 2、第 3 节上的分蘖，节间一般也达到 4 个，新生分蘖节间很少发现有 5 节的。3 个节间的新生蘖茎偶尔可见。新生分蘖的叶片明显变小，节间明显变短。新生分蘖与原分蘖形成明显的穗层。两层穗的高度差异一般为 20~30 厘米，最大 35 厘米，最小 15 厘米。冻后灌水越及时，灌水量越足，穗层高低差异越小，产量越高早春冻害严重的地块，也形成两个穗层，差距仅为 10~15 厘米。冻害发生越早，新生蘖穗层与原分蘖穗层高低差异越小。

(三) 新生分蘖成穗率高，成熟期推迟

新生分蘖的成穗率一般为 70%~80%，高的可达 90% 以上，但不同田块间差异很大，主要与冻害后的管理水平和冻害程度有关，管理越及时，水浇的越足，新生分蘖成穗率就越高一般情况下，冻害越重分蘖成穗率越高。与原分蘖形成的穗层相比，新生分蘖形成的穗层成熟期普遍推迟，一般推迟 5~7 天。成熟期推迟的长短，主要与管理水平有关，浇透水且补施少量氮肥的，成

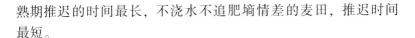

熟期推迟的时间最长,不浇水不追肥墒情差的麦田,推迟时间最短。

六、小麦冻害的预防措施

（一）合理选用品种

选用冬性或者半冬性小麦品种,主要是河北省审定通过的适合冀中南种植的或者国审适合黄淮麦区北片种植的如济麦 22、良星 99、良星 66、鲁原 502、邯 6172、邯麦 13 等小麦品种。不可以选用河南的豫麦系列、周麦系列、温麦系列小麦品种,河南品种在我县种植容易发生冻害。

（二）适期播种

鸡泽县适宜播期为 10 月 1～10 日,播种过早容易形成旺苗,过晚形成弱苗,旺苗和弱苗都容易造成冻害。注意播后镇压。

（三）加强冬前和冬季麦田管理

可通过镇压抑制麦苗地上部生长,控制群体,增强小麦抗冻能力。注意田间土壤湿度过大时宜等土壤墒情适宜时进行镇压,麦苗、土壤处于冰冻状态时不能镇压。可以控旺苗促弱苗,确保小麦安全越冬。对田间大土块多造成吊根苗、早播旺长苗、密度过大苗的麦田,在冬前镇压可以压碎大土块、弥合土壤缝隙、抑制小麦地上部旺长、提墒保墒,这样可以控制小麦地上部分生长。也可以喷施壮丰安等植物生长调节剂控旺,延缓麦苗生长。每亩用壮丰安 30～40 毫升,对水 30 千克均匀喷雾。

（四）浇好越冬水

对土壤干旱的麦田应冬灌,一般在小麦越冬前灌水,以补充土壤水分、平抑地温、粉碎土块、避免土壤开裂冻伤小麦根系,有利于保苗越冬。冬灌从日平均气温降到 5℃时开始,至日平均气温在 3℃左右、夜冻昼消时结束。

（五）对易遭受冻害的麦苗，可以用有机肥、土杂肥和粉碎的作物秸秆覆盖，以保温防冻，保苗安全越冬

（六）对晚播小弱苗、独脚苗、药害苗、黄弱苗，以及基肥施用不足或基肥仅用氮肥的麦田，可以在冬前每亩追施氮磷钾三元复合肥 10 ~ 15 千克，促进小麦生根长蘖，以利于苗情转化升级

七、小麦冻害后补救措施

（一）追施肥料

麦田解冻后，在土壤墒情好的情况下，要根据遭冻小麦受害程度，只要分蘖节不死，及时追施速效肥料，使麦苗恢复生长，产生新生分蘖，提高三四级高位分蘖的成穗率。冻害严重且底肥不足的，要加重追肥，每亩可施尿素 10 千克。

（二）中耕保墒

中耕松土，蓄水提温，能有效增加分蘖数，弥补主茎损失。冬锄与春锄，既可以消灭杂草，使水、肥得以集中利用，减少病虫发生，还能消除板结，疏松土壤，增强土层通气性，提高地温，蓄水保墒，要早锄、浅锄，尽量避免伤根。

（三）及时浇水

春季冻害后要及时浇水，同时追施速效氮肥，促使小麦快速恢复生长，促进尽早形成新分蘖，提高成穗率，降低冻害造成的损失。

第二章 玉米基础知识

第一节 玉米品种

1. 郑单 958

特征特性：幼苗叶鞘紫色，叶色淡绿，叶片上冲，穗上叶叶尖下披，株型紧凑，耐密性好。在鸡泽县夏播生育期 96 天左右，株高 240 厘米，穗位 100 厘米左右，叶色浅绿，叶片窄而上冲，果穗长 20 厘米，穗行数 14～16 行，行粒数 37 粒，千粒重 330克，出籽率高达 88%～90%。

突出优点：高产、稳产：1998、1999 两年全国夏玉米区试均居第一位，比对照品种增产 28.9%、15.5%。经多点调查，958比一般品种每亩可多收玉米 75～150 千克。郑单 958 穗子均匀，轴细、粒深、不秃尖、无空秆，年间差异非常小，稳产性好。

抗倒、抗病：郑单 958 根系发达，株高穗位适中，抗倒性强；活秆成熟，经 1999 年抗病鉴定表明，该品种高抗矮花叶病毒病、黑粉病，抗大小斑病。

品质优良：该品种籽粒含粗蛋白 8.47%、粗淀粉 73.42%、粗脂肪 3.92%，赖氨酸 0.37%；为优质饲料原料。

适应性广：该品种抗性好，结实件好，耐干旱，耐高温，非常适合我县种植。

栽培要点：抢茬播种，一般每亩密度在 4 000～5 000 株，以每亩留苗 4 500 株为最适宜密度，大喇叭口期，应重施粒肥，注意防治玉米螟。

注意事项：密度每亩 4 500 株最佳，大喇叭口结合浇水注意进行追肥，亩用尿素 25 千克。

2. 登海 605

特征特性：幼苗叶鞘紫色，叶片绿色，叶缘绿带紫色，花药黄绿色，颖壳浅紫色。株型紧凑，株高259厘米，穗位高99厘米，成株叶片数19~20片。花丝浅紫色，果穗长筒形，穗长18厘米，穗行数16~18行，穗轴红色，籽粒黄色、马齿型，百粒重34.4克。成熟比郑单958晚1天。高抗茎腐病，中抗玉米螟，感大斑病、小斑病、矮花叶病和弯孢菌叶斑病，高感瘤黑粉病、褐斑病和南方锈病。

经农业部谷物品质监督检验测试中心（北京）测定，籽粒容重766克/升，粗蛋白含量9.35%，粗脂肪含量3.76%，粗淀粉含量73.40%，赖氨酸含量0.31%。

产量表现：2008—2009年参加黄淮海夏玉米品种区域试验，两年平均亩产659.0千克，比对照郑单958增产5.3%。2009年生产试验，平均亩产614.9千克，比对照郑单958增产5.5%。

栽培要点：在中等肥力以上地块栽培，鸡泽县每亩适宜密度3 800~4 000株，注意防治瘤黑粉病、褐斑病、锈病。

3. 先玉 335

先玉335玉米，是中美合资企业——山东登海先锋种业有限公司生产的玉米新品种，于2004年、2006年分别通过了国家审定。审定编号为国审玉2004017号（夏播）、国审玉2006026号（春播）。该品种突出优点是高产、稳产、早熟、抗倒伏、适应性广，易于栽培并获得高产。

产量表现：2003—2004年参加区域试验，44点次全部增产，两年区域试验平均亩产763.4千克，比对照农大108增产18.6%；2004年生产试验，平均亩产761.3千克，比对照增产20.9%。大田生产表现早熟、抗倒伏、出籽率高，品性好，高产、丰产性好，为了充分发挥其增产潜力，需良种良法配套。

特征特性：幼苗长势强，成株株型紧凑、清秀，气生根发达，叶片上举，穗位整齐。生育期春播125天，夏播98天。果穗筒状，穗行数16行左右，半硬粒型，籽粒均匀，杂质少，商品性

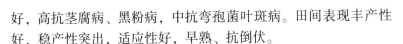

好，高抗茎腐病、黑粉病，中抗弯孢菌叶斑病。田间表现丰产性好，稳产性突出，适应性好，早熟、抗倒伏。

栽培要点：每亩留苗 3 500~3 800 株，注意化控防止倒伏。

4. 吉祥 1 号

特征特性：幼苗叶鞘浅紫色，第一片叶尖端圆到匙形，第四片叶叶缘紫红色。成株株型紧凑，株高 268 厘米，穗位 118 厘米，全株叶片数 20 片左右，在鸡泽县生育期 96 天左右。雄穗分枝中等，花药浅红色，花丝浅紫色。果穗筒形，穗轴白色，穗长 18.2 厘米，穗行数 16 行，籽粒黄色，半马齿型，千粒重 388.4 克，出籽率 89%~92%。2013 年农业部谷物品质监督检验测试中心测定，粗蛋白质（干基）10.60%，粗脂肪（干基）4.83%，粗淀粉（干基）72.31%，赖氨酸（干基）0.29%。

抗病性：河北省农林科学院植物保护研究所鉴定，2012 年，高抗大斑病、矮花叶病，中抗小斑病、弯孢叶斑病、茎腐病；2013 年，抗小斑病、大斑病，中抗茎腐病。

产量表现：2012 年河北省夏播低密组引种试验，平均亩产 747.7 千克。2013 年同组引种试验，平均亩产 629.8 千克。

栽培技术要点：适宜密度为 4 000 株/亩左右。按照配方施肥的原则进行肥水管理，磷钾肥和其他缺素肥料作为基肥一次施入，氮肥分次施入。大喇叭口期注意防治玉米螟。在籽粒乳线消失或黑层形成时适时收获。

第二节　河北省鸡泽县夏玉米高产栽培技术

一、播前准备

（一）种子准备

1. 品种选择

选用增产潜力大、抗逆性强、紧凑、中大穗、中晚熟的高产优质玉米杂交品种是保证玉米增产的重要措施之一。该县主要选用郑单958、登海605、吉祥1号、先玉335等适合本区域大范围种植的优质高产国审、省审品种。

2. 种子处理

（1）精选种子。播种期要对种子进行挑选，清除霉变、破碎、混杂及有病虫害的种子。

（2）晒种。选择晴天9时至16时进行晒种5～6小时（注意：不要在铁器和水泥地上晒种，以免烫坏种子），可提早出苗1～2天，出苗率提高5%～10%。

（3）播种期病虫害防治。地下害虫：①拌种可用50%辛硫磷乳油（或40%甲基异柳磷）500毫升，加水20升，拌玉米种200千克；②在玉米播后至4叶前每亩用3%拌撒宁颗粒剂4～5千克（或用48%乐斯本乳油或50%辛硫磷乳油250毫升加水3千克）拌细砂土40千克，顺垄撒施后立即浇水。

（二）肥料准备

玉米是喜肥作物，常用肥料有尿素、二铵、复合肥、微肥、玉米专用肥、玉米专用缓控肥等。要重施有机肥、锌锰硼微肥搭配、突出钾肥。增施有机肥，改变玉米不施有机肥的传统。在确保施用优质腐熟有机肥4 000～5 000千克/亩的基础上，根据土壤养分化验结果进行测土配方施肥。并遵循以产定氮、氮磷钾和微量元素合理搭配、分次施入的原则，轻施苗肥、重施穗肥、补施花粒肥。苗肥在玉米拔节前施入，以促根壮苗。穗肥在玉米大喇叭口期施入，以促穗大粒多。花粒肥在抽穗至开花期施入，以提高叶片光合能力，使其活秆成熟，增加粒重。

二、播种

（一）播种时期

抢时早播，充分利用光热资源，是保证玉米正常生长发育、

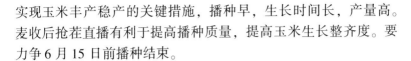

实现玉米丰产稳产的关键措施，播种早，生长时间长，产量高。麦收后抢茬直播有利于提高播种质量，提高玉米生长整齐度。要力争 6 月 15 日前播种结束。

（二）合理密植

合理密植是实现玉米高产的重要措施之一，密度过高或过低都会导致玉米减产。合理密植应根据品种特性和地力而定，一般耐密品种每亩定苗 4 500 ~ 5 000 株，大穗品种定苗 3 500 ~ 4 000 株。

（三）足墒播种

充足的土壤墒情是保证玉米苗全、苗齐的基本条件。在适播期内，要趁墒抢种，若土壤墒情不足，播种后要及时浇蒙头水。播种深度以 3 ~ 5 厘米为宜，不能太深，以免影响出苗，力争达到一播全苗。播种时一般采用 60 厘米等行距播种，播种机速度要控制在 1 小时 3 千米以内，播深均匀，以利于出苗整齐，提高播种质量，为玉米高产打下基础。

（四）施好种肥

种肥可促壮苗早发，种肥一般占总施肥量的 10% 左右，通常每亩施用尿素 3 ~ 4 千克和部分磷、钾肥，在玉米播种时随种子施入。

三、田间管理

（一）苗期管理

1. 化学除草

播种后要及时进行化学除草，采用土壤封闭或茎叶处理。在玉米播后苗前，浇过地后，趁墒每亩用甲草已莠 250 克，对水 80 千克喷雾。苗后除草：①选用灭生性除草剂，如 20% 百草枯每亩 250 ~ 300 克（或 10% 草甘膦每亩 1 ~ 2 千克）对水 50 千克，对已出土杂草，在玉米 7 ~ 8 叶以后定向保护喷雾。②选用选择性除草剂，如玉米田在杂草 3～5 叶期可选用玉清，每亩 50～75 克，对水 50 千克加洗衣粉 50 克，于玉米 3～5 叶期半定向喷雾，禁止将药液喷到玉米心叶内；防治莎草选用扑莎每亩 90 克，对水 50 千克喷雾，采用定向喷雾，严禁喷到玉米植株上，以免造成药害。

2. 间苗、定苗

幼苗三叶期间苗，四五叶期定苗。定苗时要留大苗、壮苗、齐苗、不苟求等距，对个别缺苗地块，可在近邻留双株补上，一定要留足苗。

3. 追施苗肥

要普遍施用苗肥，促苗早发。苗肥在玉米五叶期施入，将氮肥总用量的 30% 及磷钾肥沿幼苗一侧（距幼苗 15～20 厘米）开沟（深 10～15 厘米）条施或穴施。

4. 蹲苗

蹲苗是促进玉米根系下扎，提高玉米后期抗旱和防止倒伏的重要措施。苗期玉米耐旱怕涝，一般不浇水。

5. 病虫害防治

适时防治蓟马、黏虫、棉铃虫、甜菜夜蛾等害虫。在玉米出苗至 5 叶期前：每亩用阿维辛硫磷 50～60 毫升对水 40 千克喷雾，同时，着重二点委夜蛾防治，以清开玉米根部的麦秸、麦糠为重点，结合有机磷农药进行灌根，灌根时一定要用足水，使药液流到玉米根部，达到防治效果。

6. 控制旺长，防止中后期倒伏

由于高产玉米田种植密度相对大，施肥比较多，后期很容易造成倒伏，为了实现高产就必须进行化控，防止后期倒伏，确保丰产丰收。目前，市场上的化控产品比较多，效果也不一样，经过大田试验对比，金得乐、玉黄金棒、矮秆金棒、玉白金等化控产品效果较好，在缩节、抗倒、防病、治虫、增产等方面效果比较显著。玉黄金棒、矮秆金棒、玉白金这三种化控产品采用四配

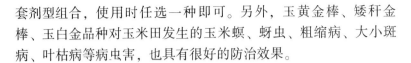

套剂型组合，使用时任选一种即可。另外，玉黄金棒、矮秆金棒、玉白金品种对玉米田发生的玉米螟、蚜虫、粗缩病、大小斑病、叶枯病等病虫害，也具有很好的防治效果。

（二）穗期管理

1. 追施穗肥

穗肥有利于雌穗分化，增加穗粒数。在玉米大喇叭口期（12～13 片展开叶）将总氮量的 60% 施入，一般每亩使用 25～30 千克尿素为宜。

2. 合理灌溉

玉米生长要按需浇水。苗期适当蹲苗，大喇叭口期开始要做到见干见湿，及时浇水。拔节后进入生长旺盛阶段，对水分的需求量增加，尤其是大喇叭口期发生干旱（俗称"卡脖旱"），将影响抽雄和小花分化；抽穗开花期玉米需水量最多，是玉米需水临界期，此期干旱将影响玉米散粉，甚至造成雌雄花期不遇，降低结实率，因此，在大喇叭口期到抽雄后 25 天这一段时间，发生旱情，要及时灌溉不可靠天等雨，以免造成损失。

（三）花粒期管理

1. 补施粒肥

玉米后期如脱肥，用 1% 的尿素 +92% 磷酸二氢钾进行叶面喷洒。喷洒时间最好在 16 时后。也可在抽雄期再补施 5～7 千克尿素。

2. 保墒防衰

玉米生育后期，保持土壤较好的墒情，可提高灌浆速度，增加粒重，并可防治植株早衰。此时土壤干旱要及时灌水。

（四）适时晚收

目前，鸡泽县玉米收获普遍偏早，严重影响玉米产量。合理的收获时期应在苞叶发黄后 7～10 天，即籽粒乳线消失、基部黑层出现时收获，以在 9 月 25 日以后收获为宜。

第三节　玉米施肥技术

一、玉米的需肥特点

玉米是高产作物，植株高大，吸收养分多，施肥增产效果极为显著。据试验分析，亩产 100 千克籽粒，需要吸收纯氮 2.2～2.8 千克，五氧化二磷 0.7～0.9 千克，氧化钾 1.5～2.3 千克。玉米不同生育阶段对养分的需求数量、比例有很大不同，从三叶期到拔节期，随着幼苗的生长消耗养分的数量逐渐增加，这个生育期吸收营养物质虽然少，但必须满足要求才能获得壮苗。拔节到抽雄期是玉米果穗形成阶段，也是需要养分最多的时期，此期吸收的氮占整个生育期的 1/3，磷占 1/2，钾占 2/3。此期如营养充足，能促使玉米植株高大，茎秆粗壮，穗大粒多。抽穗到开花期，植株的生长基本结束，所消耗的氮占整个生育期的 1/5，磷占 1/5，钾占 1/3。灌浆开始后，玉米的需肥量又迅速增加，以形成籽粒中的蛋白质、淀粉和脂肪，一直到成熟为止。这一时期吸收的氮占整个生育期的 1/2，磷占 1/3。

二、氮、磷、钾营养不足或过剩均对玉米生长及产量有影响

氮素对玉米的生长和产量有很大的影响。生长初期氮肥不足时植株生长缓慢，呈黄绿色；旺盛生长期氮肥不足时呈淡绿色，然后变成黄色，同时下部叶片干枯，由叶尖开始逐渐达到中脉，最后全部干枯。但是，氮肥过量也会影响正常生长。播种时施入过量的可溶性氮肥，一旦遇到干旱，就会伤害种子，影响发芽，出苗慢而不整齐，降低出苗率。后期氮素营养过多时，生育延迟，营养生长繁茂，子实产量下降。同时由于氮素多，促进了蛋白质的合成，大量消耗碳水化合物，因此组织分化不良，表皮发

育不完全，易倒伏。

玉米有两个时期最容易缺磷。一是幼苗期，玉米从发芽到三叶期前，幼苗所需的磷是由种子供给的，当种子内的磷消耗完后，便开始吸收土壤或肥料中的磷。但因幼苗根系短小，吸收能力弱，如此期磷素不足下部叶片便出现暗绿色，此后从边缘开始出现紫红色。极度缺磷时，叶片边缘从叶尖开始变成褐色，此后生长更加缓慢。二是开花期，开花时期植株内部的磷开始从叶片和茎秆向子粒中转移，此时如果缺磷，雌蕊花丝延迟抽出，受精不完全，往往长成籽实行列歪曲的畸形果穗。但磷肥也不宜过多，施磷过多玉米加速生长，果穗形成过程很快结束，穗粒数减少，产量不高。

玉米幼苗期缺钾生长缓慢，茎秆矮小，嫩叶呈黄色或褐色。严重缺钾时，叶缘或顶端成火烧状。较老的植株缺钾时叶脉变黄，节间缩短，根系发育弱，易倒伏。植株缺钾时，果穗顶部缺粒，籽粒小，产量低，而钾肥过多对玉米的生长发育及产量并没有明显的影响。

三、玉米施肥原则

玉米对氮肥很敏感，需要量大，利用率高。据试验，一般都在60%以上。在配施农家肥和磷肥的基础上，在每亩施3～10千克尿素的范围内，1千克尿素可增产6～11千克玉米。玉米需磷较少，但不能缺，三叶期缺磷，将导致以后的空秆秃顶。玉米需钾量仅次于氮。玉米又是喜锌作物，施用锌肥，增产在15%左右。

玉米施肥原则是以有机肥为基础，重施氮肥、适施磷肥、增施钾肥、配施微肥。采用农家肥与磷、钾、微肥混合作底肥，氮肥以追肥为主。春玉米追肥量应前轻后重，夏玉米则应前重后轻。

四、玉米施肥量的确定

土壤肥力不同，达到的目标产量也不同，不同的产量指标，所需的投肥量也不一样。一般情况：高肥力地块通过投肥提供的产量占总产量30%以上，中等肥力地块占总产量40%以上，低肥力地块占计划产量的50%左右。也就是说，土壤肥力低的地块，施肥增产效果显著。

试验、示范表明，在中等肥力地块上，每增产100千克玉米需要施氮素5千克，磷2千克，钾3千克。这种施肥量的运用十分简便，只需将增产的百千克数乘以百千克粮食需要的肥料数量即可。这仅是一个参照的计算方法，具体运用还应因地、因品种不同而作适当调整。亩产千斤玉米的参考施肥量为：农家肥1 500千克，氮素9~11千克，磷4~5千克，钾5~6千克，锌肥1千克。

五、施肥方法

(一) 底肥

把所需的磷、钾、锌肥和2~3千克尿素一并与农家肥拌匀，施入种穴，适墒播种。下余氮素肥料留作追肥。

(二) 种肥

对未包衣的种子，播前晒种2~3天，用锌肥10克加水50克，拌种1.5~2千克，堆闷1小时，摊开阴干即可播种。播种时，有条件的农户亩用20挑左右人畜粪尿兑尿素2千克，边淋窝边播种，达到苗齐苗壮。

(三) 追肥

(1) 春玉米追肥要前轻后重。氮素肥料追拔节肥 (6~7叶期) 占施氮总量的1/3，喇叭肥 (10~11叶期) 占1/3。

(2) 夏玉米追肥应前重后轻。夏播回茬玉米因农活忙、农时

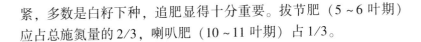

紧，多数是白籽下种，追肥显得十分重要。拔节肥（5~6叶期）应占总施氮量的2/3，喇叭肥（10~11叶期）占1/3。

第四节　夏玉米二点委夜蛾的发生与防治技术

二点委夜蛾属鳞翅目夜蛾科，是夏玉米田新近发生的一种暴发性害虫。2005年以来，相继在河北省部分地区发现该虫。2011年，农牧局技术人员在鸡泽县玉米田中发现二点委夜蛾幼虫危害。2012年，由于耕作制度的转变和气象条件等多方面因素的影响，该虫在鸡泽县大发生。据调查，鸡泽县玉米二点委夜蛾发生面积8.8万亩，百株幼虫量平均1.5头，最高18头。二点委夜蛾严重影响了鸡泽县夏玉米安全生产，给部分农民造成严重损失，因此，广大农民一定要及时、有效防治玉米二点委夜蛾，确保夏玉米安全生产。

一、为害症状

二点委夜蛾是为害夏玉米的一种新害虫，主要钻蛀玉米幼苗根部或切断浅表层根。二点委夜蛾对玉米的危害依玉米苗龄的大小而定，其中，为害症状分为两类，第一类是小苗（3~5叶期），幼虫主要咬食玉米茎基部，形成3~4毫米圆形或椭圆形孔洞，切断营养输送，造成地上部玉米心叶萎蔫枯死；第二类是大苗（8~10叶期），这种苗的茎比较硬，幼虫咬噬根，当一侧的部分根被吃掉后，玉米开始倒伏，但不萎蔫。受为害的玉米田轻者玉米植株东倒西歪，重者造成缺苗断垄，玉米田中出现大面积空白地。危害严重地块甚至需要毁种。

二、发生规律

成虫具有较强的趋光性，幼虫喜阴暗潮湿、畏惧强光，一般在玉米根部或者湿润的土缝中生存。该虫遇到声音或药液喷淋后呈"C"形假死状，一般顺垄为害，有转株为害的习性；具群居性，昼伏夜出。高麦茬厚麦糠为二点委夜蛾大发生提供了主要的生存环境，二点委夜蛾比较厚的外皮使药剂难以渗透是防治的主要难点，世代重叠发生是增加防治次数的主要原因。

三、防治方法

防治时应该掌握的重点方法：田间麦秸和麦糠覆盖厚的夏玉米田为防控重点地块，夏玉米苗 9 叶期前为重点防控时期。要以保苗为核心，抓住低龄幼虫防治的关键时期，全面落实防治措施。防治工作中要早防早控，当发现田间有个别植株发生倾斜时要立即开始防治。

（一）农业措施

（1）及时清除玉米苗周围的麦秸和麦糠，使播种沟裸露，尽量消除二点委夜蛾幼虫隐蔽危害玉米苗茎基部的适生环境。

（2）一旦发生幼虫危害，在清除囤聚在玉米苗基部覆盖物的基础上，及时用药围棵保苗，确保防治效果。

（3）对危害部分玉米根而造成倒伏的大苗，在采取有效防治措施的同时，及时培土扶苗，促使受害苗尽快恢复正常生长。

及时清除玉米苗基部麦秸、杂草等覆盖物，消除其发生的有利环境条件。一定要把覆盖在玉米垄中的麦糠麦秸全部清除到远离植株的玉米大行间并裸露出地面，便于药剂能直接接触到二点委夜蛾。

（二）化学防治措施

1. 成虫防治

夏玉米播种后，傍晚对二点委夜蛾成虫栖息、聚集的夏玉米田选用触杀、熏蒸作用的农药，如48%毒死蜱乳油 800 ~ 1 000 倍液或80%敌敌畏乳油 1 000 ~ 1 500 倍液或40%辛硫磷乳油 800 ~ 1 000 倍液或30%毒·辛微胶囊悬浮缓释剂 1 200 倍液，每亩 30 ~

45 千克药液，全田均匀喷雾防治。

2. 幼虫防治

（1）喷雾法。在二点委夜蛾幼虫 3 龄以前，选用 40% 辛硫磷乳油 1 000 倍液或 20% 氯虫苯甲酰胺悬浮剂 4 500 倍液或 80% 敌敌畏乳油 1 000 倍液或 48% 毒死蜱乳油 1 000 倍液或 15% 茚虫威悬浮剂 3 000 倍液或 30% 毒·辛微胶囊悬浮缓释剂 1 200 倍液，每亩用药液 45 千克，全田均匀喷雾防治。

注意保证药液量，药前扒开玉米苗周围麦秸，防效更佳。没有扒开麦秸的要强调打透麦秸，确保药液喷洒到地面。使用有机磷杀虫剂的，用药前后 7 天内不能施用苗后除草剂，以防发生药害。使用氨基甲酸酯杀虫剂的，用药前后 7 天内也不能施用硝磺草酮类除草剂。

（2）毒饵法。幼虫 3 龄前，每亩选用 48% 毒死蜱乳油 200 毫升、或 90% 敌百虫晶体 250 克，加适量水后均匀拌入 5 千克麦麸中（用手攥麦麸不滴水为宜），加碎青菜（草）叶 1.5 千克；或亩用 20% 氯虫苯甲酰胺（康宽）10 毫升 + 48% 毒死蜱乳油 500 克，与 4～5 千克炒香的麦麸或粉碎后炒香的棉籽饼加入一定量的鲜绿植物，对少量水拌成毒饵。傍晚时，在距离玉米苗茎基部约 5 厘米周围处撒施一小撮，确保撒施在玉米苗附近的地面。注意毒饵不要撒到玉米心叶中。

（3）毒土法。幼虫 3 龄前，每亩用 80% 敌敌畏乳油 300～500 毫升或 48% 的毒死蜱乳油 500 毫升或 30% 毒·辛微胶囊悬浮缓释剂 500 毫升等具有触杀和熏蒸作用的药剂，适量加水均匀拌入 25 千克细土中或用 5% 毒死蜱颗粒 1 千克，或 2.5% 甲基异柳磷颗粒剂 2.5 千克拌细土 25 千克，于傍晚顺垄撒在玉米苗茎基部周围。注意毒土不要撒到玉米心叶中。

（4）灌药法。对 4 龄以上大龄幼虫进行应急防治。

①喷灌用药：将喷雾器喷头旋水片拧下或用直喷头、扇形喷头顺垄喷淋于玉米苗茎基部周围。药剂可选用 48% 毒死蜱乳油

1 500倍液或30%乙酰甲胺磷乳油1 000倍液或15%茚虫威悬浮剂3 000倍液或30%毒·辛微胶囊悬浮缓释剂1 000~1 500倍液。每亩喷灌100千克药液。

②随水灌药：每亩用48%毒死蜱乳油800毫升或40%辛硫磷乳油500毫升加48%毒死蜱乳油300毫升或30%毒·辛微胶囊悬浮缓释剂1 000毫升，将选择的药剂稀释成1倍的母液装入瓶中，用输液管随浇水缓缓滴入玉米地内，确保药液均匀的渗透到地表。

第五节　玉米田除草剂的正确使用技术

夏播玉米苗期正值高温、多雨季节，玉米田杂草发生普遍，种类繁多。主要杂草包括马唐、稗草、狗尾草、牛筋草、反枝苋、马齿苋、铁苋菜、香附子等。玉米苗期受杂草的危害最重，所以杂草的化学防治应抓好播后苗前土壤封闭处理和苗后早期茎叶处理两个关键时期。

一、除草剂类型

根据除草剂的作用方式及施药时间玉米田除草剂可分为土壤封闭处理剂和茎叶处理剂。

（一）土壤封闭处理剂

该类除草剂可通过喷洒于土壤表层或通过混土操作拌入土壤中，建立起一个除草剂封闭层，当杂草萌发后，可被其根、芽鞘或上下胚轴等吸收而发挥除草作用，这类除草剂常见品种有莠去津、乙草胺、异丙甲草胺、甲草胺、氰草津等。

（二）茎叶处理剂

该类除草剂通过杂草出苗后，草龄尚小，一般在杂草分枝或分蘖前，将药液喷施到杂草茎叶表面或地表，通过触杀以及杂草茎叶和根的吸收与再传导，到达杂草的生长点及其余没有着药部位，致使其死亡，达到防除效果。茎叶处理除草剂根据有无选择性分为两大类。

（1）选择性茎叶处理剂。能杀死杂草而不伤害作物的除草剂称选择性除草剂。目前市场上大部分都属于这种除草剂，例如，甲基磺草酮、烟嘧黄隆、莠去津、溴苯腈、2，4－D丁酯等。

（2）灭生性茎叶处理剂。它不分作物和杂草，统统杀死。如草甘膦和百草枯。

另外，由于一些除草剂杀草谱较窄，且除草方式比较单一，现在市场上多利用两种或三种类型除草剂复配混用，制成二元或三元复混除草剂。例如，乙·莠合剂、丁·莠合剂、莠去津＋烟嘧黄隆、烟嘧黄隆＋特丁津等。

二、化学除草方法

1. 土壤封闭处理

夏玉米播后苗前的杂草防除可采用土壤处理，但应适当降低用药量。由于小麦机械化收割后，麦茬较高，地表麦秸和小麦颖壳较多，会影响药剂对地面的封闭作用，施药时应注意均匀周到。

2. 苗后茎叶处理

烟嘧黄隆是当前首选玉米苗后除草剂，可防治自生麦在内的大部分一年生单、双子叶杂草，且对玉米较安全。定苗前喷施该药，一般可实现全生育期仅一次化学除草。市面上销售的大部分都是二元或三元复混除草剂，严格按照说明使用即可。为更好的发挥除草剂药效，一定要保证喷施的药液量，即每亩加水不能少于30~45千克，而且要均匀的喷施于杂草茎叶上，不可重喷或漏喷。

三、化学除草注意事项

（1）不论使用何种药剂，务必严格按照产品使用说明操作，避免出现问题。

（2）使用土壤处理除草剂时，首先要保证土地平整和墒情，才能达到预期效果。

（3）施药时尽量避免将药液喷施到玉米喇叭口中，容易产生药害。

（4）在使用烟嘧黄隆时前后 7 天内勿施有机磷类农药，烟嘧黄隆在甜玉米、爆裂玉米禁用。

（5）施药时间应安排在 10 时以前，17 时之后，避开中午高温时段。施药时应均匀喷雾，不能重喷、漏喷。

玉米高产的前提条件都必须有肥沃的土壤，不管是国外的高产纪录还是国内的高产纪录都是在条件非常好的高产田上创建的。育种专家们培育的优质高产新品种也都是要求有较好的土壤条件才能实现高产。所以，要想实现玉米的高产，如何改良土壤，培肥地力是我们首先要做的工作。培肥地力，增加土壤养分含量的途径有：增施有机质肥料、秸秆还田、合理安排耕作制度、实行粮肥轮作和复种绿肥。而秸秆还田在生产利用上的可行性和适宜范围最广，据测定，1 000 ~ 1 500 千克鲜玉米秸秆含纯氮 3.65 千克、五氧化二磷 1.85 千克。用玉米秸秆还田可以增加土壤有机质，改善土壤结构，持久地培肥地力。实践证明，土壤肥力在玉米增产份额中占 80% 左右，因此，秸秆还田对玉米产量影响很大。

第六节　玉米主要病虫害防治技术

一、主要病害

1. 玉米茎腐病

症状：甜玉米茎腐病常由几种真菌和细菌单独或复合侵染引起。一般发生在甜玉米的吐丝后期，症状分急性型和慢性型，急性型即"青枯型"常出现在暴风雨过后，或天气有大风，经过

2～3天叶片失水呈青枯萎蔫状。慢性型病程进展缓慢，叶片从下向上逐渐黄枯，后期茎基部变色，腐朽，感染部腐烂，有腐臭味，植株青枯，病部如水渍状。髓部中空，易倒伏，果穗下垂，籽粒干瘪。

病原：欧文氏杆菌细菌。传播途径：病菌随残体在土表过冬，病菌可以经伤口或直接侵入。或从叶鞘基部侵入茎部，并扩展到下部的节间。也可以靠种子传播。该病在30℃高温高湿，田间空气不流通、土壤排水不良发病重。

防治：①选育抗病品种；②轮作，合理密植；③科学施肥；④化学防治：施得乐1 000倍喷液茎基部，青枯灵或青枯停1 000倍液灌根。

2. 玉米青枯病

病原：鞭毛菌亚门真菌，玉米腐霉病菌。

症状：玉米拔节期整株青枯死亡，剖开茎基部，可见髓部变褐色，发病后期有镰刀菌伴生。

防治方法：金雷多米尔1 000倍液、康正雷1 000倍液或盖克1 000倍液灌根。

3. 玉米纹枯病

症状：在叶鞘上出现污绿色长椭圆形的云纹状病斑，很像开水烫伤一样；以后病斑逐渐增多，互相连成一大块不规则的云纹，然后向上部叶鞘、叶片发展，严重时，可以危害至顶部叶片。

病原：为玉米纹枯病菌引起，属真菌。

防治方法：纳斯津1 000倍液、达科宁800倍液、禾果利1 500倍液或使百功1 000倍液喷雾。

4. 玉米小斑病

症状：主要为害叶、茎、穗、籽等，病斑椭圆形、长方形或者纺锤形，黄褐色、灰褐色。有时病斑上具轮纹，高温条件下病斑出现暗绿色浸润区，病斑呈黄褐色坏死小点。

病原：称玉蜀黍平凹脐蠕孢，属半知菌亚门真菌。异名有性阶段称旋孢腔菌，属子囊菌亚门真菌。

传播途径：温度高于25℃和雨日多的条件下发病重。

5. 玉米大斑病

症状：主要为害叶片，严重时波及叶鞘和包叶。田间发病始于下部叶片，逐渐向上发展。发病初期为水渍状青灰色小点，后沿叶脉向两边发展，形成中央黄褐色，边缘深褐色的梭形或纺锤形的大斑，湿度大时病斑愈合成大片，斑上产生黑灰色霉状物，致病部纵裂或枯黄萎焉，果穗包叶染病，病斑不规则。

发病条件：温度18~22℃，高湿，尤以多雨多雾或连阴雨天气，可引起该病流行。

病原：称大斑凸脐蠕孢，属半知菌亚门真菌。

防治方法：病发前用品润500~600倍液，每隔15~20天喷1次，连喷3次；阿米西达1 500~2 000倍液可达预防、治疗和铲除的效果；治疗可用使百克或使百功1 500~2 000倍液、纳斯律1 000倍液或特富灵5 000~7 000倍液喷雾。

6. 玉米瘤黑粉病（玉米黑穗病）

症状：又称玉米瘤黑粉病，各个生长期均可发生，尤其以抽穗期表现明显，被害的部生出大小不一的瘤状物，初期病瘤外包一层白色薄膜，后变灰色，瘤内含水丰富，干裂后散发出黑色的粉状物，即病原菌孢子，叶子上易产生豆粒大小的瘤状物。雄穗上产生囊状物瘿瘤，其他部位则形成大型瘤状物。

病原：称玉蜀黍黑粉菌，属于担子菌亚门真菌。

传播途径：孢子借风雨及昆虫传播，高温干旱或氮肥过多易发病。

防治方法：甜玉米易染病，尤其注意选用抗病品种。重病田实行2~3年的轮作。田间出现病瘤后，及时清理深埋，适时深耕以减少病源。

化学防治：使百克或使百功1 500倍液，禾果利1 000倍液，纳斯津1 000倍液或三唑酮800 倍液喷雾。

7. 玉米丝黑穗病

症状：是系统性侵染病害，为害玉米的雄穗和雌穗。受害株有的矮化、有的多蘗、有的簇生。雄穗花器全部或局部变形，形成病瘤，外被白膜，里面是结块的黑粉，即厚垣孢子。除苞叶外，雌穗全部变成一团黑粉，内有很多乱丝状的残留寄生组织。一株发病，全部果穗及潜伏果穗均感病。

化学防治：种子消毒用药为，①适乐时1 000倍液拌种。②使百克或使百功1 500倍浸种。营养杯土土壤消毒用药为，必速灭1千克拌10 000千克的营养土拌匀，洒水保持土壤含水量20%～25%，盖塑料膜薰土一周，然后揭膜散气一周，装杯播种。

8. 玉米锈病

症状：主要为害玉米叶片，初期在叶片上出现黄色至橙黄色突起的小脓包状病斑，后期疮斑表皮破裂，散出黄色至黄褐色粉状物即是孢子堆，严重时疮斑遍布全叶，散发锈色粉状物，至叶子生长受阻。

防治方法：使百克1 000倍液或使百功1 000倍液、禾果利1 500倍液、三唑酮800 倍液喷雾。

9. 矮花叶病（又名条纹病、花叶病毒病、黄绿条纹病）

症状：在玉米整个生育期都可以感染发病，从出苗至7 叶期是易感染期，染病植株心叶基部出现褪绿点状花叶，以后扩展至全叶，叶色浓淡不均，在粗脉之间形成许多黄色条纹。发病重的植株生长缓慢，黄弱矮小，不能抽雄结实，甚至枯死。

防治方法：①治虫防病用阿克泰10 000倍液＋1 包吡虫啉、或吡虫啉1 000～1 500倍液、金世纪1 000倍液；②用病毒克1 000倍液、病毒灵1 000倍液喷雾。

二、主要虫害

1. 玉米螟

又叫钻心虫，是玉米的主要害虫，常在幼嫩茎叶处钻入咬食，破坏茎叶组织，使养分和水分不能输送，影响玉米生长，抽穗后钻进雌穗使果穗折断影响授粉。

防治方法：用抖克1 000倍液或金世纪1 000倍液、莫比朗2 000倍液或千虫克1 000~1 500倍液灌心或者喷雾。

2. 蝼蛄

以成虫和若虫在靠近地表处咬断玉米幼苗，或在土壤表面开掘隧道，咬断幼苗主根使幼苗枯死。

防治方法：千虫克1 500倍液、抖克2 000倍液或敌百虫800倍液灌根。

3. 蚜虫

又名绵蚜虫。以成虫在叶背和嫩茎上吸取汁液，受害瓜株叶片卷缩，瓜苗萎蔫、甚至枯死。老叶受害，提早枯落，缩短结果期，造成减产。

防治方法：喷施阿克泰7 500~10 000倍液，吡虫啉2 000倍液，千虫克1 000~1 500倍液，金世纪1 500~2 000倍液或优乐得2 000倍液。

4. 蛴螬

蛴螬是金龟子的幼虫，食性杂，咬断植物幼苗、根茎，使幼苗枯黄而死。

防治方法：千虫克1 500倍液、抖克2 000倍液或敌百虫800倍液灌根。

5. 小地老虎

食性很杂。初孵化的幼虫日夜群集在作物幼苗的心叶或叶片背面，把叶片咬成缺口或孔洞。3龄后进入暴食阶段，白天隐藏在土表下，天将亮露水多时出来活动，将玉米从地面3~4厘米高处茎部咬断把断苗拉至洞中取食。

防治方法：①除草灭虫：杂草是地老虎产卵的主要场所，也是幼虫向玉米幼苗迁移的危害桥梁。②堆草诱杀：用米糠＋花生麸或豆饼粉碎炒香拌5%敌百虫，于傍晚每亩地分散放10堆，每堆500克，上面盖新鲜嫩草，引诱小地老虎幼虫来取食。

6. 黏虫

幼虫食叶，大发生可将作物叶片食光，幼虫有群聚性、杂食性、暴食性，成虫有迁飞性。华南地区年6～8代终年繁殖，成虫潜伏在草丛和田间，夜里活动产独生子卵，孵化后幼虫多聚集在玉米心叶、叶背等，幼虫受惊即吐丝下垂或卷缩落地假死。

防治方法：①诱杀成虫：可用糖、醋、酒＋敌百虫盆诱杀成虫，或草把引诱成虫来产卵，或用黑光灯诱杀成虫。②化学防治：抖克1 000倍液或金世纪1 000倍液、莫比朗2 000倍液、千虫克1 000～1 500倍液。

7. 斜纹夜蛾，银纹夜蛾，甜菜夜蛾，棉铃虫

在3龄以前取食叶片，造成缺刻，3龄之后蛀食雌穗，造成烂穗，危害很大。

防治用药：3龄前用金世纪1 500倍液或抖克1 000～15 000倍液、功夫3 000～4 000倍液、赛尽1 500倍液或千虫克1 000～1 500倍液。

8. 蝗虫

成虫和若虫食叶片，影响作物生长。

防治方法：抖克1 000倍液或金世纪1 000倍液、莫比朗2 000倍液或千虫克1 000～1 500倍液喷雾。

9. 蓟马

又名棕榈蓟马，成虫和若虫都吸食瓜的嫩梢嫩叶、花和幼果的汁液，被害枝叶硬化、萎缩。

防治方法：阿克泰3 000～7 500倍液，20%的氰戊菊脂乳油4 000倍液，10%吡虫啉可湿性粉剂2 000倍液，1.8%爱福2 000

倍液或千虫克 1 500 倍液喷雾。

第七节　玉米秸秆还田技术

随着化肥的普遍使用，广大群众越来越依赖于化肥的施入来提高土壤肥力，增加产量，随之带来的是土壤结构遭到破坏，影响根系发育，产量徘徊。而有机质能提高土壤保水保肥能力，提高土壤通气性，有利于土壤微生物繁衍，提高化肥利用率。氮磷钾通过施化肥可以增加，提高土壤有机质含量的方法：一是有机肥，二是秸秆还田。因此，玉米秸秆还田是保持农田可持增产的重要途径。广大群众应充分认识到秸秆还田的重大意义，并选择适宜农机具，使秸秆切碎长度应不长于 10 厘米，从而保证秸秆粉碎还田的质量。

一、国内外秸秆还田技术应用

国内外农业生产国十分重视采用秸秆还田技术培肥地力。秸秆还田培肥地力是保持和提高土壤肥力最根本的战略性技术措施，美国、英国、德国、日本等发达国家都在秸秆还田技术上做了大量工作。美国把秸秆还田当作一项农作制，坚持常年实施秸秆还田；日本把秸秆还田当作农业生产中的法律去执行；我国对秸秆还田技术也十分重视，黑龙江、吉林、陕西、河北、山东、山西、河南等地坚持秸秆还田工作，并取得较好效益。

二、秸秆还田的作用

培肥土壤的作用传统的观点认为，腐解态的有机质宜直接施用土壤。但近年来的大量研究证明，土壤的生物活性是评价土壤肥力的综合指标，并非腐解态的有机物比非腐解态的有机质对土壤生物活性有明显优势。为此，实施秸秆直接粉碎还田对提高有机质含量，改善理化性状，促进养分活化等方面都会起到积极作用。

（1）秸秆还田首先是增加土壤有机质和养分含量。经过多次调查研究和科学试验，发现湿玉米秸秆内含有丰富的氮、磷、钾、钙、镁等多种营养元素和有机质，含氮量为0.61%，含磷量为0.27%，含钾量为2.28%，有机质含量能达15%左右。1 250千克鲜玉米秸秆相当于4 000千克土杂肥的有机质含量，氮磷钾含量相当于18.75千克碳铵、10千克磷酸钙和7.65千克硫酸钾。根据吉林省朱玉芹等人研究，玉米秸秆还田2年后，土壤有机质含量增加0.24%，全氮含量增加11%，全磷含量增加10%，水解氮增加41.0%，玉米秸秆还田5年后，土壤有机质增加0.29%。

（2）改善土壤物理性状。秸秆还田后经过微生物作用形成的腐植酸与土壤中的钙、镁黏结成腐植酸钙和腐植酸镁，使土壤形成大量的水稳性团粒结构，还田后土壤容重比对照降低，总孔隙度增加。土壤物理性状的改善使土壤的通透性增强，提高了土壤蓄水保肥能力，有利于提高土壤温度，促进土壤中微生物的活动和养分的分解利用，有利于作物根系的生长发育，促进了根系的吸收活动。

（3）提高土壤的生物活性。玉米秸秆含有大量的化学能，是土壤微生物生命活动的能源。秸秆还田可以增强各种微生物的活性，即加强呼吸、纤维分解、氨化及硝化作用。另外，玉米秸秆分解过程中能释放出CO_2，使土壤表层CO_2浓度提高，有利于加速近地面叶片的光合作用。

（4）玉米秸秆还田的增产效益和生态效益。玉米免耕栽培秸秆还田改善了土壤的理化性状，增加了有机质和各种养分含量，减少土壤水分蒸发，涵养土壤水分，提高土壤保水保肥能力。经过秸秆还田后玉米增产7%～9%，同时玉米秸秆还田保护生态环境，减少污染，产生生态效益。

三、秸秆还田培肥地力配套技术的具体做法及注意事项

1. 具体做法

（1）把玉米秸秆粉碎或砍成小段 10 ~ 15 厘米。

（2）把砍成小段玉米秸秆均匀摆放于畦沟中，形成条状。

（3）按秸秆干重的 1% 配氮肥或粪水把玉米秸秆淋湿。

（4）把已经淋过水的玉米秸秆用泥土覆盖。

（5）在酸性土壤中要施入适量的石灰，做法是把石灰均匀撒在玉米秸秆上，以中和有机酸并可促进分解。

2. 注意事项

（1）影响玉米秸秆腐解的因素。①水分：玉米秸秆还田田间土壤含水量应在田间持水量的 60% ~ 70% 最适于玉米秸秆腐烂。②温度：田间土壤的温度高低不仅影响微生物群体组成活性，也将影响土壤酶的活性。温度过高会抑制微生物活动，使土壤中酶失去活性，温度过低微生物活性弱，玉米秸秆腐烂缓慢，一般适宜温度在 28 ~ 35℃ 范围。

（2）玉米秸秆还田适当施用有机肥料。在玉米秸秆还田中适当配施一定量的氮肥。一般认为，微生物每分解 100 克秸秆约需要 0.8 克氮，即 1 000 千克秸秆至少加入 8 千克氮才能保证分解速度不受缺氮的影响。对于缺磷和缺硫的土壤还应补施适量的磷肥和硫肥。

（3）玉米秸秆还田的时间、数量和质量。在玉米收获前 6 ~ 7 天，每亩用克无踪 0.5 千克或者用草甘膦 1 千克对水 60 千克在晴天均匀喷洒田间，杀除杂草。

秸秆还田的数量可根据土壤状况而定。在较瘠薄的土壤上，施肥量不足的情况下，秸秆还田数量不宜多，一般 3 000 ~ 3 900 千克/公顷（200 ~ 260 千克/亩）为宜。在较肥沃的土壤上，施肥充足的条件下，还田数量可达 6 000 ~ 7 500 千克/公顷（400 ~ 500

千克/亩)。还田后要及时耕翻,使秸秆残体分散均匀与土壤充分混合。要求耕翻 18~20 厘米,耙平并加重镇压,避免出现翘虚现象。

必须保证秸秆粉碎质量,采用机械作业时,要求拖拉机用低档作业,以增加粉碎时间和切割速率。收获果穗后立即还田,趁秸秆青绿状态进行,既易粉碎,又能保证质量。在秸秆腐解过程中产生一些有机酸,往往抑制种子发芽和前期生长。为此,应该注意采取耕作措施疏松土壤,改善土壤通气状况。秸秆还田技术性较强,掌握不好会出现负效应。各地要摸清在不同气候(温度、降水)、土壤条件(土壤类型,质地、肥力)和生产水平条件下秸秆的腐解情况,确定适宜的翻压时间、翻压数量、补氮数量,并选准过硬的还田机械。进一步探讨秸秆腐解的各项技术措施,查明还田的增产效益和经济效益,以便大面积应用这项技术。

第三章 棉花栽培技术

一、棉花生产现状及栽培技术

鸡泽县位于河北省南部，地处黑龙港流域，辖7个乡镇，169个行政村，耕地面积39.3万亩，全县人口27.6万人，其中农业人口24万，农业人均耕地1.3亩。棉花是鸡泽县农业生产的主导产业，是农民经济收入的主要来源。

棉花作为该县农业的主导产业，县委、县政府高度重视，把棉花产业做为"两白一绿"富民工程来抓，制定了《关于扶持发展棉花产业，努力增加农民收入的意见》《关于促进鸡泽县棉花产业发展的优惠政策》《关于强力推进棉花产业快速发展的意见》等一系列强县富民政策和措施，2009年又出台了《关于农牧"双增"工程建设的安排意见》（鸡字［2009］12号），对鸡泽县棉花生产和产业发展提出了明确方向。

20世纪末，鸡泽县以提高产量，改善品质，增加效益，提高农民收入为宗旨，科技兴棉，大力推广优良品种，并配套以地膜覆盖、合理密植、配方施肥、病虫害综合防治、综合防早衰、棉田间作套种、全程化控等良种良法综合增产配套技术，促进了棉花生产迅猛发展，产业化开发初具规模，单产、效益、品质有了明显的提高。

近年来，由于棉花市场价格的低落，棉花种植积极性受到了影响，面积逐年减少。

二、棉花生产主要应用品种

从鸡泽县棉花生产实际来看，主要推广应用的棉花品种有：冀棉169、国欣4号、希普5号、农大603、邯棉303及邯杂429、邯杂 98 - 1、冀优 01 等。

三、关键技术与技术实施路线

1. 关键技术

（1）采取农机农艺结合、搞好精量播种，积极推广抗虫杂交棉，实行良种良法配套。

（2）实施配方施肥。

（3）综合防治病虫害，推广统防统治模式。

（4）全程化控。

（5）全部地膜覆盖，并及时进行揭挑膜，加强中耕。

（6）简化整枝，降低劳动强度。

（7）采取综合措施，预防早衰。

（8）合理运用水肥。

2. 技术实施路线

按照统一整地播种、统一肥水管理、统一技术培训、统一病虫防治、统一机械收获的"五统一"技术路线，该县棉花高产创建万亩示范片采取以下技术实施路线。

（1）实行测土配方施肥，增施有机肥和磷钾肥、配合微肥。在施底肥上增施有机肥和钾肥、配合微肥。一般亩施优质粗肥 3 ~ 5 立方米，底施 45% 复合肥 35 ~ 40 千克，同时配合使用微肥，确保土壤养分全面，达到各种养分协调增产的目的。

（2）整地造墒。播前没有足够的降雨就要洇地造墒，一般洇地时间比播种时间提前 7 ~ 10 天为宜。造墒前已耕翻的地块，洇地后先耙一遍，再均匀喷洒氟乐灵、仲丁灵或二甲戊乐灵等棉田除草剂，然后耙一遍待播；对没有耕翻的地块，耕地后先耙一遍再喷除草剂，然后耙 1 ~ 2 遍待播。

（3）适时播种。在播种期上要严格按照品种的要求适期进行播种，掌握在 4 月 20 ~ 25 日进行播种，提倡适期晚播，减轻棉花苗期病害和棉花早衰程度。

（4）合理密植。推广大小行种植模式，合理进行行株距搭配，满足棉花对光照等条件的要求。大行距 85～95 厘米，小行距 45～50 厘米，株距 8 寸左右，留苗密度 3 500～4 000 株，亩播量 1.0～1.5 千克，示范杂交推广等行距种植模式，行距 0.85 米左右，亩播量 1～1.5 千克。播种深度要掌握在 2.5 厘米左右。

（5）加强田间管理。

①及时放苗：棉苗出土后，当子叶展开变绿时要及时放苗，以防烫苗，并要及时用土压好放苗孔，防治大风揭膜和下雨时灌水引起烂根死苗，如膜下湿度过大，可根据天气情况适当推迟压盖放苗孔时间，以利于散湿。

②查苗补苗及间苗定苗：出苗后要及时查苗补苗，发现缺苗或死苗现象，应及时移栽。根据棉苗拥挤情况分次进行间苗疏苗，拔除弱苗、病苗，3～4 片真叶时定苗。

③合理追肥浇水：地膜棉花发育早，生长快，结铃多，需肥需水量增加、高峰期提前。地膜棉提倡蕾期、初花期早浇水，一般在 6 月 6～15 日进行，花铃期肥要早施、重施，追肥要开沟埋施，以发挥肥效。追肥浇水后，为了防止棉花徒长，可喷洒植物生长调节剂，协调营养生长和生殖生长之间的矛盾。地膜棉花，生长快，叶面积大，叶面蒸腾量比露地棉花高 20%～30%，同时，地膜棉根系分布浅，对干旱较敏感，尤其是伏旱，极易造成早衰。因此，要合理追肥浇水，以防早衰，增加铃数和铃重。

④及时揭膜，加强中耕，促进根系生长：6 月上中旬要及时揭挑膜，并逐渐加大中耕深度，促进根系纵向和横向生长，提高棉花对水肥的吸收、抗旱防早衰能力。浇水后或雨后要加强中耕，破除板结，提高土壤通透性。

⑤合理整枝：适时整枝，调节养分分配，改善棉田通风透光条件，减少蕾铃脱落，促进早熟，提高棉花产量和品质。在整枝上，提倡简化整枝。打顶应掌握"枝到不等时，时到不等枝"的原则，一般在 7 月 15 日左右。

⑥加强病虫害防治：棉花虫害主要有棉蚜、棉叶螨、棉铃虫、盲蝽蟓等害虫，在单株虫量达到防治指标时应及时用药防治。

棉花病害主要有立枯病、炭疽病、烂铃病、枯（黄）萎病等病害，防治病害主要采取"预防为主、综合防治"的原则，在播前拌种的基础上，加强田间管理，培育壮苗，以提高棉花抗病能力。苗期重点防治红蜘蛛和地老虎危害。蕾期重点防治红蜘蛛、盲蝽蟓、瓢虫、蓟马和棉蚜。花铃期、后期多雨年份要注意防治造桥虫、盲蝽蟓。

棉花苗期病虫害主要以立枯、猝倒病为主，在苗期低温、多雨、重茬、播种过早等因素是棉苗病多发的重要原因。棉苗根病初发时，及时用40%多菌灵胶悬剂＋新高脂膜800倍液、65%代森锌可湿性粉剂＋新高脂膜800倍液或36%棉枯净可湿粉剂10～15克/亩，对水15千克顺棉苗茎秆喷雾，间隔5～7天，再喷一次。

棉蚜：苗蚜发生在出苗到现蕾以后当卷叶率达30%以上时开始防治6月中旬至7月下旬是棉蚜为害盛期可选用10%吡虫啉可湿性粉剂＋新高脂膜800倍液或15%金好年乳油＋新高脂膜800倍液进行茎叶均匀喷雾。蕾铃期伏蚜发生时由于温度高可选用3%啶虫脒乳油2 000倍加40%毒死蜱1 200倍＋＋新高脂膜800倍液防治蚜虫兼治其他害虫。棉株封行后，还可用80%敌敌畏乳油＋新高脂膜800倍液，晴天无风的傍晚撒于棉垄间，对伏蚜效果较好并可兼治棉花红蜘蛛。

棉叶螨：5月上旬开始在棉花田点片出现此时气温较低繁殖速度慢单叶螨量较少棉苗受害较轻。6月初至7月下旬气温很快上升棉叶螨开始大量繁殖集中危害干旱年份为害猖獗。可选用15%扫虫螨净乳油＋新高脂膜800倍液或1.8%阿菌素＋新高脂膜800倍液进行喷雾防治。

棉盲蝽：近年，棉盲蝽对棉花的为害逐年加重，化学防治时期在6月中下旬，此期棉花植株比较幼嫩，如遇多雨，棉田相对湿度大的气候条件，有利于棉盲蝽的危害，该时期是防治关键期，可选用40%久效磷乳油+新高脂膜500倍液涂茎防治。在棉花蕾期、在铃期，可选用5%啶虫咪乳油+新高脂膜800倍液倍或4.5%高效氯氰菊酯乳油+新高脂膜800倍液喷雾防治效果较好，防治盲蝽蟓时要在17时以后统一防治，同时兼治棉铃虫。

棉铃虫：是棉花蕾铃期的主要害虫，一年发生4代。主要以第2、3代为害棉花，以幼虫蛀食蕾、花、铃造成为害为主，被蛀棉铃易烂脱落或成为僵瓣。可采取综合防治的方法。

物理防治：在棉花集中种植区安装佳多频振式杀虫灯，每60亩配备一套，连片使用效果更佳。

化学防治：可选用90%万灵可湿性粉剂+新高脂膜800倍液，4.5%高效氯氰菊酯乳油+新高脂膜800倍液或1.8%阿维茵素+新高脂膜800倍液进行茎叶喷雾间隔7天喷1次，连喷2~3次。后期扫残时可用20%辛灭乳油+新高脂膜800倍液或20%氰马乳油1 500倍均匀喷雾。

棉花枯、黄萎病：都是为害棉花的维管束组织的病害，引起棉花叶片变色、干枯、脱落萎蔫等症状，严重时连片枯死，严重影响产量。可在棉花蕾期用枯黄萎灵每亩40克对水喷雾（最好是连喷带灌）3~4次。

甜菜夜蛾：属杂食性害虫，一年发生4~5代，世代重叠严重，虫龄不整齐，高温干旱气候因素和多种作物混种的栽培条件有利于甜菜夜蛾的发生，一般管理粗放，杂草多的棉田发生较重。可选0.2%甲维盐+新高脂膜800倍液或25%灭幼脲悬浮剂+新高脂膜800倍液均匀喷于棉株和田间杂草上连喷2~3次，效果较好。

⑦全程化控：根据棉花不同生育时期的长势长相，采取少量多次的原则，用缩节胺等生长调节剂，协调营养生长和生育生长关系。将株高控制在1~1.1米。

⑧应用乙烯利催熟：对后期贪青晚熟的棉田可在 10 月上旬亩用 40% 乙烯利 150 克进行催熟，亩喷药液 50 ~ 60 千克，喷一次即可，药液要尽量喷在青铃上，以提高药效，喷后 6 小时以内遇雨应重喷。

（6）适时采摘。做好"五分"法采棉。棉花吐絮后要适时采摘，一般 7 ~ 10 天摘一次为宜，同时实行"分收、分晒、分轧、分存、分售"的"五分"办法，防止"三丝"混入，以适应商品生产的要求。

3. 清柴腾地

10 月 23 日后清除棉柴，耕翻土地，结合风吹、日晒，雪、雨滋灌，既可提高土壤肥力，又可减轻翌年病虫害的发生，为棉花丰产、丰收奠定基础。

第四章 谷子高产栽培技术

一、选地整地

根据谷子的生理特性和对外界环境的要求，种植谷子应选择地势高燥，向阳，旱能浇，涝能排，土层深厚，有机质含量高的地块。谷子不宜重茬和连作，一是病害严重，二是杂草多，三是大量消耗土壤中同一营养元素造成缺乏，致使土壤养分失调，因此要进行合理的轮作倒茬。对于夏播谷子，麦收后要及时灭茬，要深耕细耙，抢时早播，足墒播种，整地时农家肥和化肥作为基肥一并施入，每亩施优质农家肥 1 500 千克~2 000 千克，尿素 18 千克，磷酸二铵 10 千克，钾肥 10 千克。

二、品种选择及种子处理

1. 品种选择

根据品种特征特性、灌溉条件及土壤肥力选择高产、优质品种。常见品种主要有邯谷一号、东昌一号、张杂谷 8 号、9 号、11 号、冀谷 19、懒谷 3 号、豫谷 18 号、黄金贡谷等品种。

2. 种子处理

晒种，播前 7 天，将谷种在太阳下晒 2~3 天，以杀死病菌，减少病源并提高种子发芽率和发芽势。选种，播前用清水洗种 3~5 次，漂出秕谷和草籽，提高种子发芽率。可用 50% 辛硫磷乳液闷种以防地下害虫，药：水：种比例为 1：（40~50）：（500~600）。防治白发病、黑穗病可用 20% 萎秀灵乳剂或 20% 粉锈宁乳剂按种子量的 0.3%~0.5% 拌种。

三、适时播种

小麦收获后，一般在6月上旬，对于墒情好的地块要适时早播。播种量每亩在0.5千克左右，播种深度一般在3~4厘米，播后镇压。

高产种植形式可分为：机械播种、化肥一次性深施、大小垄种植技术（大垄宽30厘米，小垄宽15厘米）。施肥应施用谷子专用缓释肥。

对于谷子产量目标400千克/亩，种植品种可选张杂谷8号（亩保苗1~1.2万株）、其他品种亩保苗根据品种特征特性留苗，亩施尿素20千克、磷酸二铵10千克、硫酸钾3千克；或亩用尿素10千克，谷子专用肥28千克。

四、田间管理

田间管理的要点：苗期防草、中期防倒、后期防鸟。

1. 苗期管理

首先，谷子出苗后，若遇急雨，往往把泥浆灌入心叶，造成泥土淤苗，叫"灌耳"。为了防止"灌耳"，根据地形可挖几条排水沟，避免大雨存水于田间。其次在土壤疏松、干旱、播种迟的地块，谷苗刚出土时，中午太阳猛晒，地温高，幼苗生长易被灼伤烧尖，造成死苗。要防止"烧尖"，必须做好保墒工作，及时中耕，增加土壤水分，使土壤升温慢。三是补苗移栽，谷子出苗后发现断垄，可用温水浸泡或催芽的种子补播，如果谷苗长大仍有缺苗需要移栽，以保证全苗。四是间苗和定苗，早间苗防荒，对培育壮苗有很大作用。由于谷子播种量要比留苗数大很多，因此苗一出土就拥挤，容易形成苗与草、苗与苗之间争肥、争水、争光的矛盾，如不及时间苗，就要影响谷苗的生长，影响后期生育，严重降低产量，以3~5叶为谷子的最佳间苗时间。五是中耕除草，苗期锄地兼有除草和松土两重作用，第一次中耕可结合间苗进行，叫用化学除草，效果较好的药剂是阔叶净，每亩用阔叶净 30 克，对水 20 ~ 25 千克进行喷雾。

2. 拔节抽穗期管理

谷子拔节到抽穗是生长发育最旺盛时期，田间管理的主攻方向是攻壮株，促大穗，主要措施：一是清垄和追肥，清垄就是在谷子长到 30 厘米左右高时，彻底拔除杂草病虫苗，使谷苗生长整齐，苗脚清爽，通风透光。追肥的最佳时期是拔节后至孕穗期，每亩用尿素 10 ~ 15 千克。二是中耕培土，第一次清垄后结合追肥进行中耕培土，第二次在孕穗期结合追肥灌水进行，主要是浅锄高培土，以促进根层数和根量的增多，增强吸收肥水的能力，防止后期倒伏，提高粒重，减少秕粒。

3. 开花成熟期管理

主攻方向是攻籽粒，重点是防止叶片早衰，促进光合产物向穗部子粒转运积累，减少秕粒，提高千粒重，保证及时成熟，具体措施一是防旱防涝，干旱时要轻浇，但不要大水漫灌，谷子开花后，根系生活力逐渐减弱，这时最怕雨涝积水，雨后应及时排水，浅中耕松土；二是防倒伏，谷子进入灌浆期穗部逐渐加重，如根系发育不良，刮风下雨易引起倒伏，防止措施是选用抗倒伏品种，加强田间管理。

4. 后期防鸟技术

声音驱鸟是指利用声音来把鸟类吓跑，这也是比较传统的驱鸟方法。目前，使用效果比较明显的是电子声音驱鸟。电子声音驱鸟器利用数字技术产生不同种类鸟的哀鸣，让鸟感到难受和不安全感。另外，这种声音还可以把他们的天敌吸引过来，同时把过路的鸟类吓跑。

五、主要病虫害防治

1. 谷子白发病

幼苗被害后叶表变黄，叶背有灰白色霉状物，称为灰背。旗叶期被害株顶端三、四片叶变黄，并有灰白色霉状物，称为白尖。此后叶组织坏死，只剩下叶脉，呈头发状，故叫白发病，是由谷子霜霉病菌引起的病害。病株穗呈畸形，粒变成针状，俗称刺猬头。

防治方法：①轮作：实行 3 年以上轮作倒茬。②拔除病株：在黄褐色粉末从病叶和病穗上散出前拔除病株。③药剂拌种：50% 萎锈灵粉剂，每 50 千克谷种用药 350 克。也可用 50% 多菌灵可湿性粉剂、每 50 千克谷用药 150 克。

2. 谷子锈病

谷子抽穗后的灌浆期，在叶片两面，特别是背面散生大量红褐色，圆形或椭圆形的斑点，可散出黄褐色粉状孢子，像铁锈一样，是锈病菌引起的典型症状，发生严重时可使叶片枯死。

防治办法：当病叶率达 1% ~5% 时，可用 15% 的粉锈宁可湿性粉剂 600 倍液进行第 1 次喷药，隔 7 ~10 天后酌情进行第 2 次喷药。

3. 谷瘟病

叶片典型病斑为梭型，中央灰白或灰褐色，叶缘深褐色，由谷瘟病菌引起潮湿时叶背面发生灰霉状物，穗茎危害严重时变成死穗。

防治方法：叶面喷药防治。发病初期田间喷 65% 代森锌 500 ~600 倍液或甲基托布津 200 ~300 倍液喷施叶面防治。

4. 粟灰螟

粟灰螟属鳞翅目螟蛾科，又名谷子钻心虫，是谷子上的主要害虫，以幼虫钻蛀谷子茎基部，苗期造成枯心苗，拔节期钻蛀茎基部造成倒折，穗期受害遇风易折到造成瘪穗和秕粒。

发生规律：粟灰螟在河北省一年发生 3 代，越冬幼虫于 4 月下旬至 5 月初化蛹，5 月下旬成虫盛发，5 月下旬至 6 月初进入产卵盛期，5 月下旬至 6 月中旬为 1 代幼虫为害盛期，7 月中下旬为 2 代幼虫为害期。3 代产卵盛期为 7 月下旬，幼虫为害期 8 月中旬至9月上旬，以老熟幼虫越冬。

防治方法：当每1 000株谷苗有卵2块，用80%敌敌畏乳油100毫升，加少量水后与20千克细土拌匀，撒在谷苗根际，形成药带，也可使用5%甲维盐水分散粒剂2 500倍液、2.5%天王星乳油2 000～3 000倍液、4.5%高效氯氰菊酯乳油1 500倍液、40%毒死蜱乳油1 000倍液、80%敌敌畏乳油1 000倍液、1.8%阿维菌素1 500倍液或1%甲胺基阿维菌素2 000倍液等药剂防治，重点对谷子茎基部喷雾。

5. 黏虫

咬食作物的茎叶及穗，把叶吃成缺刻或只留下叶脉，或是把嫩茎或籽粒咬断吃掉。

防治方法：黏虫的防治以药剂防治低龄幼虫为主，可在幼虫2～3龄期，谷田每平方米有虫20～30头时用Bt乳剂200倍或5%高效氯氰菊酯乳油1 500～2 000倍喷雾，辅助措施以田间草把诱集成虫和卵块，集中销毁，减少为害。

六、收获

谷粒全部变黄、硬化后及时收割、晾晒、风干后脱粒。

第五章 黑花生高产栽培技术

黑花生是一种含有高蛋白、高精氨酸、高硒、高钾、高黑色素的优良品种，蛋白质、高精氨酸分别比普通花生高 5% 和 23.9%，钾、锌、硒含量分别比普通花生高 19%、48% 和 101%。黑花生优势在特殊的营养上，其在维持人体的生长发育、机体免疫、心脑血管保健等方面作用非凡，具有防治癌症、保护肝脏、保护心肌健康，防止心脑血管病、增强人体免疫力延缓衰老等功效，在保健食品及医疗食品等方面具有广阔前景，是一种很有发展前途的黑色食品。经过鸡泽县部分农户连续 3 年的试种，在一般种植条件下，平均 350 千克/亩，高产地块达 425 千克/亩，产值 3500 元/亩以上，是普通花生的 3~5 倍，经济效益非常显著。

1. 地块选择

黑花生对土壤要求不太严格，适宜在 pH 值 5.5~7.2 的各种土壤上种植，要求旱能浇、涝能排，耕作层深度在 30 厘米以上，有机质含量 0.5%~1.0%，尽量不重茬或实行轮作，以减轻病虫害的发生。

2. 重施基肥

春播要求冬季深耕 25~30 厘米，并施用 2 500~3 000 千克/亩有机肥作为基肥，翌年播种前要浅耕 10~15 厘米，并做到有墒借墒、无墒造墒，足墒播种。在种植起垄时，施 50 千克/亩硫酸钾复合肥 +10~20 千克/亩磷酸二氢钾 +50 千克/亩磷肥 +5~10 千克/亩尿素，均匀撒施。墒情差时，要在播种沟内浇足水后方能点播、施肥。同时种植沟内拌沙撒施 50% 辛硫磷 +0.5% 多菌灵 500 倍液，防治花生蛴螬、金针虫、根结线虫病、茎腐病、根腐病等病害的发生。

3. 提高播种质量，实行起垄播种

提倡起垄种植，垄距 30 ~ 40 厘米，垄面宽 55 ~ 60 厘米，垄高 10 ~ 15 厘米，双行种植，行距 25 厘米，穴距 15 厘米，播种深度 5 厘米，播种量 8 500 ~ 10 000 穴/亩，每穴播种 2 粒。

种子处理：要求选择双粒果，在剥壳前带壳晒种 2 ~ 3 天，并在剥壳后筛选一级健米作种，提倡用稀土或种衣剂拌种，每千克种籽施 2 克硼砂 + 2 克稀土，能显著提高产量和品质。

地膜覆盖：4 月初播种后，立即喷 50% 乙草胺进行土壤封闭除草，用量 100 毫升/亩，要求均匀、全面，不要重喷、漏喷，保证除草质量。随后用黑色地膜进行覆盖，并做到垄面平整，压实疏松土壤，覆盖地膜松紧适度，膜两边用垄沟土压实，防止被风刮起，影响出苗质量。

4. 加强田间管理，及时破膜放苗

当花生幼苗露出 2 ~ 3 片真叶时，及时扎孔破膜将子叶引升到地膜表面，根据田间出苗情况，可以分 2 ~ 3 批放苗。放苗时间宜在早晨或傍晚进行，严禁中午实施。放苗后，随即封土，将膜孔盖住，以保温、保湿，防止灼伤幼苗。

查苗补苗：播种 10 ~ 15 天花生出苗后及时查补苗情，发现缺苗，及时浸种补种，以保苗全、苗壮。

适当中耕，培土壅苑：在开花封垄前，适当中耕松土，把行间土壤壅向植株根部，厚度 20 厘米，使果针容易入土，同时结合培土，可适当追肥、浇水。

控制旺长：在花生始花期将主茎顶心摘去，控制旺长，促进养分集中，利于提高结果率和单果重。同时对秧苗徒长者，可喷 15% 多效唑 500 倍进行控制，调节营养生长与生殖生长协同进行，增加花生的产量。

推广应用叶面肥：花生中后期需肥量较大，应从花期开始，加强叶面肥的应用，一般每隔 7 ~ 10 天喷 1 次，连喷 3 ~ 5 次，常用叶面肥有：2% 过磷酸钙浸出液、0.3% 磷酸二氢钾、0.1 ~

0.2% 钼酸铵、1~2% 尿素，特别在收获前 30~40 天，加喷一次 1% 尿素 +0.3% 磷酸二氢钾，有利于防止早衰，促进养分积累，增加产量，提高荚果质量。

加强水分管理：在荚果期及荚果成熟期遇到较严重高温干旱的天气，可通过花生行间的起垄沟，进行小水浇灌，切忌大水漫灌，并要及时浅锄，以防垄沟内土壤板结。遇涝时要及时排水除涝，防止田间积水，影响花生正常生长。

5. 及时防治病虫害

黑花生抗性较强，病虫害较少，注意加强对锈病、叶斑病等病害的防治，可在发病初期用 20% 粉锈宁 1 500~2 000 倍、70% 甲基托布津 1 200 倍液、65% 代森锰锌 600 倍液、农抗 120 用 200~300 倍液进行防治，间隔 10~15 天。在花生结果期，注意防止地下害虫的危害，可在撒毒土后，浇水防治。

6. 适期采收

黑花生生育期 125 天左右，在荚果成熟期含水量较大，脱水慢，后熟期短，应适期采收，防止生芽烂果。当花生上部果枝叶片变黄、果壳网络清晰、种仁黑亮有光泽时要及时收获。收获过早，荚果不饱满，造成减产；收获过晚，荚果易脱落，降低产量。

第六章 春播油葵高产种植技术

油葵，即"油用向日葵"的简称，为中国四大油料作物之一。油葵的葵花籽提取出的油脂，可榨出低胆固醇的高级食用葵花油，由于含有66%左右的"亚油酸"，被誉为21世纪"健康营养油"。

近年来，油葵作为鸡泽县的新兴种植产业，由于其可油用、耐旱、耐瘠薄、易管理等特点，面积连年持续扩大，更形成了一些油葵种植专业村，出现了一批产后加工产业，活跃了农村经济增长力。为进一步推广油葵高产种植技术，总结生产中种植经验，已经探索出了一套成熟的春播油葵高产种植技术。

1. 土壤选择

油葵种植上切忌连作、重茬，要注意合理与玉米、谷子等禾谷类作物进行轮作。同时油葵对肥力要求较高，按土壤肥力要求，选择肥力均匀一致，有机质含量高、土层深厚，地势平坦，排灌条件良好的地块。

2. 选用优良品种

选择合适的品种至关重要，要选用适宜本地栽培的丰产性好、出油率高、抗病性强的油葵良种美国矮大头567DW、矮早丰等。

3. 精细整地

一般在头年秋收后，适时耕翻地，结合秋耕，亩施农家肥3 000千克以上。开春后播种前，结合灌溉及时亩施氮肥、磷肥各50千克或复合肥30~40千克。

4. 适时播种

鸡泽县油葵基本上属于地膜覆盖播种，一般在3月上旬播种。不能晚于3月下旬，否则影响下茬种植。播种宜浅不宜深，

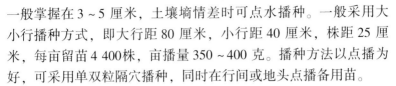

一般掌握在 3~5 厘米，土壤墒情差时可点水播种。一般采用大小行播种方式，即大行距 80 厘米，小行距 40 厘米，株距 25 厘米，每亩留苗 4 400 株，亩播量 350~400 克。播种方法以点播为好，可采用单双粒隔穴播种，同时在行间或地头点播备用苗。

5. 苗期管理

一是及时查苗补苗，确保全苗。油葵为双子叶作物，易造成缺苗。在补苗上，不提倡补种。缺苗地段在 1 对真叶时及时进行带土移栽，并及时浇水。二是间苗与定苗。当油葵第一对真叶展开时进行间苗，第二或第三对真叶展开时进行定苗。要求留苗均匀，留壮苗，不留双苗。三是防治病虫害。苗期主要病虫害有地老虎、象鼻虫等。要及时防治，否则易造成缺苗断垄现象发生，影响苗情。防治方法为选用 48% 毒死蜱乳油，或 50% 辛硫磷乳油，或功夫菊酯 1 000 倍液喷雾，于傍晚喷施，间隔 5~6 天，连续喷施两遍。

6. 中耕培土

油葵生育期内要进行 2~3 次中耕除草，要早中耕，逐渐由浅到深进行中耕。中耕过程中要注意防止压苗，伤苗，同时结合中耕拔除植株窝边杂草。第 1 次中耕结合间苗进行，第 2 次中耕定苗一周后进行，第 3 次中耕在封垄前进行，并结合中耕进行培土，培土高度 10~15 厘米，为不定根生长创造条件，以促进油葵根深叶茂，防止倒伏。

7. 整枝打杈、打叶

油葵属于亚有限生长习性，为确保产量，原则上只留顶端花盘，便于营养集中，通风透光，优质高产。因此，在花盘形成期，要对油葵除顶端花盘外，及时摘除分枝，促进主茎花盘的生长。对于叶片有病斑发生的，以及下部的老叶、黄叶要及时摘除，以利于通风透光。

8. 人工授粉

油葵是虫媒异花作物，油葵的花粉粒重，不易随风飘移，主要依靠昆虫传粉才能结实。大面积种植时可采用放养蜜蜂授粉。一家一户种植面积小的可采用人工辅助授粉，即在开花授粉期，一般 9 ~ 11 时，将相邻的一对花盘对在一起轻轻搓一下，每隔 2 ~ 3 天进行一次，一般 2 ~ 3 次。

9. 中后期肥水管理及病虫害防治

（1）肥水管理。油葵在花盘形成前期，对肥水需求较小，只要在施足底肥的情况下，一般不需要灌溉追肥。同时可宜蹲苗以促进根系生长。前期遇大雨地表积水时，应及时排水，防止烂根死亡。在现蕾开花期前后，是需肥水的关键时期，一般现蕾开花前追肥结合浇水，亩施复合肥 40 千克，或亩施尿素 15 ~ 20 千克、钾肥 10 ~ 15 千克。

（2）病虫害防治。一是菌核病。若花盘期降雨偏多，可用 12.5% 烯唑醇可湿性粉剂 600 倍液，或 50% 多菌灵可湿性粉剂 500 ~ 800 倍液或 40% 菌核净可湿性粉剂 800 ~ 1 000 倍液喷雾，每隔 7 ~ 10 天喷 1 次，连喷 2 次。二是褐斑病。发病初期打掉底部病叶，带出田间烧毁处理。同时喷施 80% A 式多菌灵可湿性粉剂 800 倍。三是黑斑病。发病初期及时喷洒 70% 代森锰锌可湿性粉剂 400 ~ 600 倍液或 75% 百菌清可湿性粉剂 800 倍液。

注意：农药的使用要严格遵守农药安全使用安全间隔期，每次施药要间隔 7 ~ 10 天，切忌连续喷施。

10. 适时收获

油葵生理成熟期标准为植株茎秆变黄，叶片大部分枯黄、下垂或脱落，花盘背面变成黄褐色，舌状花瓣干枯脱落，果皮变坚硬。人工收获在生理成熟期即可，种植面积大采用机械收获的田块，要在生理成熟后 8 ~ 10 天花盘变成黄褐色时最佳。收获过晚易遭受鸟害、鼠害或自然落粒造成损失。收获后立即在晒场上摊开晒干、扬净、防止霉变。

第七章　蔬菜高产栽培技术

第一节　蔬菜田土壤改良方案

土壤是蔬菜优质高产最重要的物质基础。一旦土壤结构、土壤耕作层遭到破坏，土壤恶化，种植蔬菜就如无本之木、无源之水，不仅蔬菜难以获得高产，而且会降低棚室的使用寿命。现阶段许多菜农对于蔬菜的病虫害都开始注意了，也开始引进先进的管理技术，而对土壤恶化现象没有足够的重视。由此可以肯定，即使管理技术再高，病虫害防治再及时，但失去了土壤这个基础保障，棚室蔬菜仍然难以获取高产高效。因此说，只有重视土壤的保护，避免土壤恶化，棚室蔬菜才能高产高效，蔬菜棚室才能可持续利用。

土壤恶化主要体现在土壤板结、盐渍化加重，微量元素缺乏，土壤菌群失调，土壤结构破坏等方面。

一、土壤板结、盐渍化加重

在大部分菜区，都存在长期大量不合理施用化学肥料的现象，不但底肥化肥使用量大，而且追肥也是大量使用，甚至有的菜农只要浇水，肯定往地里面追肥，从来不会浇空水，这样就使的土壤团粒结构破坏严重，透气性降低，从而造成土壤板结。土壤板结对蔬菜的危害一是根系下扎困难，扎不下去；二是即使根系能扎下去，也会因土壤含氧量过低，根系得不到呼吸，出现沤根的现象。同时大量化肥的使用更加重了土壤的盐渍化，土壤盐害有轻重之分，初期地面有清霜而后发展到绿皮"青苔"，棚室内蔬菜尚为正常；中度时地面出现许多块状的红色胶状物，干后变为"红霜"，棚室内蔬菜生长到中期出现点片萎蔫；土壤盐分过重时地面出现白色结晶"盐霜"，棚室内蔬菜定植后根系特别少，后期死秧加重。

目前解决土壤板结和盐渍化最好的措施，是使用汽巴松土精，每亩地1千克，使用时将松土精对10千克细沙撒施到蔬菜的根部附近，然后浇水即可。松土精的使用次数根据棚室种植蔬菜年数，4年以下棚室，每个生长季节使用一次即可；4年以上棚室每个生长季节需要使用两次。使用松土精后，通过松土精的物理作用，改善土壤的团粒结构，使土壤疏松、透气，促进蔬菜根系下扎，这样才能保证蔬菜对养分和水分的吸收，达到"根深叶茂"的目的。

二、土壤菌群失调

土壤中微生物种类特别多，也就是菜农们说的生物菌。正常来说，这些生物菌有一部分是有益菌，在土壤中起比较好的作用，改良根系生长的环境；还有一部分菌属于有害菌，包括病原菌和一些减产菌等，这些菌会引起许多的土传病害，轻的造成死秧、死苗，严重的直接导致减产。随着种植时间的延长，土壤中病菌的数量越来越多，而有益菌是咱们菜农不知道补充的，这就导致了土壤菌群的失调，即土壤中病原菌太多了，有益菌太少了。也是为什么同样的种植管理水平，老棚室的产量没有新棚室产量高的原因。而且咱们菜农朋友们也都知道了菜田种几年之后地里病菌多了，但怎么解决却没有办法，只是在蔬菜种植前，往地里面撒点多菌灵、甲托或是敌克松之类的杀菌剂，来解决解决心理问题，但改变不了实质性的问题。

要想解决土壤菌群失调的问题，单靠使用杀菌剂来杀死土壤里面病菌的办法是行不通的，只能想办法补充土壤里面有益菌的数量，使土壤当中的有益菌和有害菌重新达到一个平衡，就不会影响蔬菜的长势了。目前补充土壤有益菌最好的办法有两种：一是使用益微增产菌，每亩使用 500 克 + 550 克助剂（助剂的目的是养菌），对土 30 ~ 40 千克，根据地块情况，一个生长季节使用 1 ~ 2 次，第 1 次在定植时撒在定植沟或定植穴里穴施或沟施，第 2 次在生长中期撒在蔬菜根部附近浇小水冲施；二是使用荷兰科伯特生产的特锐菌剂，灌根处理，每 1 000 棵苗用特锐菌剂 30 克，每个生长季节使用两次，也能很好的解决重茬问题。

三、微量元素缺乏

连作是蔬菜种植的普遍现象，然而连年种植蔬菜容易造成土壤养分的偏耗，特别是硼、锌、铁等微量元素，而生产中咱们菜农只知道往地里面施氮磷钾肥，没有使用微量元素的习惯，就是用也不知道用什么样的，往往花了钱起不到理想的效果，很多是无效的，因此菜田得不到及时补充，致使土壤中微量元素日渐减少，由此引发的缺素症越来越严重，这些生理性的缺素症也大大影响了蔬菜的生长发育，产量减少、品质下降。

由于微量元素的吸收利用率特别低，所以补充起来特别难。一是要选对产品，二是选好使用时间，三是掌握用量。底施或追施汽巴硼锌肥 + 瑞绿 + 瑞培钙。汽巴硼锌肥补硼补锌，每亩用量为 150 ~ 300 克；瑞绿补铁，每亩地用量 50 克；瑞培钙补钙，每亩用量 200 克。可均匀搅拌到其他肥料中共同施入。

四、土壤团粒结构破坏

土壤团粒结构在一定程度上标志着土壤肥力的水平和利用价值。但这种结构特别的不稳定，无论是浇水还是施肥，都会造成团粒结构的破坏。尤其是不合理的浇水，次数多、水量大，不但更加重了土壤结构破坏，还会使地温下降、棚室内湿度上升，从而也加重了病害的发生。

要降低浇水对土壤结构的破坏只有减少浇水次数，可以在蔬菜定植时每亩穴施阿可吸 300 ~ 400 克，利用阿可吸保水的特性可以大大的降低浇水次数，减少对土壤的破坏，还能降低棚室内的湿度。

总之，土壤改良是一个系统性的措施，必须综合起来共同应用，这样才能让咱们的土壤达到最佳状态，给我们的蔬菜创造一个良好的根部生长环境，达到健康栽培的目的。

第二节　春辣椒育苗技术

为进一步做大做好鸡泽县辣椒产业，加快鸡泽县椒农增收步伐，当前，春播辣椒育苗在即，应早动手，早安排，抓紧时间完成春播辣椒育苗工作，为椒农高产、高效打下坚实基础，特制定如下春播辣椒育苗技术方案。

一、品种选择

以"鸡泽羊角椒"为当家品种，鸡泽县农民自已提纯的羊角椒品种。市场上对调味红辣椒的需求量有上升趋势，春椒栽培也可适当引进种植湘研 2 号等品种进行种植。

二、育苗

采用双膜小拱棚"一手成"育苗法。

（一）育苗时间

根据当年气候特点，为了培育壮苗，一般在 3 月中上旬进行育苗。

（二）苗床选择

选择阳光充足、土质肥沃、水源条件好，前茬没种过辣椒、茄子、番茄、马铃薯的地块作苗床。苗床面积是大田面积的 1%。苗床地选好后在播种前灌足底墒水。

（三）种子处理

在播种前晒种 2～3 天，用清水浸泡 3～4 小时，然后再用 10% 磷酸三钠 1 000 倍水溶液浸种 10 分钟后用清水洗净，再用 55℃温水浸种 10 分钟。要不断搅拌，并随时补给温水保持 55℃ 水温，捞出催芽 24 小时待播。

（四）整地播种

整地时按 0.1 亩地施腐熟优质粗肥 300 千克（或腐熟鸡粪 50 千克），尿素 1.5 千克；过磷酸钙 5 千克；草木灰 15 千克。肥料撒均匀后浅翻 15 厘米耙细耙平，做宽幅高畦。宽幅高畦耕作层内温度要比平畦高 4～8℃，有利于早播种，及根系发育。畦长 7～10 米，畦宽 1.2 米，畦面宽 80 厘米，间距 40 厘米（沟上口宽），沟深 10 厘米。

从沟中起部分细土暂堆地头做覆土用。畦做好后浇水，水要浇足、浇透，待水渗完后即可播种。每畦均匀撒干籽 150～200 克，覆土 1 厘米。覆土后盖 90 厘米宽地膜。膜面拉紧铺平，两边两头要压严压实。地膜盖好后畦上面用塑料薄膜做小拱棚，棚高 50～60 厘米，整地、播种、盖膜要及时。有条件的可在塑料大棚或日光温室中实施小拱棚育苗。

（五）苗床管理

1. 温度

白天温度控制在 25℃ 左右；夜间 12～15℃。当有 60%～70% 苗出土时揭地膜。当中午温度升高时注意放风降温，防止烧苗。

2. 湿度

当幼苗长到 2～3 片真叶时，如土壤干旱可用喷壶喷水，尽量减少浇水次数，有利形成壮苗。

3. 疏苗

当幼苗 1～2 片真叶时要疏苗，去弱留壮，拔除杂草，防止拥挤。株距 3～4 厘米，每畦留苗 17 000 株左右，可栽植 2 亩大出。

4. 防治病虫害

于移栽前 15 天（4 月中旬）在小拱棚顶部破口放风练苗，使幼苗逐步适宜外部环境，提高移栽成活率。

辣椒培育壮苗是丰产丰收的基础，要加强苗床管理，定植前达到壮苗标准，即茎秆粗壮节间短，叶片肥厚颜色深，茎叶完整无病虫，根系发达侧白根，定植时节 8 叶分。在定植前对苗床浇水，以减轻起苗时损伤根系，缩短移栽后缓苗时间。

第三节　河北省鸡泽县辣椒无公害栽培技术

随着农业的发展，人们生活水平提高，搞好辣椒无公害化生产势在必行。为让农民了解一些生产无公害辣椒一些基本常识，使鸡泽县早日成为无公害辣椒标准示范县，主要栽培技术要点如下。

1. 品种选择

选用优质、高产、抗病虫、抗逆性强、适应性广、商品性好的辣椒品种。目前适合鸡泽县种植的品种有：鸡泽羊角椒及羊角椒提纯的羊角红 1 号、冀泽椒 1 号、冀泽椒 7 号、红泽椒等，适度种植杂交辣椒如川干鲜 2 号、津绿 1 号、湘辣 2 号等。

2. 播种

春辣椒一般在 2 月下旬至 3 月上旬播种，夏辣椒一般在 4 月上中旬播种，每亩栽植田需种子 100 ~ 150 克。

3. 种子处理

用 10% 的磷酸三钠溶液浸种 20 分钟，或用福尔马林 300 倍液浸种 30 分钟，或用 1% 的高锰酸钾溶液浸种 20 分钟，捞出冲洗干净后催芽，可预防病毒病。

4. 浸种与催芽

经消毒处理的种子，用 30℃ 左右的温水浸泡 5 ~ 6 小时，浸种期间用手将种皮表面的黏膜等轻轻搓掉，然后用湿布包好，放在

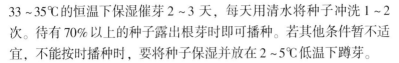

33~35℃的恒温下保湿催芽2~3天，每天用清水将种子冲洗1~2次。待有70%以上的种子露出根芽时即可播种。若其他条件暂不适宜，不能按时播种时，要将种子保湿并放在2~5℃低温下蹲芽。

5. 育苗

（1）营养土的配制。苗场地应与生产田隔离，可以是温室，棚内阳畦或育苗温床。一般采用阳畦育苗。用近3~5年未种过茄科蔬菜的园土与优质腐熟有机肥混合，有机肥比例占40%，另加磷酸二铵和硫酸钾各0.5~1千克/立方米配制成营养土，营养土在使用前需进行消毒。消毒方法：每立方米育苗营养土，用福尔马林300~500毫升，加水30升喷洒床土，用薄膜密封苗床5天，揭膜后摊开晾晒15天使用。

（2）育苗床播种。营养土均匀平铺在预定的苗床或穴盘上，厚度约10厘米。播前3天开始升温，到播种时达到20℃以上，播前一天浇一次透水。应选择晴天上午播种，采用撒播方式，播种间距大于1厘米为好，一般为10平方米苗床出苗5 000~7 000株为宜，一般每1亩栽植田需播种床10~15平方米，播后覆盖细土1厘米，用塑料薄膜封闭并升温。

（3）苗床管理。播种后保持床温30~35℃，当有70%以上种子出土时降温，以白天30℃，夜间20℃为宜，幼苗1~2片真叶时，间除弱小苗和拥挤苗。幼苗期一般不浇水，当幼苗达到2~3片真叶时进行定苗，一般定苗间距为3厘米×3厘米为宜。结合定苗拔除病苗、弱苗、拔除杂草。一般苗龄为60天，壮苗标准：茎秆粗壮，节间短，叶片肥厚色浓绿，茎叶完整无病虫，根系发达侧根白。一般苗高17~20厘米，叶片8~10片真叶，定植前10~15天从阳畦顶部放风进行炼苗。使辣椒逐步适应外部环境，为定植做好准备，多年实践证明，培育壮苗是辣椒丰产丰收的前提。

6. 定植前准备

（1）整地施肥。结合耕翻，每亩需施用腐熟有机肥4 000~

6 000千克，磷酸二铵 40~50 千克，硫酸钾 10~15 千克。

（2）起垄。土地整好后，及时起垄，春栽还需覆盖地膜。垄距 100 厘米，起垄后喷地乐胺 600 倍溶液防草害，并覆膜保墒增温。

7. 定植

春季定植为终霜期过后 4 月下旬到 5 月上旬，其他方式栽植的依据气温不低于 10℃，地温不低于 13℃ 为原则确定茬口定植期，一般株行距为 25 厘米×45 厘米，亩定植密度 5 500~6 000 株，杂交辣椒可适当放宽株行距，密度为 4 000 株左右。

8. 田间管理

（1）追肥。当门椒坐住后，结合浇水亩追尿素 15 千克或腐熟饼肥 50 千克；果实采收期结合浇水亩追磷酸二铵 15~20 千克。进入盛果期后每 7~10 天浇一小水，每亩每次追尿素 5~10 千克，硫酸钾 8~10 千克。

（2）水分管理。进入结果期后，适当控制浇水，以促使植株由营养生长向生殖生长转移。禁止大水漫灌及阴天傍晚浇水，保持地面见干见湿，提倡膜下灌溉。7~8 月防止雨涝，及时排水。

（3）植株管理。提倡及时整枝打杈，加强通风，中耕除草，摘除枯黄病叶带出田外深埋。

9. 病虫害防治

辣椒的主要害虫有蚜虫、棉铃虫、烟青虫、小菜蛾、蟋蟀、茶黄螨等。病害主要有病毒病、疫病、立枯病、炭疽病、青枯病、疮痂病等。

（1）虫害防治。蚜虫、飞虱除危害辣椒外，是传播病毒病的主要媒体，要抓好早期治蚜和飞虱工作。防治蚜虫的药剂有：10% 吡虫啉可湿性粉剂 5 000 倍液或菊脂类农药 2 000 倍液；对飞虱除治应采用藜芦碱或苦参碱防治，以减少抗药性的发生，对棉铃虫、烟青虫、小菜蛾、蟋蟀等除采用上述药剂外，还可采用较先进的氯虫苯甲酰胺防治；茶黄螨可用甲维盐、阿维菌素防治。

（2）病毒病。辣椒病毒病主要危害叶片和枝条，常见的有花叶、条斑、蕨叶病毒病三种，其中以花叶病毒病发生最为变遍。病毒病会造成严重减产甚至绝收，防治蚜虫，避免伤口是预防的关键。在发病前抓好早期治蚜，以防治蚜虫传播病毒。在发病初期可用20％病毒 A 可湿性粉剂 500 倍液或 1.5％植病灵 1 000 倍液，每 10 天喷施一次，连续喷施 3～4 次。还可使用较先进的药剂如氨基寡糖、甲壳素、菇类蛋白多糖等防治。

（3）疫病、立枯病、枯萎病、炭疽病属真菌性病害。可用50％多菌灵可湿性粉剂 600 倍液；70％甲基托布津可湿性粉剂800 倍液；80％炭疽福美可湿性粉剂 800 倍液喷雾防治，7～10 天一次，连续喷施 2～3 次。

（4）青枯病、疮痂病属细菌性病害。可用 500 万单位农用链霉素 4 000 倍液；新植霉素 4 000～5 000 倍液；或用 60％百菌清可湿性粉剂 500 倍液喷雾防治，连续喷施 2～3 次。

防治辣椒病虫害，严禁使用高毒、高残留农药，如呋喃丹、3911、1605、1059、甲基乙硫磷、久效磷、磷胺、甲胺磷、氧化乐果、杀虫脒等，以确保食用安全。

第四节　春甘蓝—辣椒间作套种高产栽培技术

春甘蓝—辣椒间作套种是又一主要栽培模式。在整个生长期内，病虫害发生少，管理简便易行，产品上市早，产量高，亩收益可观，近年来甘蓝一般亩产在 4 000～5 000 千克，效益 3 000 元左右；辣椒 2 000～2 500 千克，效益 3 500 元左右，合计 6 500 元。主要栽培技术要点如下。

一、品种选择

（1）甘蓝一般选用金春早、中甘 11、8132、富城、金秋、

8398 等早熟春甘蓝品种。

（2）辣椒宜选用羊角椒品种，一般以当地品种为主。

二、播种育苗

（1）甘蓝在 12 月中下旬播种，一般采用塑料小拱棚，夜间覆盖草苫。定植 1 亩甘蓝需要育苗面积 8～10 平方米，用种量 60 克。播种前每畦施腐熟鸡粪或牛马粪 50 千克，磷肥 10 千克，N、P、K 复合肥 10 千克。深翻、耙细、搂平、浇足底水，等水渗后，在畦面撒薄薄一层过筛细土，然后均匀撒种，随即覆盖过筛细土 0.5 厘米厚，铺上地膜，在畦上用小竹竿扎小拱棚，盖上塑料薄膜，晚上加盖草苫。

（2）辣椒采用双膜小拱棚"一手成"育苗法。

（一）育苗时间

根据当年气候特点，为了培育壮苗，一般在 3 月中上旬进行育苗。

（二）苗床选择

选择阳光充足、土质肥沃、水源条件好，前茬没种过辣椒、茄子、番茄、马铃薯的地块作苗床。苗床面积是大田面积的 1%。苗床地选好后在播种前灌足底墒水。

（三）种子处理

在播种前晒种 2～3 天，用清水浸泡 3～4 小时，然后再用 10% 磷酸三钠 1 000 倍水溶液浸种 10 分钟后用清水洗净，再用 55℃ 温水浸种 10 分钟。要不断搅拌，并随时补给温水保持 55℃ 水温，捞出催芽 24 小时待播。

（四）整地播种

整地时按 0.1 亩地施腐熟优质粗肥 300 千克（或腐熟鸡粪 50 千克），尿素 1.5 千克；过磷酸钙 5 千克；草木灰 15 千克。肥料撒均匀后浅翻 15 厘米耙细耙平，做宽幅高畦。宽幅高畦耕作层

内温度要比平畦高 4 ~ 8℃，有利于早播种，及根系发育。畦长
7 ~ 10 米，畦宽 1.2 米，畦面宽 80 厘米，间距 40 厘米（沟上口
宽），沟深 10 厘米。

从沟中起部分细土暂堆地头做覆土用。畦做好后浇水，水要
浇足、浇透，待水渗完后即可播种。每畦均匀撒干籽 150 ~ 200
克，覆土 1 厘米。覆土后盖 90 厘米宽地膜。膜面拉紧铺平，两边
两头要压严压实。地膜盖好后畦上面用塑料薄膜做小拱棚，棚高
50 ~ 60 厘米，整地、播种、盖膜要及时。有条件的可在塑料大棚
或日光温室中实施小拱棚育苗。

三、苗期管理

1. 甘蓝

播种后 12 ~ 15 天出苗，若畦面覆盖细土较薄，可再撒上一
层细土，防止根露出晒干。出苗前不放风，待齐苗到第一片真叶
展平后，再进行放风。每天揭苫时间 9 时左右，下午 4 点左右盖
苫，控制棚内温度在 18℃ 左右。在幼苗二叶一心时开始分苗，株
行距 1 厘米。分苗后一周内不放风，缓苗后，逐渐从顶部队放
风，禁止放扫地风，以适当降温防止徒长，一般白天温度控制在
15 ~ 25℃，晚上温度应不低于 6℃。缓苗后经历几天的放风锻炼，
待表土呈松散状态时，应及时中耕，以达到保墒和提高地温
作用。

2. 辣椒苗床管理

（1）温度。白天温度控制在 25℃ 左右；夜间 12 ~ 15℃。当
有 60% ~ 70% 苗出土时揭地膜。当中午温度升高时注意放风降
温，防止烧苗。

（2）湿度。当幼苗长到 2 ~ 3 片真叶时，如土壤干旱可用喷
壶喷水，尽量减少浇水次数，有利形成壮苗。

（3）蔬苗。当幼苗 1 ~ 2 片真叶时要蔬苗，去弱留壮，拔除
杂草，防止拥挤。株距 3 ~ 4 厘米，每畦留苗 17 000 株左右，可

栽植2亩大田。

（4）防治病虫害。于移栽前15天（4月中旬）在小拱棚顶部破口放风练苗，使幼苗逐步适宜外部环境，提高移栽成活率。

辣椒培育壮苗是丰产丰收的基础，要加强苗床管理，定植前达到壮苗标准，即茎秆粗壮节间短，叶片肥厚颜色深，茎叶完整无病虫，根系发达侧白根，定植时节8叶分。在定植前对苗床浇水，以减轻起苗时损伤根系，缩短移栽后缓苗时间。

四、定植

1. 甘蓝定植

定植前5~7天要进行幼苗锻炼，适当加大通风。可在2月中下旬定植在塑料棚内。塑料棚一般为4米宽塑料薄膜，罩畦面2.6米宽。施足底肥，每亩用腐熟鸡粪4 000千克和复合肥25千克、钾肥15~20千克、尿素12~20千克等，深翻土地，定植前10~15天扣上薄膜，提高畦内温度。起苗前要将苗畦浇透水，以利起苗。起苗时带土坨以3厘米×3厘米×2.5厘米为宜，土坨过大不利缓苗，太小伤根。起苗时要将土坨整齐排列于原畦内，用潮湿细土填缝，囤苗3~4天新根生出后即可定植。定植33~40厘米见方，每亩4 500~6 000株。

2. 辣椒定植

春季定植为早春寒流过后4月下旬到5月上旬，其他方式栽植的依据气温不低于10℃，地温不低于13℃为原则确定茬口定植期，一般株行距为25厘米×45厘米，亩定植密度5 500~6 000株，杂交辣椒可适当放宽株行距，密度为4 000株左右。

五、田间管理

（一）甘蓝

1. 缓苗期前后的管理

定植后要及时浇水，但防止湿度过大。定植后缓苗前一般不

通风，以保温为主，4~5天后，适当通风降温，使畦内温度白天在20~27℃，夜间保持13~15℃。经几天通风后，选晴暖天，浅锄一次。定植后20天左右，进行第一次追肥，每亩施尿素50千克随后浇水，待浇水后可适当加大通风量。3月下旬至4月上旬，晴暖天气掀开薄膜，转入露地生长。

2. 莲座、结球期的管理

第一次浇水后即进入莲座期，为防止长势过旺，可适当控制浇水，进行中耕，实行蹲苗，一般蹲苗期10~15天。当植株心叶开始抱合时，应及时结束蹲苗，再浇水追肥，促进结球。当进入结球期，进行一次大追肥，促进球叶生长，亩施20~25千克尿素或冲施肥40千克追肥后及时浇水。叶球生长期不再追肥，但要保持地面湿润。

（二）辣椒

1. 追肥

当门椒坐住后，结合浇水亩追尿素15千克或腐熟饼肥50千克；果实采收期结合浇水亩追磷酸二铵15~20千克。进入盛果期后每7~10天浇一小水，每亩每次追尿素5~10千克，硫酸钾8~10千克。

2. 水分管理

进入结果期后，适当控制浇水，以促使植株由营养生长向生殖生长转移。禁止大水漫灌及阴天傍晚浇水，保持地面见干见湿，提倡膜下灌溉。7~8月防雨涝，及时排水。

3. 植株管理

提倡及时整枝打杈，加强通风，中耕除草，摘除枯黄病叶带出田外深埋。

六、病虫害防治

（1）甘蓝主要病害有霜霉病、黑斑病、黑胫病等，可用70%甲基托布可湿性粉剂1 200倍液或75%百菌清可湿性粉剂600~

800 倍液喷药防治。主要虫害有小菜蛾、蚜虫、菜青虫等，可用 3 000 ~ 4 000 倍液阿维菌素防治，蚜虫可用 2 000 ~ 3 000 倍吡虫啉或 2 000 ~ 3 000 倍液啶虫脒防治。

（2）辣椒的主要害虫有蚜虫、棉铃虫、烟青虫、小菜蛾、蟋蟀、茶黄螨等。病害主要有病毒病、疫病、立枯病、炭疽病、青枯病、疮痂病等。

蚜虫除为害辣椒外，是传播病毒病的主要媒体，要抓好早期治蚜工作。防治蚜虫的药剂有 10% 吡虫啉可湿性粉剂 5 000 倍液或菊脂类农药 2 000 倍液，对棉铃虫、烟青虫、小菜蛾、蟋蟀等也有很好的防治效果，茶黄螨可用康绿功臣和扫螨净防治。

辣椒病毒病主要为害叶片和枝条，常见的有花叶、条斑、蕨叶病毒病三种，其中以花叶病毒病发生最为变遍。病毒病会造成严重减产甚至绝收。在发病前抓好早期治蚜，以防是蚜虫传播病毒。在发病初期可用 20% 病毒 A 可湿性粉剂 500 倍液或 1.5% 植病灵 1 000 倍液，每 10 天喷施 1 次，连续喷施 3 ~ 4 次。

疫病、立枯病、枯萎病、炭疽病属真菌性病害。可用 50% 多菌灵可湿性粉剂 600 倍液；70% 甲基托布津可湿性粉剂 800 倍液；80% 炭疽福美可湿性粉剂 800 倍液喷雾防治，7 ~ 10 天 1 次，连续喷施 2 ~ 3 次。

青枯病、疮痂病属细菌性病害。可用 500 万单位农用链霉素 4 000 倍液；新植霉素 4 000 ~ 5 000 倍液；或用 60% 百菌清可湿性粉剂 500 倍液喷雾防治，连续喷施 2 ~ 3 次。

防治辣椒病虫害要严禁使用高毒、高残留农药，如呋喃丹、3911、1605、1059、甲基乙硫磷、久效磷、磷胺、甲胺磷、氧化乐果、杀虫脒等，以确保食用安全。

七、及时采收

甘蓝待叶球生长紧实后要及时采收。采收过早，叶球尚未充实，产量低，品质差；采收迟，叶球易裂开。5 月 1 日前上市，每亩产量可达 4 000 ~ 5 000 千克。当辣椒颜色鲜红时，及时采收，防止水分、养分倒流，影响品质、产量，降低效益。

第五节 洋葱—辣椒间作套种高效栽培技术

洋葱—辣椒间作套种这一种植模式主要分布在鸡泽县吴官营乡、鸡泽镇，面积达 2 000 亩以上。洋葱、辣椒均是高效经济作物，二者实行间作套种，既可充分利用光热、土地资源，提高复种指数，又可以实现共生期间水、肥共享，相得益彰，达到节约成本的效果。洋葱、辣椒间作套种，不影响洋葱种植产量，同时辣椒由于在与洋葱共生期间生长较快，收获时基本能与当地春白地辣椒赶齐，产量也能基本持平。亩产洋葱 4 000 ~ 5 000 千克，每 500 克按 0.25 元计算，亩收入 2 000 ~ 2 500 元，辣椒平均亩产 2 000 千克，按近年平均价格每 500 克 1.1 元计算，亩收入 4 400 元以上。因此，这一种植模式具有显著地增产增效作用。下面简要介绍其关键栽培技术。

洋葱栽培技术

（一）品种

选用邯郸市蔬菜研究所繁育的紫星一号、紫星二号等系列优良洋葱品种。

（二）育苗

1. 育苗畦

选择土质疏松肥沃不重茬的菜园耕地，按 10 千克/平方米施入腐熟松碎的有机肥，严禁在畦表土层里施入工业肥料。翻松整平后做成宽 1 米、长度不超过 10 米的平畦。

2. 播种期

冀中冀南地区 8 月下旬至 9 月上旬为适宜播期。播期不能随意提前，否则，会导致先期抽薹和双头的增多。

3. 播种量

栽培每亩需备 500 克良种，育苗畦每 10 平方米播 50 克种子。

4. 播种方法

（1）干播法。将畦面划成浅沟，种子均匀撒播畦面，播完后搂一遍使种子入土，踩实后浇水。

（2）湿播法。先浇水，水渗完后撒播种子，上覆细土 1 厘米厚。干播法省工省力，湿播法出苗整齐、均匀。

5. "三水" 齐苗

播种后第 4～5 天必须浇第二水，第 8～9 天畦面露芽时必须浇第三水，10 天齐苗。

6. 苗期管理

每隔 7～10 天浇一次小水，拔一次小草。苗稠的地方间苗，苗距 3～4 厘米，有蝼蛄为害时，浇水时灌适量辛硫磷防治。秋季育苗地块注意防治灰霉病、霜霉病，尽量杜绝病害的再次侵染。苗生长 30 天后，可追施少量尿素及喷洒磷酸二氢钾。壮苗的标准是：定植前单株重 6～8 克，假茎粗 0.8 厘米左右，叶丛高 30 厘米左右，3～4 片真叶，叶色深绿。

7. 特殊年份

秋天阴雨多，日照少，苗长的小，虽达不到壮苗标准，仍要按时用于定植。

（三）定植

1. 定植时间

冀中南地区 10 月下旬至 11 月上旬为适宜定植期。冬前定植地区可按定植有 7～10 天的缓苗时间具体确定。严禁改为春季定植。否则，会造成大幅度减产。

2. 定植地准备

大秋作物腾茬后，立即清除干净根茬和杂草，施入基肥。每亩施有机肥 4 000～5 000 千克，或发酵好鸡粪 1 000 千克。另外，每亩施入过磷酸钙 100 千克，碳铵 50 千克，硫酸钾 30 千克（忌用氯化钾），或硫酸钾含量较高复合肥 60 千克；或洋葱专用肥 60 千克。施肥完毕，地块要翻耕、耙细、平整。按选用的地膜规格做成平畦，一般畦宽 1 米。

3. 覆地膜方法

以湿覆膜为好。先将平整好的畦内浇足底水，水渗完后，土壤湿润时喷洒除草剂。不可先喷药后浇水，田间亦不可积水时喷药。选用适合洋葱使用的除草剂类型，33% 除草通每亩用量 100 毫升。也可选用除草剂地膜防除杂草。喷洒除草剂时，速度要均匀一致，不能重复喷洒。喷洒完毕，即可用自制覆膜机覆膜。湿覆地膜的好处是：紧贴地面，覆的牢，膜不易破，风也不易吹开吹破。膜的两边必须压牢，压不牢的，人工辅助压牢。每亩用膜 6~7 千克，除草剂膜 9~10 千克。也可用干覆地膜的方法进行覆膜栽培。覆膜栽培早春可提高地温促进根系早发且保水，使洋葱丰产丰收。如果特殊年份定值时苗子太小，先定植苗，随后连苗一起覆盖。春季返青时再将苗子挑露出地膜。

4. 选苗分级

起苗后抖掉根部土壤，逐苗挑选。淘汰假茎基部粗度小于 0.5 厘米的弱苗和大于 1.2 厘米以及无生长点和矮化的苗。选用的苗 0.5~0.7 厘米算一级，0.8~1.2 厘米算一级，分别定植。

5. 定植方法

按 15 厘米×15 厘米的行株距定植。湿覆地膜的地块预先在膜上打孔，孔深 3 厘米，直径 1.5 厘米。定植时将苗子直接插到孔内，用手指按实，封严孔口；不覆膜干覆膜定植后要及时浇水，4~5 天再浇一次缓苗水。

（四）越冬

浇好越冬水是来年洋葱生长好坏的关键。定植洋葱的地块一定要在土壤封冻前浇一次透水，切不可因覆盖地膜不浇越冬水。冬季要经常到地里查看覆膜是否牢靠，及时修补被风吹开、吹裂、吹破的地膜。冬后定植的地区要对苗床加设风障和畦面覆盖防寒物，或把苗起下沟藏起来。

（五）返青后的管理

1. 浇水施肥

春季视田间墒情酌情浇返青水（地温稳定在10℃以上时浇此水）；进入叶丛生长旺期，为重点追肥期，浇水时每亩追施尿素10~15千克，硫酸钾10千克。5月上旬鳞茎进入膨大期，结合浇水再追肥一次，亩追施尿素15千克，硫酸钾10千克；为提高葱头耐贮性，葱头收获前7天停止浇水。

2. 虫害防治

危害洋葱的虫害主要是地蛆和葱蓟马。

防治地蛆：地蛆幼虫蛀食鳞茎，引起腐烂或叶片萎缩枯黄。甚至造成植株死亡。防治方法：①结合浇水用50%辛硫磷500倍液。每10天左右一次，连灌2~3次。亩用药量1 000毫升，4月上旬开始防治。②用48%乐斯本乳油每亩500~600毫升随灌水施药防治。乐斯本虽成本高些，但有效期可达一月左右，防治地蛆效果很好。

防治葱蓟马：葱蓟马主要危害植株的心叶、叶片，使叶片形成许多长形黄白斑纹，影响光和作用而造成减产。从4月上旬开始防治。分别使用50%乐果浮油1 000倍液、50%辛硫磷乳油1 000倍液，或者用10%吡虫啉可湿性粉剂2 000倍液进行防治，10天左右喷洒一次。

3. 病害防治

苗期病害：洋葱苗期病害目前主要是立枯病，葱苗直钩时最易发病。防治方法：发病地不宜用做苗床。育苗地精细整地，使用不带病残体的腐熟基肥。加强苗期管理，保持土壤干、湿适度、及时锄草、间苗。苗床出现少量病苗后，及时喷药保护，防治病害蔓延。常用药剂有代森锰锌、百菌清、多菌灵、甲基硫菌灵等。

危害洋葱生长期的病害主要是霜霉病和灰霉病。温度 15～25℃，湿度 85% 是发病环境条件。

防治霜霉病：秋季育苗时就要预防。春季 4 月上旬开始防治。75% 百菌清 600 倍液、72.2% 普力克水剂 800 倍液，72% 克露可湿性粉剂 800 倍液，64% 杀毒矾 500 倍液喷施。代森锰锌 + 霜霉绝 600 倍液防治效果也很好。

防治灰霉病：又叫灰腐病、洋葱瘟病。从 4 月上旬开始，48% 灰霉克星 500 倍液；50% 农利灵可湿性粉剂 1 000 倍液防治，施佳乐 800 倍液防治。

注意：防治病害，一定要及早预防，两种病害可一块防治，为提高黏着力，喷洒时，每桶加一袋效力增。能提高防治效果。以上几种农药要交替使用，连续防治 3 次以上，间隔 7～10 天喷一次，喷洒时地面也要喷到，以减少互感机会。

洋葱生产中还有其他病害发生，可咨询植保技术人员确诊后对症用药。

4. 春季先期抽薹和双头的处理

秋季育苗偏早，苗子过大，或者是冬季温暖，还有苗子营养不足，易引起春季一些植株的先期抽薹。遇到这种情况，可从花薹膨大处的下面掐掉花薹，鳞茎能正常生长，不会影响产量。发现田间有双头生长时可去掉一个头继续生长。

5. 禁止踩倒植株

有些地方和一些农民在鳞茎膨大生长期有踩倒洋葱植株的习惯，以为踩倒会促使洋葱鳞茎的生长，这样的做法是不科学的，反而会影响养分的正常运转，导致葱头的减产。生产中严禁把植株踩倒。植株的自然倒伏标志着成熟期的来临。

（六）收获

当田间植株下部叶片枯黄，绝大部分自然倒伏即可收获葱头。收获时在晴天进行，经晾晒表皮干燥后收起贮存或上市。

第六节　夏植辣椒—玉米间作套种高产栽培技术

目前，鸡泽县辣椒常年种植面积有 8 万亩，种植模式多种多样，其中，在小麦收获后，种植夏植辣椒—玉米这一模式近几年发展较快，此模式不仅省时、省工，而且经济效益相对较高，2014 年亩产值达到 3 000～3 500 元；同时，由于玉米的遮阴作用，符合辣椒"喜光怕强光，喜温怕高温，喜水怕涝"的特性，使辣椒生长健壮，增强抗病能力，提高辣椒产量。现将该模式种植技术整理如下。

1. 整地施肥

小麦收获后，每亩施腐熟有机肥 3 立方米，过磷酸钙 50 千克，碳酸氢铵 50 千克，硫酸钾 10 千克，硫酸锌 1 千克，均匀撒施，精耕细耙。

2. 辣椒栽培技术

（1）品种选择。辣椒品种选择以抗病、丰产性能良好的辣椒品种，如羊角红 1 号、冀泽椒、湘研 4 号、川干鲜 2 号等品种。

（2）育苗。在 4 月上旬，选择土地肥沃、背风向阳、前茬没有栽种茄子、番茄的地块，建造阳畦。每种植 1 亩，按用种量150 克进行育苗，阳畦应在 10 平方米以上。苗床应施足基肥，大水足墒，并使用少量尿素、磷肥和活性钾肥，为培育壮苗打基础。

（3）种子处理。播种前一天将种子充分翻晒，然后利用1 500 倍液多菌灵、1 000 倍液 10% 磷酸三钠水溶液浸泡 10 分钟，用清水洗净后，再用 50～60℃温水浸种 4 个小时，沥水后用潮布盖严催芽 24 小时即可。

（4）播种。阳畦耕翻耙细平整后，将种子均匀撒播，覆细土0.5～0.8 厘米，覆上地膜，随后将阳畦用塑料膜盖严，待 60%～70% 出苗后，揭去地膜，苗床注意保湿。

（5）苗期管理。当幼苗 3~4 叶时，要及时间苗，除去弱苗、杂草。壮苗标准：茎秆粗壮节间短，叶片肥厚颜色深，茎叶完整无病虫，根系发达侧白根，定植时节 8 叶分。移栽前，从阳畦顶部放风，进行炼苗，为适应大田环境做准备。

（6）田间整地。在定植前，浇足底墒水，充分深翻耙匀，达到壤细地平，随后铺设 1.5 米宽的地膜。

（7）田间定植。于 6 月上旬，即小麦收获后，进行移栽。辣椒南北方向栽植，每亩 4 500 株左右。

（8）田间管理。在辣椒生长期间，合理追肥。在封垄前，及时中耕破膜，起垄培土，确保旱可浇，涝可排，有利于辣椒的正常生长。同时，搞好病虫害的防治工作。

（9）适时采收。在辣椒鲜红时，及时采摘，防止养分流失，影响辣椒产量和品质。

第七节　河北省鸡泽县长白大葱高产栽培技术

鸡泽县长白大葱种植历史悠久，常年种植面积 5 万亩左右，一般亩产 4 000~5 000 千克，高产田可达 6 000 千克以上，常年亩效益 4 000~5 000 元。

1. 生物学特性

（1）形态特征。大葱属百合科植物，植株直立；根系属须根系，在土壤中分布较浅；叶簇生，管状，先端尖，叶表面披蜡粉，叶数保持 5~8 枚；叶鞘为多层的环状排列抱合形成假茎，假茎经培土软化栽培后就是葱白，它是养分的贮藏器官和食用部分，也是大葱的主要经济产物，种子黑色，盾形，种子寿命 1~2 年，使用年限一年。

（2）生育周期。大葱的生育周期可分为：发芽期、幼苗期、假茎（葱白）形成期、贮藏越冬休眠期、抽薹开花期和种子成熟期。因为大葱的主要经济产物是假茎（葱白），所以，生产上应主攻营养生长，防止抽薹开花。

（3）对环境条件的要求。一是温度。大葱是耐寒作物，种子在 2 ~ 5℃条件下能正常发芽，在 7 ~ 20℃内，随温度升高而种子萌芽时间缩短。生长最适温度为 15 ~ 25℃，气温超过 30℃则生长缓慢。大葱 3 叶以上的植株在 0 ~ 3℃持续 7 天或 3 ~ 5℃持续 15 天，就可通过春化阶段进入花芽分化。

二是光照。大葱为短日照作物，对光照强度要求不严格。但若光照强度过低，日照时间过短，光合作用弱，光合产物积累少，生长不良；光照过强，时间过长，叶片容易老化。大葱只要在低温条件下通过了春化，不论在长日照或短日照条件下都能正常抽薹开花。

三是水分。大葱叶片管状，表面多蜡质，能减少水分蒸发，较耐旱，但根系无根毛，吸水能力差，所以，大葱在各生长发育期都要供应必需的水分。但大葱不耐涝，炎夏高温多雨季节应注意排水防涝，以免烂根死苗。

四是土壤。大葱对土壤适应性广，但根群小，吸肥能力差，因此，要选择土层深厚、疏松、肥沃、富含有机质的沙壤土种植大葱。大葱对土壤酸碱度要求以 pH 值 7.0 ~ 7.5 为宜，pH 值低于 6.5 或高于 8.0 时，对种子发芽及植株生长有抑制作用。大葱对土壤中氮肥较敏感，但仍需与磷、钾肥合理配合施用，才能获得高产。大葱在沙质土壤中栽培，假茎洁白美观，但质地松散，耐贮藏性差；在黏质土中栽培，假茎质地紧密，耐贮藏性好，但色泽灰暗；在沙壤土中栽培则产量高，品质好。

2. 播前准备

（1）选择地块。选用地势平坦、地利肥沃、灌排方便、耕作层厚的地块，茬口应选择 3 年内没种过大葱、洋葱、大蒜、韭菜的地块。

（2）施肥、整地、作畦。前茬收获后，及时清除杂草、残株，每亩施入腐熟的有机肥 5 000 千克，尿素 10 千克，磷酸二铵

10 千克，硫酸钾 12 千克，浅耕 25 厘米左右，耕后细耙，整平做畦。根据水源条件和地形确定育苗畦的长度和宽度。一般为畦宽 0.8 米，长 10 米，高 10 厘米。

（3）确定播期。大葱是食用叶和葱白（假茎）的蔬菜，大小均可食用，因而全年均可播种。除冬季保护地播种成本稍高较少采用外，其他时间均可正常播种出苗。

以冬贮大葱为目的必须秋播。鸡泽县适宜播种时间为 9 月下旬至 10 月上旬，旬平均气温在 16 ~ 17℃时为最适宜播期，这样易培育壮苗。秋播过早则易先期抽薹，而过晚则苗小苗弱越冬易冻死。

（4）选择良种。适宜鸡泽县栽培的大葱品种主要有鸡泽长白大葱、章丘大葱、青叶 1 号、绿剑等，栽培大葱宜选用优良大葱品种，只要种子纯度高、栽培技术配套，一定能获得丰收。

3. 播种及苗期管理

（1）种子处理及精细播种。

一是发芽试验。播前做葱种发芽试验，合格种子发芽势（5 天）≥50%、发芽率（12 天）≥85%。

二是种子处理。将当年采收的新种子放入清水中，搅动 10 分钟，待水静止后，捞出浮在上面的秕种子和杂质，用 55℃的温水浸种 10 分钟，边烫边搅拌，捞出后用 20 ~ 30℃的温水浸种 4 小时，然后搓洗干净种子表皮上的黏液，捞出用沙布包好，放在 16 ~ 20℃的条件下催芽，每天用清水淘洗 1 ~ 2 次。当 60% 的种子露白时即可播种。

三是播种。播种前，将播种床灌足底水，待水渗下后，将催芽的种子拌 3 ~ 5 倍的细沙，均匀撒播在畦面上，上覆 0.5 厘米的过筛细土。播后 2 ~ 3 天畦面较干时轻耢一遍，有利于出苗。每亩用种量 1 ~ 1.5 千克。

（2）出苗前后肥水管理。葱苗生长前期的管理。秋播葱苗从播种出苗到冬前停止生长，生长期约 60 天，天气渐冷，畦面蒸发量小，播种后维持苗床土壤湿润，防止土壤板结。幼苗伸腰时浇一次水。越冬前结合浇防冻水，每亩追施尿素 10～15 千克。

葱苗生长中后期的管理。翌年开春，天气渐暖，葱苗明显返青时，结合划锄拔除杂草，适当晚浇返青水，但不宜过早，水量不宜过大，以免降低地温。以后随节气升高，结合浇水，追肥 2～3 次，并做好间苗、除草工作，分别在苗高 4～6 厘米和 8～10 厘米时间除病苗、弱苗。间苗后应当控制浇水，防止秧苗倒伏。定植前 10 天停止浇水。

4. 大葱定植

（1）定植前准备。

选择地块。地块和育苗田一样的茬口，选用地势平坦、地力肥沃、灌排方便、耕作层厚的地块，茬口应选择 3 年内没种过大葱、洋葱、大蒜、韭菜的地块。

整地施肥。前茬收获后，及时清除杂草、残株，每亩施入腐熟的有机肥 5 000 千克，磷酸二铵 30～45 千克，结合整地翻于垄底后合垄。以冬贮大葱为目的定植沟距为 60～70 厘米，沟深 25～30 厘米，沟宽 25 厘米。

起苗。起苗前，苗畦如过干则应先浇小水，等干湿度适宜时再起苗。起苗时应尽量减少伤残，多留须根。剔除病虫危害严重、伤残以及不符合本品种典型性状的苗，并根据苗的大小分出一、二、三级苗和等外苗，葱苗最好随起、随选、随栽，葱苗不可放置过久。

移栽期。冬贮大葱一般在鸡泽县于 6 月中下旬定植。栽入大田至少要有 120～130 天的生长期，才能满足高产优质的需要，早移栽增产显著。

（2）定植密度与插栽方式。

一是确定种植密度。合理密植：鸡泽大葱、章丘大葱，宜密植，一般行距 75 厘米左右，株距 5～6 厘米，定植密度每亩 1.2

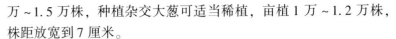

万～1.5 万株，种植杂交大葱可适当稀植，亩植 1 万～1.2 万株，株距放宽到 7 厘米。

二是选用秧苗。定植前先将葱苗起出，抖去泥土，按葱苗大小分级，最好只用一、二级苗，三级苗备用，等外苗坚决不用。同一级别的葱苗要插在同一地块上。将葱根在 1 000 倍的辛硫磷液中沾一下再栽植。

三是插栽方式。如土壤干旱，可先给耕作好的葱沟放水待水渗下后栽葱，在沟中线按标准株距一棵棵栽下，叶面应与沟向平行。栽植要上齐下不齐，定植深度以不埋没心叶为宜。

5. 田间管理

（1）化学除草。6 月中下旬大葱定植完毕，浇一小水后，三天内，喷施二甲戊灵进行化学除草，效果比较好。

（2）配方施肥。按无公害生产要求施用肥料，推广使用腐熟有机肥、有机无机复合肥、生物肥和叶面肥，控制无机氮的施用量，提倡化肥与有机肥配合使用，有机氮与无机氮之比为 1∶1，避免过量施用氮，禁止使用硝态氮、医院粪便、垃圾、未腐熟的有机肥及含有有害物质的劣质肥料。根据地力，一般每亩生产 5 000 千克大葱，施腐熟人粪尿 3 000 千克做基肥，深翻。开沟定植时每亩施三元复合肥 50 千克，缓苗阶段勤中耕，防杂草，破板结，并追施缓苗肥，每亩浇 2 500 千克厩肥或圈粪水即可。立秋后大葱生长量增加，应勤中耕灭草，以利蓄水保墒，并酌情施叶面肥，每亩施草木灰 50 千克、过磷酸钙 20 千克，白露至秋分重施攻棵肥，每亩追施硫酸钾或尿素 20 千克左右，浇圈粪水 2 500 千克，肥水齐攻，以利壮棵。秋分后每半月培土一次，有利于形成长葱白。收获前 30 天停止追肥。

（3）越夏期保墒和排水工作。7 月 20 日至 8 月 15 日正值高温多雨，大葱进入夏半休眠状态，暴风雨之后应及时排除田间积水，做到浅中耕，疏松土壤，以免大葱根系腐烂。

（4）抓住时机，促进大葱高产。8 月 20 日至 10 月 20 日，昼伩温差大，是大葱生长的时期。立秋后，进行第一次追肥，每亩追施农家肥 2 500 ~ 3 000 千克，尿素 15 千克，硫酸钾 10 千克，追肥后进行中耕，浇水，处暑后进行第二次追肥，每亩追尿素 20 千克，同时进行培土、浇水；白露后进行第三次追肥，尿素 20 千克，结合中耕，进行了第二次培土，浇水，秋分前后，再进行第三次培土。

6. 病虫害防治

应采取预防为主，综合防治的植保方针。

（1）农业措施。主要是合理轮作，中耕除草，清洁田园杂草，使用充分腐熟的有机肥，选用高产优质抗病品种，平衡施肥。

（2）物理措施。用频振灯，在夜蛾盛期诱杀甜菜夜蛾、斜纹夜蛾、棉铃虫成虫等。

（3）大葱虫害防治。葱蓟马可用吡虫啉 2 000 ~ 3 000 倍液喷雾防治；葱斑潜蝇用阿维菌素 3 000 倍液喷雾防治；甜菜叶蛾、棉铃虫可用灭幼脲或氯虫苯甲酰胺喷雾防治。

还要注意地下害虫防治。大葱地下害虫主要有葱蝇、金针虫、蝼蛄、蛴螬、根结线虫、地老虎等。移栽时用辛硫磷 1 000 倍液蘸根 10 分钟或 1 亩地撒 1 千克毒死蜱于沟中。中后期浇水冲施。或定植时，亩施统冠、管到底、一管到底颗粒剂 5 ~ 6 千克，平沟时亩施统冠、管到底、一管到底颗粒剂 2.5 ~ 3 千克。上述药剂还可兼治斑潜蝇、蓟马、潜叶蝇。

（4）大葱病害防治。对紫斑病和黑斑病，初期用 75% 百菌清粉剂 600 倍液或 58% 甲霜灵锰锌可湿性粉剂 500 倍液，7 ~ 10 天 1 次，连喷 2 ~ 3 次。

对霜霉病，可用 72% 克露可湿性粉剂 600 ~ 700 倍液或杀毒矾可湿性粉剂 500 倍液 7 ~ 10 天 1 次，连喷 2 ~ 3 次。

软腐病为细菌性病害，可用 70% 可杀得 500 倍液或农用链霉素 4 000 倍液喷雾防治。

7. 采收

9月下旬后可陆续采收，露水干后收获。在良好栽培条件下，亩产4 000~5 000千克。先岔开垄台的一侧，露出葱白，轻轻拔出，使产品不受损伤，抖去泥土。冬贮大葱应适当晾晒，剔除明显弯曲株及葱白长30厘米以下植株，束成小捆，保存在适宜场所。

第八节 鸡泽县西葫芦高产设施栽培技术

西葫芦在鸡泽县韩固营村设施栽培中面积较大，近年来该村每年种植百余亩以上，方法主要是采用冬暖大棚生产，西葫芦上市正处于春节及早春蔬菜少的供应阶段，生长期长达6个月以上，一般亩产1.5万~2万千克，平均亩效益3万~4万元，高产棚室亩效益可达5万元以上。

1. 选择优良品种

冬暖棚越冬的西葫芦，其品种要求早熟、高产、优质、耐低温、抗病性强。选择在大棚中种植较好的西葫芦品种，如冬玉二号、晋玉二号西葫芦等。

2. 配制营养土

西葫芦的苗床土要求营养全，保水，保肥，增温快，并具有一定的通气性，不含土传病害的病菌及虫卵。其肥沃的田土与充分腐熟的细粪比为6：4，每立方米的营养土再加氮、磷、钾复合肥2千克，混匀过筛。为了灭菌，每平方米营养土可加50%多菌灵100克。

3. 播种育苗

（1）适期播种。播种期一般在9月底至10月上旬。

（2）浸种、催芽。将种子放于洁净的器皿中，慢慢倒入55℃的热水，搅拌至25~30℃，浸种4小时，再用0.1%的高锰酸钾溶液浸种20分钟，然后捞出，用清水冲洗后放于吸足水的纱布或毛巾内催芽，25～30℃情况下1～2天即可露白。

（3）精细播种。选晴天上午，先将苗床浇透水，待水渗下后，将种子芽朝下，水平摆好，上盖营养土1.5～2.0厘米，然后覆地膜保墒。

（4）幼苗管理。播种后，白天保持28～30℃，夜温18～20℃，齐苗后揭去地膜，白天25℃左右，夜间10～15℃。定植前7～10天降温炼苗，白天18～20℃，夜间8～13℃。由于播种前已浇足底墒水，所以，苗期一般不浇水。苗期可喷0.3%磷酸二氢钾水溶液。定植前1～2天浇小水，以利起苗。

4. 整地定植

（1）整地施肥。大棚地施腐熟优质圈肥5 000千克/亩以上，磷酸二铵和硫酸钾各30千克/亩，然后深翻地30厘米左右，并将肥土掺匀，耙平，耙细。

（2）定植时间。一般苗龄25～30天，幼苗长至一叶1心或三叶1心。壮苗标准是秧苗矮壮，叶厚柄短，根系发达，株高10厘米左右，茎粗0.5厘米左右，叶片3～4片，叶片浓绿。

（3）定植技术。定植时大行距65～70厘米。小行距55～60厘米，株距50厘米，栽植1 500～2 000株/亩。定植时先按行距大小在大棚内南北向划浅沟，沟深3～5厘米，再按株距顺浅沟摆好苗，用锹将两侧的土钩起培成高垄，垄高20厘米，宽30厘米，然后每两垄覆盖一层地膜。全棚定植完后，顺沟浇透水，以促进缓苗和保证结瓜前水分的需要。

5. 定植后的管理

（1）温度、湿度、气体及光照的调节。定植缓苗期间，棚内应保持较高的温度，白天25～30℃，夜间18～20℃；缓苗后适当降温，白天25℃，夜间12～15℃；坐瓜后，适当提高温度。白天25～28℃，夜间15℃；深冬严寒期间，中午温度应保持28～30℃，以防夜温过低。遇连阴雨雪天，要在温室草苫或保棉被上加盖防雨雪塑料薄膜，并保持其干燥；经常检查棚室薄膜有无破损并及时修补,傍晚温室盖苫后,可按东西向压两根加布套的细钢索,防止夜间草苫吹起;风天要将通风口、门口密闭,避免大风吹入温室内;如遇大暴雪,要及时加支立柱,随下随清扫积雪,以防积雪压塌温室。应防止草苫淋湿,并以保温,多见些散射光为主。连阴雨雪天过长,温度过低,光照太少,应加设白炽灯以补光提温,并在前头加盖一层草苫;或在温室走道南侧张挂1.0 米左右宽的镀铝镜面反光膜,增加棚室内光照强度。连续阴雪天气后骤然转晴,要采取间隔、交替揭苫方式,以防西葫芦萎蔫死秧。寒冬过后,加大通风量,恢复严冬前的温度管理标准。

(2)肥水管理。西葫芦定植时浇透水,控水到开花坐果,待第一瓜坐住后,浇第一次水。以后的水分管理按"浇瓜不浇花"的原则来进行,结瓜盛期需水量大,而在寒冬季节,应尽量少浇水或浇小水,以防降低温度。2 月中旬寒冬过后,西葫芦长势过快,应进行追肥,配合氮、磷、钾多施肥,施磷酸二铵 20 千克/亩,硫酸钾 25 千克/亩,或用氮、磷、钾复合肥 30 千克/亩,以后追肥与尿素交替进行。另外,还可向大棚内补充二氧化碳气体,使西葫芦进行光合作用,增加产量。

(3)植株整理。到生长中后期,茎蔓在地上匍地。为充分接受阳光,必须采取吊蔓措施,并及时摘除病、残、老叶以及侧芽、卷须,以免发生病害和消耗过多的养分。

(4)促进早结瓜、延长结瓜期。西葫芦未开花时,光照时间每天有 6~8 小时,就能及早的结瓜并保证瓜的质量。雌花形成后,应增加光照时间,并适当加大肥水量,以延长结瓜期。

(5)人工授粉及 2,4 - D 涂花。冬季早春大棚内温度较低,西葫芦坐瓜较困难,可用 20~30 毫克/升的 2,4 - D 溶液于每天上午 8~9 时涂抹雌花的子房,或进行人工授粉,以提高坐瓜率。

6. 病虫害防治

(1)病害。病毒病在发病初期,可用 20% 病毒 A 可湿性粉剂 500 倍液或 1.5% 植病灵 1 000 倍液,每 10 天喷施一次,连续喷施 3～4 次。还可使用较先进的药剂如氨基寡糖、甲壳素、菇类蛋白多糖等防治。

（2）虫害。

①物理防治："西葫芦定植后，每亩悬挂规格为 25 厘米×15 厘米新一代粘虫黄板 30 片；悬挂高度为，日光温室 1.5～1.8 米，或黄板下端距作物顶部 10～20 厘米为宜；虫害发生严重地块要适时更换新板；黏结较大害虫时可将害虫虫体取下杀灭，可提高黄板使用时间。②化学防治：防治蚜虫的药剂有：10% 吡虫啉可湿性粉剂 5 000 倍液或菊脂类农药 2 000 倍液；对飞虱除治应采用藜芦碱或苦参碱防治，以减少抗药性的发生。

7. 采收

开花后 10～15 天即可采收嫩瓜。第 1 个瓜宜早采，以免影响后面瓜的坐瓜与生长。采后立即出售。

第九节　芦笋高效种植技术

芦笋学名"石刁柏"，别名"龙须菜"，百合科天门冬属多年宿根草本植物，用种子繁殖后连续生长 10 年以上。经培土软化采收的嫩茎叫白芦笋，不培土嫩茎见光后采收的是绿芦笋。绿芦笋主要供鲜食，白芦笋多作罐头食品原料。要根据市场选择种植模式，能够规模化种植的，根据地方政府或组织者要求做，不管加工企业要求的白芦笋还是收购客商要求的白芦笋、绿芦笋，农户效益没有太大的差别；白芦笋一般加工出口，国内市场鲜销较少；国内市场绿芦笋需求量极大，小部分出口。因此，农户单独或者小面积种植，以绿芦笋为好。

芦笋嫩茎质地细腻、风味芳香、顶尖紧密、纤维少质脆，含有蛋白质、脂肪、钙、铁和多种维生素，是名贵蔬菜，味道鲜美，营养丰富，还有较高的药用价值，可降血压，防治心血管、泌尿、淋巴等系统的疾病，具有独特的抗癌作用，是驰名世界的名菜良药，被欧美国家誉为蔬菜之王，产品畅销国内外。种植芦笋市场前景好，效益高。

芦笋最适夏季温暖冬季冷凉的气候。一般以春季萌生的嫩茎为产品器官，其生长依靠根中前一年的贮藏养分供应。嫩茎生长和产量形成与前一年成茎数、枝叶的繁茂程度成正相关。嫩茎盛产期长短与品种、环境条件、栽培技术等密切相关。栽培管理应围绕当年产量和稳定持续高产，延长经济寿命这一中心进行。要多施堆肥和厩肥等有机肥料，促使土质疏松肥沃，以利根系发展。栽培技术要点如下。

一、选用优良品种

芦笋系多年生宿根草本植物，适应性强，品种较多。根据市场需求，选用适宜的品种，如选择早生王等优良品种。出笋粗壮、整齐，顶端不易散头，商品率高，经济效益好。值得一提的是芦笋雌株因开花结实，消耗养分多，其嫩茎产量比雄株低，但雌株所产的笋粗而重。优良的芦笋杂交一代种当年育苗定植，第2年即可采笋150～200千克/亩，第3年、第4年鲜笋产量可达600～1 000千克/亩，收入在3 500～30 000元以上。

二、营养钵培育壮苗

采用营养钵育苗，有利于提高成苗率，培育壮苗，移栽时植伤轻，有利于壮苗早发，达到适期定植、早期丰产的目的。

1. 备足营养钵

营养钵应提前一个月准备好，首先选择肥力水平较高的疏松砂壤土作苗床，苗床宽1.3～1.5米、深10～15厘米。制钵前每立方营养土应施入腐熟好的鸡粪15～20千克，磷肥1千克，草木灰5千克，也可按70%园土、25%草木灰、1.5%复合肥、0.5%尿素、1%磷肥和2%氯化钾配制营养土，充分拌匀后打钵。钵体直径8～10厘米，钵高10厘米，每亩大田需备钵2 500个。

2. 浸种催芽

芦笋种子外壳厚且有脂质，吸水较慢。首先用50%多菌灵300~500倍液浸种24小时，再放入25~30℃温水中浸种2~3天，每天更换新水2~3次。浸种后用干净纱布包好，置于25~30℃条件下催芽，催芽期间每天用25℃左右温水淋浇1~2次。当有15%的种子露白即可播种。

3. 适期播种

3~4月播种，8~9月定植，第2年春季开始采笋。麦前移栽的可于3月上中旬播种，麦后移栽的可于4月上中旬播种。播种前营养钵浇透水，每钵一粒，播后覆细土2厘米厚。然后撒施毒饵防地下害虫。最后畦面平铺地膜，畦上用弓棚盖膜实行双膜覆盖，以保温、保湿，促进发芽和幼苗生长。

4. 定植

当年9月初移植至大田，浇水施肥。栽前按1.4米行距打好直线，沿直线挖定植沟，沟宽40厘米，沟深40~50厘米。并将有机肥4立方米、复合肥50千克施入沟内。移栽时，按株距25厘米植于沟中，芦笋苗鳞茎盘低于地平面13厘米，然后浇水自然踏实，3~5天后适时松土保墒。第2年3月底浇第一水，每亩追复合肥50千克，7月20日左右随浇水每亩追施复合肥30千克，立冬前普浇1遍大水，然后培土10厘米，保温保墒，确保幼苗安全越冬。第3年3月下旬浇第一水，每亩追施复合肥50千克，在距植株30~50厘米处开沟施入肥料，满足鳞芽和嫩芽对养分的需求，第二次6月中旬，施好壮笋肥，每亩追施复合肥15千克，以延长采笋期，提高中后期产量。第三次于9月采笋结束后重施秋发肥，每亩追施有机肥2立方米、复合肥50千克、尿素10千克，为明年培育壮苗打好基础。

5. 芦笋采收

采收期为每年2次，第一次为清明节前后至5月上旬结束，9月上旬采收第二茬。以后每年管理以防病治虫、浇水施肥和采收为主。

三、芦笋病虫害防治

（一）病害

1. 茎枯病

（1）症状。发病期，在距地面30厘米处的主茎上，出现浸润性褐色小斑，而后变成淡青至灰褐色，同时扩大成棱形，也可多数病斑相连成条状。病斑边缘红褐色，中间稍凹陷呈灰褐色，上面密生针尖状黑色小点。如空气干旱病斑边缘清晰，不再扩大成为慢性型病斑。若于气阴雨多湿，病斑可迅速扩大蔓延，致使上部的枝茎枯死。

在小枝梗和拟叶上发病，则先呈褪色小斑点，而后边缘变成紫红色中间灰白色并着生小黑点。由于迅速扩大包围小枝易折断或倒伏，茎内部灰白色、粗糙，以致枯死。

（2）发病条件。该病由真菌致病。在多雨有风的条件下传染迅速，雨水溅沾也可传染。空气传染是大面积发病的主要原因．田间蔓延的方向和发病迅速常受风的影响。此外，地势低洼，土质黏重，氮肥过多等，均易加重该病发作。

（3）防治方法。①选择地势高燥，排水良好的地段栽培。②清洁田园，割除病茎，浇毁或深埋。③田间覆盖地膜，控制氮肥，防止生长过旺。④药剂防治。发病初期用70%甲基托布津800～1 000倍液，1∶1∶240波尔多液；50%代森铵的1 000倍液每7～10天1次，连喷2～3次。

2. 褐斑病

（1）症状。在枝茎和拟叶上发病为大量赤褐色小型病斑；随着病斑的逐渐扩大在中央部位先变成淡褐色，再转为灰色，后期生霉层，并生有紫褐色轮纹，病斑外缘有黄色轮晕。多数椭圆形病斑扩大相连成不规则病斑。病斑绕茎合围，则上方枝茎干枯。天气潮湿时，可生出白霉，以致拟叶早期脱落，植株长势急速衰降。

（2）发病条件。该病由真菌引起，靠空气传播，在高温条件下发病严重。

（3）防治方法。同茎枯病。

3. 菌核病

（1）症状。幼茎多在靠近地面处发病，先褪色而后变褐，继而生出黑色鼠粪菌核。

（2）发病条件。该病由真菌引起。

（3）防治方法。同茎枯病。

4. 根腐病

（1）症状。发病后茎基部的皮层腐烂，吸收根也受到破坏而导致主茎变黄，植株衰变。

（2）发病条件。该病由真菌引起，是由多种病原菌致病的病害。主要由土壤传染。

（3）防治方法。幼苗定植时用苯菌灵或苯菌丹按有效成分的400~500倍液，浸根15分钟防治。

5. 立枯病

（1）症状。苗期从地面稍上处形成发红而略带紫色的病斑，以致全株枯死。采笋时伤口亦可侵染，严重时全株死亡。

（2）防治方法。同根腐病。

6. 锈病

（1）症状。危害茎部及拟叶。夏季为橙色锈斑，表皮破裂后散出橙色粉末。秋季为暗褐色病斑。拟叶会因此而早期脱落，严重时整株变色枯死。

（2）发病条件。该病由真菌引起。空气潮湿、通风不良易发生该病。

（3）防治方法。

①采用抗病品种，如玛丽华盛顿等。②清洁田园，做好通风、排水工作。③药剂防治。发病初期可用75%百菌清的800倍

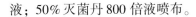

液；50%灭菌丹800倍液喷布。

（二）虫害

主要有蛴螬、蝼蛄、种蝇、金针虫等地下害虫危害。可在田间撒25%敌百虫粉加5倍细土做成的毒土；或用90%敌百虫的30倍液拌在麦麸或豆饼上，撒在田间做毒饵；施肥时喷80%敌敌畏乳剂的800倍液等方法防治。

第十节　无刺黄瓜优质高效种植技术

无刺黄瓜具有瓜型短小，外形美观、口感脆嫩、风味纯正、营养成分高于普通黄瓜等优点。深受宾馆、饭店消费者喜爱，价格比普通黄瓜高一倍多，发展前景好，非常值得菜农种植。栽培技术要点如下。

一、培育适龄壮苗

1. 种子处理与催芽

越冬的无刺黄瓜品种可选用荷兰瑞克斯旺公司的戴多星、康德等。用25~30℃温水浸种8小时左右，转入保温箱内催芽。具体做法：用无破损的塑料袋，内装32℃温水，封好袋口，放在泡沫保温箱内，袋内水深约10厘米，上覆干净的湿毛巾，种子平摊在湿毛巾上，再用干净的湿毛巾覆盖保湿进行催芽（冬季育苗要将保温箱尽量放在温暖的环境中，并做好保温工作）。待种子80%破嘴后，把保温箱内温度降低到22℃左右待播。

2. 播种

（1）培养土的处理。选没种过瓜类、土豆，无除草剂残留的疏松、肥沃的园田土过筛，拌上适量的以色列海法公司生产的魔立壮或保利丰（以确保黄瓜茎秆粗壮、方便操作和提高嫁接成活率）备用。

（2）做床。冬季棚内育苗，尽量选择在棚中间部位育苗（光照好、温度高，同时方便控制），要避开棚的前脸和两头（这些部位低温、寡照）；秋季育苗，要选择通风、透光、地势较高处。要做高床，并注意防水和控温。

（3）播种。播种前一天，将床做好，浇透底水，然后铺上培养土，整平，并用普力克600倍液把畦面浇透；播种密度为间距3～4厘米，有利于苗下胚轴伸长，但要注意温度、湿度调控，胚轴不宜过长。

（4）播种后管理。

①播种后：育苗床用地膜覆盖保温、保湿，床面温度保持白天25～32℃，夜间20℃左右，注意防止高温危害，可采用遮阳网遮阳降温，出苗达70%左右时，揭去地膜，温度偏低时要采取加温和保温措施。全苗后，适当降低温度，白天22～28℃，夜间15℃左右，避免苗茎生长过快，导致苗茎过细，提早出现空腔。2片子叶充分展开时，适当提高温度，促苗茎生长，使其到嫁接时长到要求的高度，此时白天温度以25～30℃为宜，夜温不变，结合补水用进口普力克灌根1次预防猝倒病，药水避免溅到苗心。

②培育适宜砧木：砧木可选用黑籽南瓜，嫁接的黄瓜产量高、品质优、口感好。砧木浸种、播种、管理与黄瓜基本相同，但也有差异：一是砧木多采用畦面直播法，不催芽，比黄瓜晚一天播种；二是砧木播种间距在2厘米左右，不宜采用密集撒播法；三是注意温度和湿度的调控，出苗前保持苗床较高的温度，白天温度32～35℃，夜间温度不低于20℃。出苗后降低温度，防止苗茎生长过快、苗茎过高以及过早地出现空腔，此期的适宜温度为白天25℃左右，夜间12～15℃。注意保持畦面湿润，不宜过湿。

二、适期嫁接

1. 嫁接时期

黄瓜苗要求2片子叶充分展开，第一片真叶露出大半或初展；苗茎粗壮、色深，子叶到地面之间的幼茎高5厘米左右；幼苗生长健壮，无病虫危害。砧木要求2片子叶初展或刚展平，未露心叶或刚露小尖，苗茎粗壮、色深，子叶到地面之间的苗茎高度4厘米左右（比黄瓜苗茎短1厘米左右）；幼苗生长健壮，无病虫危害。

2. 嫁接操作要点

（1）起苗前准备。起苗前一天，把嫁接场所和摆苗的苗床遮成花荫；同时，用进口普力克600倍液对适宜浓度的甲维盐（按说明使用）喷洒植株，预防病虫害。

（2）砧木苗的削切。用竹签挑除生长点，然后用左手大拇指和中指轻轻把2片叶合起并捏住，使瓜苗的根部朝前、茎部靠在食指上，右手捏住刀片，在南瓜苗茎的较窄的一侧（与子叶生长方向垂直的一侧），靠近子叶（要求刀片的切入口处距子叶不超过0.5厘米），与苗茎成30°~40°的夹角向前斜削1条0.8~1.0厘米的切口（将对折后普通双面刀的一半全部切入茎内即可），切口深达茎粗的2/3左右。把切好的苗放在洁净的纸或塑料薄膜上备用。

（3）黄瓜苗茎削切。取黄瓜苗，用左手的大拇指和中指轻轻捏住根部，子叶朝前，使苗茎部靠在食指上，右手持刀片，在黄瓜苗茎的较宽一侧（着生子叶的一侧），距子叶约2厘米处与苗茎成30°左右的夹角，向前（上）1削刀，刀口长度与南瓜苗相同，刀口深达苗茎粗的3/4左右。

（4）嵌合。瓜苗切好后，随即把黄瓜苗和南瓜苗的苗茎切口对正、对齐，嵌合插好。黄瓜苗茎的切面要插到南瓜苗茎切口的最底部，使切口内不留空隙。

（5）固定。2瓜苗的切口嵌合好后，用塑料夹从黄瓜苗一侧夹入，把2瓜苗的结合部位夹牢。

（6）栽苗。黄瓜离地靠接法在嫁接结束后，要随即把嫁接苗栽到育苗体。栽苗时，瓜苗要浅栽，适宜的栽苗深度是与苗上的原土印相半或稍浅一些，使嫁接口远离地面，避免接口遭受土壤污染。

三、嫁接苗管理

1. 温度

嫁接 8~10 天，苗床内要保持适度的高温，以确保嫁接苗的成活率。白天适宜温度是 25~30℃，最适温度为 25℃左右；夜间适宜温度 12~18℃，最适温度是 15℃左右。冬季育苗在定植前适当降温炼苗。

2. 空气湿度

嫁接结束后，要随即把嫁接苗放入苗床内，并用小拱棚覆盖保温、保湿，或用白色地膜覆盖嫁接苗，周围压实，使苗床内的空气湿度保持在 90% 以上。3 天后将小拱膜适量揭口放风，使小棚内的空气湿度下降，避免棚内的空气湿度长时间偏高引起发病。从第 4 天开始，每天逐渐延长苗床的通风时间，并逐渐加大通风量。嫁接苗成活后，加强通风，空气湿度控制在 70% 左右。

3. 水分

嫁接苗栽入苗钵放进苗床后，要随即逐株或逐行浇透水，并尽可能避免将水浇到嫁接口上，造成病菌感染。浇透水后，一般前 3 天内不再浇水。苗床开始大通风后，育苗钵土容易失水变干，要根据钵土的干湿变化情况及时浇水，使钵土经常保持湿润。用苗床栽苗，浇水量要适当减少，以保持床面半干半湿为宜。浇水时要求逐苗或逐行点浇水，以保证将育苗土浇透、浇匀。

4. 光照

嫁接当日以及嫁接后的前 3 天内，用草苫或遮阳网把嫁接场所和苗木遮成花阴，从第 4 天开始，于每天的早晚让苗床接受短时间的太阳直射光照，并随着嫁接苗的成活生长，逐天延长光照时间，每天的适宜光照时间以瓜苗不发生明显萎蔫为标准。嫁接

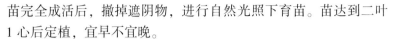

苗完全成活后，撤掉遮阴物，进行自然光照下育苗。苗达到二叶1心后定植，宜早不宜晚。

5. 适时断根

断根有 2 种方法：一种方法是嫁接苗完全成活后即可进行试断根，如果不明显打蔫，就对全部嫁接苗进行断根；另一种方法是双根定植，缓苗后再进行断根，遇到嫁接口愈合得不是很牢固的植株，就晚点断根或是留双根生长，此法比较灵活。

四、病虫害防治

主要病虫害有霜霉病、白粉病、细菌性角斑病、枯萎病等。虫害有潜叶绳和蚜虫等。对霜霉病可用 800 ~ 1 000 倍液的霜霉威或霜立克喷雾防治；对细菌性角斑可用 4 000 倍液的农用链霉素或 3 000 倍液的克菌喷雾防治；对枯萎病可在苗期每隔 7 天左右用 500 倍液多菌灵灌根。发生斑潜蝇时可喷施 1 500 ~ 2 000 倍液的绿菜宝，发生蚜虫可喷施 1 500 倍液的吡虫啉。

五、适时采收

长势弱时应早收，反之则适当晚收。气温降低后要轻手，并可适当延后采收。越冬茬黄瓜因生长季节内温度低，日照时间短，应及早采收，并适当疏花疏果。一般长度为 13 ~ 18 厘米，直径 2 ~ 3 厘米，花已经开始谢时即可采收，用剪刀剪断瓜柄，要轻拿轻放，以免擦伤。单瓜重 80 克左右，每株可结 20 ~ 30 条瓜，产量 3 000 ~ 4 000 千克/亩。

第十一节　设施黄瓜栽培常见问题及其防治对策

近年来，随着设施黄瓜效益的提高，种植面积逐年增加，2014 年冀南地区设施黄瓜的种植面积达 53.25 万亩，但种植中出现的问题也越来越多，给广大菜农造成了巨大的经济损失。经过笔者在种植地实地考察，结合几年来的栽培实践和当地农户种植经验，查找总结其常见问题并探索相应解决对策。

1. 化瓜

（1）症状及形成原因。症状是雌花或幼瓜不能正常生长发育，逐渐变黄而萎缩干枯。化瓜是由于光合产物不足引起的，主要原因有：光照不足，连阴寡照，叶片中干物质含量下降；栽植过密，植株软弱多病，营养不足；茎叶生长过盛，果实得不到养分；单性结实能力差；温度不适宜，光照不足，授粉受精不良；坐瓜过多，摘瓜不及时。

（2）防止对策。

①增加光照，提高光合能力。

②控制水分，降低夜温。

③向叶面喷洒糖氮液（1%的糖 + 0.2的尿素 + 0.2%的磷酸二氢钾），补充营养。

④人工授粉，刺激子房膨大，减少化瓜。

⑤黄瓜雌花开放后，分别喷赤霉素、吲哚乙酸、腺嘌呤，可降低化瓜率。

⑥及时采收根瓜，处瓜期早摘，防止漏采，避免大瓜赘秧。

2. 畸形瓜

（1）弯曲瓜的形成原因。

①黄瓜雌花发育不良，开花时子房小且弯曲，色淡、开花方向向上易形成弯曲瓜；②瓜条生长过程中，得不到足够的同化产物的瓜条易弯曲；③黄瓜雌花过多和幼瓜过多，互相争夺养分，易引起弯曲；④黄瓜植株衰弱、高温干旱、钾肥不足时，易引起弯曲；⑤瓜条生长时受到支架、叶柄、卷须等阻碍，不能正常下垂生长而形成弯瓜。

（2）尖嘴瓜的形成原因。

①坐瓜后瓜条膨大期间，同化产物和水分供应不足；②高温缺水、土壤盐分浓度过高，根系受损造成养分、水分吸收受阻；

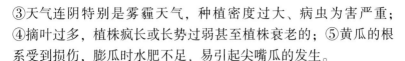

③天气连阴特别是雾霾天气，种植密度过大、病虫为害严重；④摘叶过多，植株疯长或长势过弱甚至植株衰老的；⑤黄瓜的根系受到损伤，膨瓜时水肥不足，易引起尖嘴瓜的发生。

（3）大肚瓜的形成原因。

①雌花受粉不充分，只是顶部形成种子，养分集中供给顶部，导致顶部膨大，形成大肚子瓜。②光合作用受阻，如弱光、种植过密、摘叶过多、高温等。③缺钾、前半夜温度管理不适宜，易形成大肚瓜。④春季棚室温度过高，根系吸收能力强，瓜条膨大期间浇水过多或后期浇水过少。

（4）蜂腰瓜的形成原因。

①连续高温干燥，生长势一旦减弱，易形成蜂腰瓜。②植株长势过旺，群体通风透光性差，小环境高温多湿。③硼向果实运转受阻，如多肥、多钙、干燥等诱发缺硼，致使细胞分裂异常，子房发育受阻，最终形成蜂腰瓜。④低温多湿、多肥、多钾、缺钾、缺钙等因素会助长此症的发生。⑤点花药的浓度不当。

（5）畸形瓜的防止对策。应做到以下几点。

①选用授粉充分或单性结实能力强的品种。②科学施肥：增施有机肥及钾、钙、硼肥，在有机肥大量施用的基础上配合钾、钙、硼肥，不但可以使黄瓜表现出良好的丰产性，还能明显减少甚至杜绝畸形瓜的出现。③环境调控：进入结果期要做好温度、湿度、水分和养分管理工作，要避免温度、湿度过高或过低，要小水勤浇，同时要掌握少量多次、营养均衡的施肥原则。④在生育中后期喷施黄腐酸肥料 3～4 次，能有效防止植株早衰，并使后期采摘的黄瓜仍然又长又直。⑤植株调整：及时整枝、疏花疏果，结瓜期随时绑蔓，及时摘除卷须、老叶，发现畸形瓜及早摘除，减少养分消耗。⑥及早及时防止病虫害。

3. 苦味瓜

（1）发病原因。有以下几种原因。

①品种原因：苦味物质具有遗传性。②偏施氮肥，特别是氮

肥施用突然过量，瓜条极易形成苦味瓜。③结果期施用氮肥过量，磷钾肥不足影响碳水化合物的运输或钙、镁等微量元素不足引起生理障碍会产生苦味瓜。④土壤干旱：土壤干旱会造成植株"生理干旱"，产生更多的苦味物质进入果实。⑤植株过密，光照不良，光合作用减弱，干物质累积少会导致苦味瓜。⑥温度原因：地温在12℃以下时，根毛生长弱影响营养元素和水分的吸收和运输，阻碍瓜叶中碳水化合物的形成，苦味瓜就会较多；温度过高，达到30℃以上且持续时间过长，或夜温过高，碳水化合物消耗过多都会产生苦味瓜。⑦整枝过重或叶片损伤过重或较长时间高湿低温、日照较短较弱影响光合作用或土壤浓度过高影响水分的吸收或二氧化碳浓度过低等影响光合作用等原因都会引起苦味瓜。

（2）防治对策。有以下几个对策。

①选择无苦味或苦味极微的优良品种。②及时摘除畸形瓜。③控制温度：一般温度低于12℃或者高于30℃，都能使黄瓜增加苦味。应尽量人工调节好温度，避开苦味增加的温度界限。④合理密植：黄瓜提倡大小垄行种植。⑤合理施肥：控制氮肥的用量，增施有机肥，适当增加磷、钾、微肥的用量，并配合根外追施黄腐酸类及微量元素肥料。⑥合理浇水：要求耕作层内水分要充足，灌水要做到少量多次的原则。⑦根外追糖氮液：在黄瓜盛果期，对叶面喷一定浓度的糖氮液，不仅能使产量增加，还能改善黄瓜品质，尤其是甜脆度明显提高。常用配置浓度是：尿素100克、红糖200克、米醋150克对水15千克喷雾。

第十二节　蔬菜设施栽培与育苗技术

育苗是蔬菜早熟高产的重要技术措施和环节，在外界环境条件不适宜或前茬作物没有收获时，利用一定的设施，培育一定大小的幼苗，当外界环境适宜时或者前茬作物完全收获后，移栽到

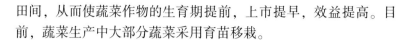

田间，从而使蔬菜作物的生育期提前，上市提早，效益提高。目前，蔬菜生产中大部分蔬菜采用育苗移栽。

一、育苗设施类型与性能

目前我国蔬菜生产，常用的育苗设施有：温室、塑料大棚及塑料中小棚、阳畦、温床、大小暖窖以及遮阴设施等。有关日光温室、塑料拱棚的结构、性能和环境特点，在其他章节将作介绍，这里重点介绍的是阳畦、温床、大、小暖窖等。

（一）阳畦

阳畦也叫冷床，一般长 6 ~ 7 米，宽 1.5 ~ 1.6 米，由畦框、透明覆盖物、保温覆盖物和风障等组成。

阳畦分槽子畦和抢阳畦，抢阳畦畦框是南框低北框高，东西两边呈顺势的斜坡状。覆盖透明材料时保持有一定的采光角度，故称抢阳畦。槽子畦四框基本一样高。阳畦一般都是跟与风障结合使用。抢阳畦的温、光条件均好于槽子畦，我国北方地区一般用抢阳畦。

建造阳畦时需要选择背风向阳、土质条件适宜的地方，掌握阳畦的宽度一般不超过 1.7 米，长度控制在 6 ~ 10 米，东西走向一字排列，东西向上 2 个阳畦之间的距离一般 1.5 米左右，1 道风障前只建一排阳畦。如果需要建造多排阳畦时，南北向上的风障之间距离一般不少于 5 ~ 6 米，以防遮阴。

（二）改良阳畦

改良阳畦在山东习惯叫"小暖窖"，大连称"立壕子"。它是由后墙、山墙、立柱和拱架组建而成，坐北朝南，有或无后坡，形似一个小型温室，空间和体积比日光温室要小许多。其后墙一般高 1 米，厚 0.5 米。无后坡的前柱高 0.7 米，中柱高 1.1 ~ 1.5米，跨度 3 米；有后坡的中脊高 1.5 米。

（三）电热温床

电热温床是利用通电导线来进行土壤加温的育苗设施，它具有发热快、床温可控性好、不受外界气候影响的优点，可有效解决冬季及早春育苗中地温偏低的问题，培育的秧苗质量高，而且设备一次性投资小，易于拆除。缺点是受电力限制，耗电量大，不宜进行大规模的商品化育苗生产。

1. 床基的制作

为节约电能，电热温床床基最好设在保护设施内，如日光温室、阳畦等设施的内部。选好床基位置后，根据苗床面积，将表土挖出 18~20 厘米，整平床底，然后铺 5 厘米厚的隔热材料（锯末等），隔热材料上盖一层塑料薄膜，塑料薄膜上压 2~3 厘米厚的床土，踩实耧平，待铺电加温线。

2. 布线

电热温床的功率密度是指每平方米铺设电加温线的瓦数，用瓦/平方米表示。功率密度越大，则苗床温度升温越快。功率密度太大，升温虽快，会增加设备成本及缩短控温仪的寿命；功率密度太小，又达不到育苗所要求的温度。适宜的功率密度与设定地温和基础地温有关，设定地温为育苗所要求的人为设定的温度，一般指在不设隔热层条件下通电 8~10 小时所达到的温度。基础地温为在铺设电热温床未加温时的 5 厘米土层的地温。

所需电加温线根数的计算：根据单根电加温线的功率、功率密度及苗床面积可计算出所需电加温线的根数。

电加温线根数 = 功率密度 × 苗床长 × 苗床宽 ÷ 单根电加温线功率

计算布线道数和间距：根据每根电加温线的长度和苗床的长、宽求电加温线要在苗床上往返道数。用床宽和电加温线往返道数求布线间距。

电加温线往返道数 =（电加温线长 - 床宽 × 2）÷（床长 - 0.2 米）

布线平均间距 = 床宽 ÷（电加温线道数 + 1）

布线：在实际布线时，为方便接线要使 2 个线头落在苗床的一端，即布线道数应为偶数，当布线道数为单数时，可适当调整苗床的长度，使其变成偶数。苗床的边缘散热快，为使苗床温度一致，两边框附近布线密度可以大些，中间布线密度可以适当小些。根据计算好的布线间距，在苗床两端用竹棍固定电加温线。

3. 覆盖床土

电加温线在苗床上布置好后，用万用表或其他的方法检查电加温线畅通无问题后，便可覆土，一般覆盖营养土 10 厘米。若用营养钵或育苗盘育苗，则在电加温线上先覆盖 2 厘米的土，用脚踏实，把营养钵或育苗盘摆上即可。

4. 控温装置的安装

苗床面积在 20 平方米以下，总功率不超过 2 000 瓦的只安装一个控温仪即可，如果苗床面积大，总功率较大时，就应配备相应的交流接触器。

电热温床目前主要用于早春果菜育苗。在日光温室里建造电热温床，对保证育苗成功大有好处。在高寒地区有条件的地方，在温室栽培西瓜植株的两侧预先埋设电热线，必要时通电加热，对保证西瓜安全生产有一定的好处。

二、传统营养土育苗

（一）营养土配制

1. 优质营养土应具备的条件

（1）养分丰富全面。优质的营养土含有丰富的有机质，养分充足而全面。

（2）三相比合理，疏松透气。总孔隙度为 60%，大孔隙占 15% ~ 20%，小孔隙占 30% ~ 40%，这样就保证了营养土保水能力和透气性的协调，利于根系的生长和发育。

（3）适宜的 pH 值。多数蔬菜生长适宜在 pH 值 6 ~ 7 的环境中生长，过酸过碱对于根系的发育不利，也影响矿质养分的有效性。

（4）无病虫害、虫卵及危险性杂草种子。在选择配制营养土的田土时，最好选择前茬非同科作物，或者选择没有种过蔬菜的大田土，如大豆田、禾本科作物田等，这样就避免了同科作物相同的病虫害交叉传染的机会，从而减轻苗期病虫害的发生，保证育苗的质量。

2. 营养土配制与消毒

在生产中，配制营养土的原料很多，但是常用的是菜园土或大田土、骡马粪、厩肥、炉渣等。常用的营养土配比方法如下。

菜园土或大田土：有机肥 =7：3 或 6：4。

菜园土或大田土：马粪：稻壳 =1：1：1。

菜园土：塘泥：厩肥 =3：3：4。

菜园土：马粪或厩肥：细炉渣 =5：3：2。

菜园土：马粪：河沙 =5：4：1。

营养土配好后，各配料充分混合掺匀过筛备用。

为了防止苗期病害的发生，配制好的营养土需要消毒，方法是每立方米营养土中加入 150 克多菌灵或者五氯硝基苯 50 ~ 80 克，充分混合均匀即可。也可以每立方米使用 50 ~ 100 毫升福尔马林，稀释后均匀喷洒于营养土中，用薄膜密封 48 ~ 72 小时，消毒结束后，充分摊晾，把营养土中的残余甲醛充分散发掉方可使用，否则影响种子出土和幼苗生长。

（二）播种床准备

为了保护根系，防止移栽时根系损伤，育苗时多采用塑料育苗钵、塑料筒以及纸筒等育苗。使用时将容器装入营养土后，紧密的摆放在苗床上即可。不同蔬菜对护根器具要求的规格不同，一般喜温蔬菜要求口径（8 ~ 12）厘米×高（8 ~ 12）厘米。

1. 塑料营养钵

是一种用聚乙烯或者聚氯乙烯压制而成的杯状容器，可连续

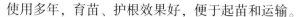

使用多年，育苗、护根效果好，便于起苗和运输。

2. 塑料筒

一种用聚乙烯吹塑而成的塑料筒，直径一般为 8～10 厘米，使用时，把塑料筒用剪刀截成 100 厘米长，然后把一端扎起来，把营养土装入后提起，在地上上下颠一颠，使得装入的营养土紧实，再用菜刀把装好营养土的塑料筒切成 10 厘米长，整齐的摆放到苗床上，浇足底水备播。另一种是利用废旧塑料薄膜，剪成 27～30 厘米长、10 厘米宽的长方形，用订书钉或胶带连接起来，做成直径 10 厘米、高度 10 厘米的塑料筒，这种材料成本低，使用方便，是废物的合理利用，效果很好。

3. 纸筒

通常酒瓶等做模具，利用废旧报纸等制作成直径 10 厘米、高 10 厘米的纸筒，播种前 1～2 天装入营养土，密排于苗床上，并浇足底水备播。

此外，也可以使用营养土方育苗，方法是先在苗床底部铺一层草木灰或者沙子，然后铺约 10 厘米厚的营养土，整平踏实，浇透水，不粘刀时，用菜刀等锋利工具将床土切成 10 厘米 × 10 厘米的土块，切好后，用河沙、草木灰等把缝隙弥合备播。

(三) 种子处理

为使蔬菜种子出苗整齐迅速，幼苗生长健壮，播种前，常常进行种子处理，具体内容如下。

1. 种子消毒

种子消毒是为了杀灭种子表面携带的病原菌，切断传染源，减少病害的侵染。常用的消毒方法如下。

(1) 温汤浸种。将精选的种子放进 55℃ 的水中，种水比为 1：(5～6)，保持该温度 15～20 分钟，期间应不断的搅拌，使种子受热均匀，之后自然冷却至室温，然后浸种。

(2) 热水烫种。将种子放入 70℃ 的热水中，保持 30 秒，期间不断的搅动，使受热均匀，然后降温至 55℃，在进行温汤浸种。该方法一般适合于种皮较厚的品种。

（3）干热处理。对于瓜类和茄果类种子可以采用干热处理。方法是：将种子充分干燥，放到70℃下处理2~3天，具有很好的钝化病毒的效果。

（4）药剂消毒。用50%多菌灵可湿性粉剂500倍液、或0.1%抗菌素401药剂500倍液浸种30~40分钟，对枯萎病和炭疽病菌有很好的防治效果；用2%~4%漂白粉、0.1%高锰酸钾或100万单位硫酸链霉素浸种30分钟，可防止细菌性病害；用10%的磷酸三钠溶液浸种20分钟、2%的氢氧化钠溶液浸种15~20分钟、或2%碳酸钠溶液浸种20~30分钟，对种子携带的病毒有很好的钝化作用；用150~300倍甲醛溶液浸种15~30分钟，对真菌、细菌和病毒都有较好的杀灭作用。此外，可以用50%多菌灵或者70%敌克松拌种，对于苗期猝倒病有较好的效果，用药量为种子重量的0.2%~0.5%。

药剂消毒结束后，应当用清水反复冲洗种子2~3遍，把种子表面的残药冲洗干净，防止药害。

2. 浸种

浸种可以加快种子的吸水速度，缩短种子发芽和出土的时间。浸种时间与水温和蔬菜种类有关。在浸种结束后，把种子反复揉搓，洗掉种子表面的黏液物质，以增加种皮的通透性，利于种子出芽。

3. 催芽

为使种子尽快的发芽，提高发芽的整齐度，浸种结束后，将种子用洁净的毛巾、棉布等将种子包裹，放在适宜的温度环境中，保湿催芽。不同蔬菜适宜的催芽温度不同，喜温蔬菜为25~30℃，喜凉爽蔬菜为15~22℃。在催芽过程中，每隔8~10小时用25℃左右温水淘洗一下。

应当指出，在催芽过程中温度应适宜，不能过高或过低，以免影响发芽的时间和发芽的质量；一般当种子"露白"即胚根伸

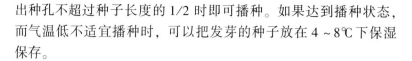

出种孔不超过种子长度的 1/2 时即可播种。如果达到播种状态，而气温低不适宜播种时，可以把发芽的种子放在 4～8℃ 下保湿保存。

（四）播种

播种前，苗床浇透水。在低温季节，应提前 2～3 天浇水，浇水后覆盖小拱棚或者地膜等烤地增温，对于喜温蔬菜当 10 厘米处地温上升到 15℃ 以上时即可播种；而在温暖季节，水渗完即可播种。

播种时，对于大粒种子要求种子平放，胚根向下或者与地面平行；胚根不能向上，否则延缓种子出土时间，降低瓜苗质量；瓜类不能直立播种，以防止戴帽出土。对于小粒种子可以撒播，也可以点播。播后盖过筛细土，大粒种子覆土 1.5～2.0 厘米，小粒种子盖土 0.5～1.0 厘米。要求覆土厚度应均匀一致，过厚过薄都会影响幼苗的出土质量。

在北方，为了防止瓜类种子戴帽出土或者幼苗出土后倒伏或徒长，常常采用"三次覆土法"播种，即播种后先覆土 1～1.5 厘米，通常是手抓一把过筛细土在种子上盖成一个小土堆，这样受热面积大，地温高，利于出土；80% 以上种子顶土时，再覆一层细土，约 0.5 厘米，增加表土的压力，防止戴帽出土；齐苗后，在晴天的中午再覆盖一层细土，约 0.5 厘米，可以防止幼苗倒伏和徒长，弥合种子出土留下的缝隙，降低土壤水分的蒸发，有保墒的作用。

（五）苗床管理

1. 温度管理

播种后，床面上覆盖薄膜，控温保湿，促进种子出土。喜温蔬菜白天控温 28～32℃，夜间保温 18～20℃，土温在 18～25℃ 以上为宜。喜凉蔬菜或者耐寒蔬菜以 18～22℃，最高不过 25℃，夜间 10～15℃ 为宜。

喜温蔬菜在种子顶土至第一片真叶展开前，幼苗容易徒长。当有 70% 以上种子顶土时，要及时撤掉覆盖在床面上的薄膜，降低苗床温度，白天 20~25℃，夜间 10~13℃，防止幼苗徒长形成高脚苗。第一片真叶展开后到成苗，温度适当提高，白天 25~28℃，促进幼苗光合作用，夜间 13~15℃，降低幼苗的呼吸，也有利于花芽的分化。在定植前 7~10 天降温炼苗，增强瓜苗的适应性和抗逆性，白天温度逐渐降至 20℃ 左右，夜间温度降至 10℃ 左右，有时降温到 8℃ 左右。

喜冷凉或耐寒蔬菜种子出土后，白天温度 20~22℃，夜间 12~15℃。在高温季节育苗时，应采取遮荫降温措施，保证幼苗适宜的生长温度。一般的最高温度不过 26℃ 为宜。

应当指出的是，在大白菜和甘蓝育苗时，应严格控制温度和苗龄大小。大白菜要求育苗最低气温不得低于 12℃，否则，引起先期抽薹；对于甘蓝在低温季节育苗，一般定植前幼苗茎粗不得大于 0.6 厘米，否则，也容易先期抽薹。

2. 湿度管理

苗期合理的水分管理，是培育优质秧苗的重要环节。如果苗床缺水，会延长出土时间，幼苗生长细弱；如果水分过多，土壤通气不良，也影响幼苗出土，而且出土后容易徒长。因此，在播种前苗床底水浇透，保证土壤湿润，满足发芽对水分的需求。幼苗出土后，苗床保持适宜水分，床土不过旱不浇水，防止徒长。当苗床表现缺水时，浇小水。如果使用塑料育苗钵育苗，由于苗钵阻断了营养土与床底的土壤毛管链接，幼苗不能够利用床底土壤水分，易出现缺水，应注意及时苗钵补水，否则，影响幼苗质量。定植前，应停止浇水，苗床大通风炼苗，提高幼苗适应恶劣环境的能力。

苗床环境空气湿度的管理，不同季节不同。在寒冷季节，在保证温度的前提下，适时通风排湿，防治苗期病害的发生；在温暖季节，常常昼夜通风。

3. 光照管理

不同蔬菜对光照的要求不同，瓜类茄果类等喜温蔬菜是喜光作物，幼苗对光照反应敏感，光照不足，幼苗细弱，易徒长。因此，低温季节育苗，在保证温度的前提下，尽量延长光照时间，增强光照强度。苗床的薄膜应选用透光率高的新的无滴膜，并经常清除薄膜上的灰尘等污物，保持薄膜清洁。草苫等保温覆盖物应尽量早揭晚盖。如遇连阴雪天，也应在近中午时揭开草苫（或者揭开部分草苫），让秧苗接受短时间散射光照射。切不可为了保温而不揭草苫，否则，幼苗容易失绿黄化，生活力降低，影响花芽分化，影响产量和品质。在高温季节育苗，苗床上应搭荫棚遮阴，防止强光直射，防止病毒病的发生。

对于喜凉蔬菜，对光照不敏感，管理比较简单。

4. 追肥

育苗期间，常进行根外追肥。方法是在菜苗生长到 1~2 片真叶时，用 0.2%~0.3% 磷酸二氢钾液肥，进行叶面喷施，每 7~10 天 1 次，效果良好。

5. 其他管理

齐苗后，选择晴天的中午，在床面上撒一层过筛的细土，厚度约 0.5 厘米，可以起到保墒固苗的作用，还有防止徒长的效果。同时及时进行苗床除草。对使用塑料筒、纸筒或者营养土方育苗，在定植前炼苗时，应当"倒坨"，即把苗坨移动一下位置，切断土坨床底的根系链接，在炼苗期间可以愈合并发生新的根系，利于定植时起苗，定植后幼苗不会"打蔫"，利于缓苗。及时预防苗期病害。

三、简易穴盘育苗

穴盘育苗，是运用一定的设备条件，以草炭、蛭石等做育苗基质，采用精量播种技术，人为控制育苗中各阶段的环境条件，一次成苗的的育苗体系，是一种可以在较短的时间内培育出大批量、高质量的适龄壮苗的一种育苗方法。具有省工、省力，成本低，适栽性好，移栽成活率高的优点。

（一）穴盘育苗的设施

现代化的穴盘育苗设施通常包括基质配制和消毒车间、装盘车间、播种车间、催芽室、绿化、驯化室等设施，各个车间和设施的配置都是必不可少的。而对于简易工厂化穴盘育苗而言，基质的配制与消毒、装盘、播种、嫁接以及嫁接后驯化和秧苗培育可以在温室或者大棚等同一设施内完成，这样可以大大的减少育苗的投资，降低育苗成本。对于一般的菜农而言，是很适宜的。

（二）穴盘育苗设备

现代化工厂化穴盘育苗必需的设备主要有基质消毒机、基质搅拌机、育苗穴盘、自动精量播种装置、恒温催芽设备、育苗设施内肥水供给系统、CO_2 增施机等。在我国，农业生产总体水平还比较低，农村经济还比较落后，穴盘育苗设备的可以根据具体经济实力有选择的配置上述设备。简易穴盘育苗比较适合大众菜农应用，投资少，效果很好。简易穴盘育苗设备如下。

1. 穴盘

一般是用 PS、PE 吸塑或者 PS 发泡而成。规格多为（24～30）厘米 ×（54～60）厘米，每张盘上有孔穴数 32、40、50、72、128、200、288 等不等，深度 3～10 厘米不等，使用寿命为 8～10 次。一般瓜类蔬菜育苗多选用 40 孔、50 孔、72 孔穴盘；白菜类蔬菜多用 72 孔、128 孔、288 孔等；茄果类蔬菜多选用 72 孔、128 孔、288 孔等。为了节约成本可以使用简易的聚乙烯薄层塑料板压制的苗盘，孔穴为圆锥形，规格有 54 孔、70 孔、74 孔、100 孔等。

2. 催芽设备

催芽设备恒温箱、催芽间等，催芽种子量大时使用。种子量小时，可以采用瓦盆、体温、暖气等催芽。

3. 喷水设备

穴盘育苗设施内的喷水灌溉系统是很重要的设备，可采用人工喷淋浇水，也可以采用行走式喷淋装置，既可喷水，又可喷洒农药，是保证秧苗质量的重要设备。

（三）播前准备工作

1. 育苗基质的选择

目前生产上所用的育苗基质主要是复合基质，我国使用的主要是草炭系复合基质，它是以草炭为主料，配合一定比例的蛭石、废菇料、炉渣灰、珍珠岩等轻质材料混合而成。这类基质有机质含量高，通透性好，持水量在 100% ~200%，pH 值一般为 6.1~7.1，适于蔬菜根系发育和幼苗生长。常用的基质配比有：

草炭：蛭石 = （2~3）：1。

草炭：蛭石：珍珠岩 =1：1：1。

草炭：蛭石：废菇料 =1：1：1。

草炭、蛭石等基质，本身含有一定的大量元素和微量元素，但是还不能满足蔬菜生长发育过程中对养分的需求，因此，在配制基质时，需加入一定的外源养分，如三元复合肥等，这样才能满足幼苗生长的需要。也可以在幼苗二叶 1 心期，结合喷水，进行营养液浇灌。

2. 基质消毒

（1）甲醛消毒。每立方米基质用 40% 甲醛 50~100 毫升，稀释 150~300 倍，均匀的喷洒混入基质中，用塑料薄膜覆盖密封 24~48 小时，然后揭去薄膜，摊晾 5~7 天，期间不断翻动，待甲醛残药充分挥发后方可使用。

（2）溴甲烷消毒。每立方米基质中加入溴甲烷 100~150 克，充分混合均匀后，用薄膜覆盖密封 3~5 天，然后揭掉薄膜晾晒 2~3 天，使残药充分散发后即使用。

（3）五福合剂消毒。五福合剂为 50% 福美双与 70% 五氯硝基苯按 1：1 重量比混合制剂，在基质消毒时，每立方米使用 80 ~

100 克，与基质混合均匀即可，用量不可过多，否则容易出现药害。此法对苗期猝倒病与立枯病的防止效果良好。

（4）五代合剂消毒。五代合剂为 50% 五氯硝基苯与 65% 代森锰锌按 1 : 1 重量比混合，消毒时，每立方米加入 80 ~ 100 克与基质混合均匀即可使用。但是用量不宜过多，否则出现药害。

（5）百菌清或多菌灵消毒。每立方米基质中加入 100 ~ 150 克 50% 百菌清或者多菌灵，混合均匀即可使用。

此外，有条件的地方或者大型育苗场可以使用蒸汽消毒，此法需要锅炉和蒸汽消毒器，把基质放入蒸汽消毒器中，温度达到 100 ~ 120℃，保持 1 ~ 2 小时，消毒效果好，但是，成本高，不适宜于一般菜农。

3. 营养液配制

在穴盘育苗中，由于密度大，营养面积小，幼苗生长到一定时，容易出现"脱肥"现象，造成幼苗黄化、落叶、花芽分化不良等。因此，需要补充养分，满足幼苗生长需要。方法是利用营养液浇灌。常用的营养液配方可以参考第七节无土栽培技术。

（四）装盘与压穴

1. 装盘

播种前应提前把配制好的基质装入穴盘中。简易穴盘育苗采是手工装盘，即把苗盘单张摊开，用铁锹等工具把基质装入穴盘的每个格室里。这适合于普通农户。要求装入的基质量和紧实度均匀一致，每个孔穴自然状态装满为度，不要有意压紧；装盘时基质不能是干燥的，如果基质干燥，在装盘前应先向基质中撒入适量清水，均匀搅拌，堆闷 2 ~ 3 天，使基质吸水润湿后方可使用。

2. 压穴

穴盘装好基质后，要进行压穴，以便于播种。所压的穴其实就是播种穴。简易穴盘育苗最常用的压穴方法是把装好基质的穴盘，每 5~6 只叠摞起来，在最上面的穴盘上盖一块木板，然后双手放在木板上均匀下压至要求的深度，一般为 1~1.5 厘米。另外也还可以制作一个专门的压穴器，按照穴盘的孔数和位置做一钉板，"钉"顶部为平面，直径约 1 厘米，高度为 1~1.5 厘米。压穴时，对准孔穴下压一次即成播种穴，效果很好。

3. 播种

简易穴盘育苗常采用手工播种，一般是播种催芽的种子，每穴一粒，播后用基质或者直径 2~3 毫米的蛭石盖平即可。然后，喷淋浇一次透水。

（五）播种后的管理

1. 温度

穴盘育苗一般比营养土育苗要求温度稍高。对于喜温蔬菜整个育苗期的温度管理可概括为"两高两低"。一高即播种后出苗阶段要求较高的温度，一般保持在 28~32℃，促进种子萌发出苗；一低即当 70%~80% 以上的种子"弓背"露头时，要降低温度，白天为 20~25℃，夜间不低于 13~15℃。第二次高温即在幼苗第 1 片真叶展开至定植前 1 周，白天为 25~28℃，促进光合作用，夜间 15~17℃，促使幼苗早发稳长，有利于花芽分化；第二次低温即定植前 7~10 天，降温炼苗，白天温度调整为 20℃左右，夜间不低于 10~13℃，以提高幼苗素质和对低温的适应性。

2. 水分和养分

水分和养分是幼苗生长发育的重要条件。播种后应保证基质充足的含水量，促进出苗。随着幼苗不断长大，叶面积不断增加，应保证苗盘水分供应，如果水分亏缺，幼苗易老化。因此，在水分管理上，一般掌握播种后浇一次透水，使基质含水量为 85%~90%，子叶展开至二叶一心期，基质水分含量为 70%~75%，二叶 1 心至成苗期为 65%~70%。浇水次数视季节和天气灵活掌握，寒冷季节浇水次数少，高温季节浇水次数多，甚至一大浇水 2～3 次。温暖季节一般在早晨或傍晚浇水，寒冷季节一般在上午浇水。每次浇水要浇透，促进根系下扎，这样利于根坨形成，力求浇水均匀，这样秧苗生长均匀，大小一致。

幼苗生长过程中应适时补充养分，可根据幼苗生长发育状况喷淋配制好的营养液。通常在播种 20 天后，依据幼苗长相，结合浇水浇营养液，也可以根据育苗时间的长短，喷淋营养液 3～5 次，间隔时间 3～7 天，每次喷淋营养液后，要再喷淋洒一遍清水，把残留于叶片上的营养液冲掉，避免烧苗。

3. 光照

光照条件是影响幼苗质量的重要因素，也是冬春育苗热量的来源之一。冬春季节日照时间短，光照强度弱，所以在保证温度的前提下，争取早揭晚盖草苫，以延长光照时间。即使在阴雪天气，也应在中午短时间揭开草苫，让秧苗接受短时间的散射光，切不可长时间使秧苗处在黑暗状态。另外，选用防尘无滴膜、定期清洁棚膜等，也可以增加设施内的光照。

但若是高温季节育苗，就应搭遮阴棚，降低苗床的光照强度和温度，防止病毒病的发生。

四、嫁接育苗技术

由于土传病害的严重发生，给蔬菜生产带来很大损失，严重时可以造成绝收，如瓜类和茄果类蔬菜枯黄萎病等。其病原菌可以在土壤中存活 7～9 年，目前生产上还没有高抗品种或特效的防治药剂，多通过轮作进行预防。20 世纪 70 年代引进了嫁接栽培技术，利用嫁接换根，有效的防治了枯黄萎病等土传病害的发生，同时，嫁接还促进了早熟，提高了产量，一般增产幅度达 20%～50%，经济效益显著。

（一）砧木的选择

嫁接砧木的选择，主要考虑以下几个方面：砧木与接穗的亲和力要强；砧木的抗枯萎病或黄萎病能力应达到高抗或者免疫水

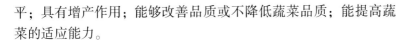

平；具有增产作用；能够改善品质或不降低蔬菜品质；能提高蔬菜的适应能力。

（二）嫁接方法

目前，我国应用的嫁接方法主要为插接、靠接和劈接。

1. 靠接法

又称舌接，适用于瓜类和茄果类，初次进行嫁接育苗者多用此法。靠接法的操作过程如下。

（1）砧穗准备。靠接法要求砧木与接穗粗度相近，多用于果菜类蔬菜。因此，接穗种子一般比砧木早播 5~7 天。对于瓜类当下胚轴高度应达 5~8 厘米，粗 0.2~0.3 厘米，砧木子叶充分展平真叶开始透心，接穗第一片真叶展开时，是嫁接的适宜时期；对于茄果类，一般砧木长到 5~7 片叶，接穗长到 4~5 片叶是嫁接时期。嫁接前苗床要浇一次大水，并且喷一次农药，以减轻嫁接后病害发生。

（2）嫁接用具。锋利刀片、嫁接夹、竹签、酒精棉球等。

（3）砧木处理。瓜类：首先把砧木的生长点用竹签剥掉，要求生长点去的彻底，避免嫁接成活后萌蘖的出现；然后从砧木子叶下方约 1 厘米处，由上向下以 30°角斜削一刀，削面长 0.8~1厘米，横向深度为下胚轴粗度的 2/5~1/2。茄果类：砧木留 3~4片真叶，把上面的部分去掉，然后在第三四叶间，选择一平滑地方，用刀片以 30°角斜向下削 1 厘米，横向深度也为砧木茎粗的 1/2~2/3。

（4）接穗处理。把接穗带根挖起，用清水把幼苗根部的土洗净，瓜类在子叶的下方 1.5~2.0 厘米处，以 30°度角斜向上削一刀，削面长 0.8~1.0 厘米，深度为茎粗的 1/2~2/3。茄果类在接穗上部留 2~3 片真叶，下部选择平滑的地方，以 30°角由下向上斜削长约 1 厘米，横向深度为茎粗的 1/2~2/3。

（5）嵌合和固定。砧木和接穗削好后，将接穗的削口嵌插于砧木的削口中，使二者紧密结合，然后用嫁接夹与接口平行方向夹住，固定接口。嵌合固定好后，把接穗的根埋入土中，与砧木的根系相距 1 厘米，以便于成活后断根。

该方法简便易学，技术难度小，嫁接成活率高。但是，速度慢，效率低，较费工，适合于营养钵等育苗时使用。

2. 插接法

插接法又称顶插接，是瓜类蔬菜嫁接普遍采用的方法。

（1）砧木、接穗准备。插接法要求砧木的茎应比接穗的茎粗，一般接穗比砧木提前 5～7 天播种，即当砧木幼苗齐苗时播种接穗种子，接穗子叶完全展平时，是嫁接的适宜时期。砧木种子催芽后可直接播于苗床营养钵或穴盘中。接穗种子则可集中密播于苗床内。达到嫁接要求时，提前 2～3 天苗床喷洒一次杀菌剂，在嫁接的前一天，视苗床干湿程度，向苗床或者苗钵喷淋浇一次水，准备嫁接。

（2）嫁接工具。同靠接法。

（3）砧木处理。用刀片或者竹签把砧木幼苗的生长点去掉，然后用竹签从一片子叶的叶腋处，以 30° 角斜下插，使竹签尖端达到子叶下胚轴的另一侧皮层，使捏在该部位的手指有顶触感，能够看见竹签签头或者签头略透头为宜，插孔深度约 1 厘米。应当注意的是，在插孔时，不要把砧木插劈，插孔的下端应当是个小圆洞，不能是一条缝隙。如果插劈，嫁接后应当固定，否则影响成活。另外，签头透出的部位应在子叶节上或者子叶节下方紧挨子叶节处，否则容易使插孔穿透茎的空腔，影响成活。

（4）接穗处理。把接穗整株拔起，用清洁的水洗掉幼苗上的尘土，沥干水后，用湿润的棉布覆盖保湿。削接穗的方法在生产中多用的是一刀削或者两刀削法。

一刀削即手拿接穗苗，用锋利刀片在子叶下 1 厘米处，以 30° 角向下削一长 0.8～1.0 厘米的斜面，要求削面平滑整齐，避免斜面的前端出现毛边或者残留表皮。该法操作简单，易学，速度快，但是应当在接穗下胚轴不空心时使用较为合适，如果接穗下胚轴由于徒长空心，使用该法易造成嫁接不牢固，成活率也低。

两刀削即用锋利的刀片在接穗子叶下1厘米处以30°角下向下削一刀，然后再在相对的一侧相同的位置斜削一刀，使接穗削面呈"楔子"状，削面长0.8~1.0厘米，要求削面整齐平滑，无毛边。该法由于愈合面大，嫁接牢固，但是削两刀，费工费时，另外，当接穗下胚轴中空时，削出来的削面是两个分叉，这样不便于插入插孔中，影响嫁接的效率和成活率。

（5）嫁接。将削好的接穗，削面向下插入砧木插孔中，砧木与接穗的子叶呈"十字"状。插入的深度以插孔的下端能够看见接穗的尖端或者接穗略透出插孔为宜。要求接穗插入要紧实，使砧穗紧密结合，以利于愈合。接穗插入的松紧程度以拇指与食指虚捏子叶，向外轻拔，以不能拔出为适宜。

该方法嫁接的速度快，适合于各种育苗方式培育嫁接苗，特别适合于穴盘育苗。但是，要求嫁接技术高，对嫁接后的环境条件控制要求严格。

3. 劈接法

主要适合于茄果类，瓜类有时也采用。

（1）砧穗准备。劈接法与果树劈接法非常相似，但是蔬菜劈接要求砧木与接穗茎的粗度相近，因此，茄果类砧木提前播种7~10天，瓜类接穗比砧木早播6~7天。砧木种子浸种催芽后播种于育苗容器中，接穗种子可以集中密播于苗床或者花盆中。嫁接的适宜时期为，茄果类砧木长到6~7片叶，接穗长到4~5片叶。瓜类是砧木子叶充分展平，第一片真叶展开，接穗从子叶绿化至真叶透心。

（2）嫁接用具。锋利刀片、嫁接夹、酒精棉球等。

（3）砧木处理。砧木基部留2~3片真叶把生长点去掉，用刀片在茎中间垂直下切，深度为1厘米左右。

（4）接穗处理。同插接法的"两刀削"法，去接穗，在上部留2~3片真叶把根部去掉，用刀片削成"契"形，长约1厘米。

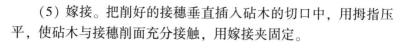

（5）嫁接。把削好的接穗垂直插入砧木的切口中，用拇指压平，使砧木与接穗削面充分接触，用嫁接夹固定。

（三）嫁接后的管理

影响嫁接苗成活的因素很多，除与接穗与砧木的亲和力、嫁接的方法和嫁接技术熟练程度等有关外，还与嫁接后的环境管理有直接关系，而愈合期的环境条件和管理技术，对嫁接苗的成活率起着决定性的作用。

1. 温度

温度是影响愈伤组织形成的重要因子之一，适宜的温度可以促进愈伤组织的形成。在愈合期（嫁接后 7~10 天内），温度是管理的关键，白天以（28±2）℃为宜，夜间以（20±2）℃为宜。在这个阶段，温度过低过高，都会影响愈伤组织的形成，延缓接口愈合。因此，在冬春低温季节嫁接育苗时，应采取保温、增温措施；而在夏季高温季节培育嫁接苗时，应当采取遮荫降温措施，如利用遮阳网等。一般嫁接后 10 天左右，嫁接苗成活。之后降温恢复正常管理，白天 20~25℃，夜间 13~15℃，防止嫁接苗徒长。定植前 7~10 天降温炼苗，白天控制温度在 20℃左右，夜间 10~13℃，以增强幼苗的适应能力和抗逆性。

2. 湿度

嫁接后保湿是嫁接成败的关键。除靠接法外，嫁接苗在愈合期间接穗的供水主要靠砧木与接穗间细胞的渗透以及由叶片从空气中吸收获得，如果苗床内空气湿度低，则接穗极易失水萎蔫，严重影响嫁接苗的成活率。因此，嫁接后应当增湿保湿，提高苗床湿度和空气湿度。为了增加苗床湿度，在嫁接前 1 天苗床浇一次透水，或者嫁接后，马上进行苗床浇水，并扣严小拱棚，使空气湿度达到 95%~98%，以薄膜内壁能见密密的细水珠为宜。嫁接后 3~4 天内密闭小拱棚，苗床一般不通风。此后逐渐在早晚阳光较弱时适当通风降湿，防治烂秧，放风的强度以"接穗叶片上的水膜将变干，接穗不萎蔫为度"，此时应立即扣上小拱棚保

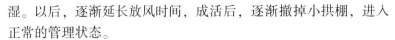

湿。以后，逐渐延长放风时间，成活后，逐渐撤掉小拱棚，进入正常的管理状态。

3. 光照

光照是影响嫁接苗成活率的另外一个重要因素。嫁接苗接穗不具有根系（除靠接法外），不能直接吸收水分，如遇强光直射，则蒸腾加剧，接穗就会迅速失水而引起凋萎，造成成活率严重下降。因此，嫁接后应当遮荫，避免阳光直射。在嫁接后 3 天内，完全遮荫，第 4～7 天内，可在早晨和傍晚揭去遮荫物，使嫁接苗接受较弱的直射光照射，光照的时间以接穗不萎蔫为度。一般在 9 时 30 分前和 16 时后接受光照。7 天后，逐渐延长光照时间，使幼苗逐渐适应强光照。10 天后嫁接苗成活，进入正常管理。

4. 除萌蘗芽

嫁接成活后，砧木的生长点虽然被切除，叶腋间的腋芽仍然能够萌发形成萌蘗，这些萌蘗易与接穗争夺养分和生长空间，直接影响接穗生长发育，因此，必须及时除去。嫁接 5～7 天后，即可有侧芽萌生，注意随时检查和去掉砧木上萌生的新芽，除萌时注意不要碰伤接穗和损伤砧木的子叶。

同时，根据嫁接苗的成活和生长状况，进行分级摆放，分别管理，使秧苗生长整齐一致，提高秧苗质量。

5. 断根与除夹

一般嫁接 10 天后，若接口处愈合良好，接穗的茎伸长变粗发亮，真叶透心正常生长，则说明嫁接苗已成活。对于靠接法一般通过断根来判断成活与否，若断根后接穗不萎蔫，则成活。方法是从接口下方，把接穗的的根切断即可。

嫁接成活后及时去掉嫁接夹，妥善收起，来年还可以使用。

第十三节　塑料大棚栽培与茬口安排

一、一年一茬

是东北和华北的一种常见茬口，适宜栽培的作物有黄瓜、西瓜、西葫芦、番茄、辣椒、甜椒、韭菜等。在冬季深翻冻垡，熟化土壤，可以消灭部分病虫害，有利于减轻病虫害。但这种茬口复种指数低，土地利用率低，没有把大棚的优势充分的发挥出来，仍有效益提升空间。如在山东大棚西瓜生产，采用"三膜一苫"覆盖，2 月中下旬定植，5 月上旬第一茬瓜上市，一个月后二茬瓜开始上市，7 月初拉秧，之后休闲。经济效益较好，亩收入可达 10 000 ~ 15 000 元。

二、一年两茬

这是大棚栽培的主要茬口安排，可以生产一茬春提前，还可以生产一茬秋延后。在无霜期 150 天以上的地区，可以在春秋生产两茬果菜，在无霜期不足 150 天的地区，可以春季生产果菜，秋季生产叶菜。这种茬口土地利用率高，产量显著，经济效益高。

三、一年多茬

1. 速生叶菜套种一年 3 茬栽培

早春 3 月播种速生耐寒叶菜，如小白菜、油菜、茼蒿等，4 月中下旬收获；第二茬于 4 月上旬将黄瓜、番茄或者辣椒套种于速生叶菜中，7 月上旬收获结束；第三茬在 7 月中旬定植果菜或叶菜，如黄瓜、番茄、芹菜、花菜等，10 月底至 11 月上中旬收获结束。这个茬口的特点是在一年两茬的基础上，利用部分速生叶菜耐寒的特点，早春提早播种，既调节了早春蔬菜市场供应，又增加了经济效益。

2. 果菜套种藤架瓜菜一年三茬栽培

永年多采用这种形式，利用盖草苫大棚于2月中旬定植果菜，如茄子、辣椒、甜椒等，6月下旬至7月上旬结束；4月下旬套栽苦瓜、丝瓜等，5月中下旬撤掉棚膜后，苦瓜和丝瓜开始绑蔓搭架，以拱杆为基础搭棚架，10月中旬结束；在7月中下旬至8月上旬在瓜架下定植芹菜，利用瓜架的遮阴作用，芹菜生长良好，11月至12月结束。

3. 高秆作物与叶菜间作一年4茬栽培

东北多采用这种栽培制度，3月至4月定植黄瓜或者番茄，7月中旬采收结束；7月中旬定植秋黄瓜或者秋番茄，9月末至10月末结束拉秧；早春3月中旬间作速生蔬菜，如小白菜、油菜、茴香苗、茼蒿等，4月中下旬结束；等月中下旬定植辣椒或菜豆，7月末结束；7月下旬至8月初定植菜花，10月中下旬收获完成。这个茬口利用高秆与矮秆作物间作，有利于通风透光，病害轻，茬次多，产量高，效益好。

4. 多种蔬菜全年立体化生产

是南方塑料大棚生产的重要茬口，在长江中下游地区，早春1月下旬采用多层覆盖定植番茄或辣椒，4月下旬上市，6月下旬至7月上旬拉秧结束；8月中旬定植秋番茄或秋黄瓜，10月下至11月末拉秧；之后播种或定植冬芹菜、生菜、细香葱、菠菜、小青菜等；3月上旬间套播苋菜，苋菜5月结束，定植黄瓜。4月中下旬在棚四周套播冬瓜或扁豆，撤棚后，黄瓜引蔓上架，供应8、9月淡季市场。这个茬口的优越性在于立体间套作，可以充分地利用空间和土地，特别是在高温季节，可以利用高秆作物的遮荫作用，为矮秆作物遮荫，利于速生矮秆蔬菜的生长。该茬次种植种类多，茬次多，产量高，效益好，是个优良茬口。

5. 果、瓜、菇一年三茬生产

9月中下旬种植草莓，同时生产香菇，来年4～5月收完；4月上中旬于草莓地中套种西、甜瓜，7月上旬收完；7月至9月，气温较高，进行草菇生产。这种类型茬口是利用香菇喜低温，草菇喜高温的特性，在棚内冬春生产高档瓜菜，供应市场，香菇和草莓同棚生产可以相互提携互相补充，如香菇可以为草莓提供CO_2，并增加棚温，草莓为香菇提供新鲜空气，具有互利互补作用。

此外，生产实践中，采用育苗跟生产兼顾，进行一年多茬次生产，也取得了较好的效益。这里不再赘述。

第十四节　日光温室栽培的茬口安排

一、一年一茬生产

1. 一年一茬韭菜

选用汉中雪韭、791、嘉兴雪韭等优质品种，一次播种或育苗移栽，夏季不收割，冬季扣棚后，在冬春季节可以连续收割4~5刀后撤掉棚膜，重新进行露地养根。这个茬口对温室的光照温度要求不高，管理也比较简单，投资少，可以弥补冬季农闲，经济效益较好。

2. 一年一茬黄瓜

在北纬34°~43°的地区，一般在9月下旬至10月上旬播种育苗，10月初至11月初温室定植，元旦至春季上市，6月底拉秧结束，夏季耕翻土地，休闲熟化土壤。这个茬口华北地区称为冬茬，对日光温室的采光、保温性能有较高的要求，其突出的特点就是在北方寒冷地区不加温就可以进行黄瓜生产，节约能源，社会效益好，经济效益高。

二、一年两茬生产

1. 韭菜套黄瓜

一般韭菜在3月下旬至4月上旬直播或者育苗，6月移栽，当年露地养根，选用无休眠品种，入冬扣棚，元旦、春节可以上市，可以连续收割 3～4 刀；2 月，把黄瓜套种于韭菜垄沟里，韭菜采收第四刀后，此时黄瓜已经"团棵"，刨掉韭菜根，黄瓜培垄，3 月下旬黄瓜可以上市。6 月中下旬拉秧结束。这样的茬口对温室的要求不高，春用型温室就可以生产。其特点是冬季生产耐寒蔬菜，早春定植果菜，高矮搭配，抗原与寄主植物倒茬，有利于黄瓜病害防治，提高了光效、土地、设施的利用率，效果良好。

2. 芹菜与黄瓜轮作

芹菜夏季育苗，晚秋定植，日均温 10℃ 左右时扣棚，春节前后收完；重新整地，定植黄瓜，黄瓜于 2 月中旬栽苗，3 月下旬上市，6 月底拉秧。

3. 一年两茬黄瓜

第一茬秋冬茬黄瓜，于 8 月中下旬播种育苗，9 月上中旬定植，10 月上旬上市，日均温 15℃ 左右及时扣膜，元旦前后拉秧；第二茬 1 月中下旬定植，加盖小拱棚保温，2 月底至 3 月上旬上市，6 月拉秧。这个茬口黄瓜在冬季和早春上市，价格高效益好。但对温室的采光保温要求比较高，而且容易出现连作障碍。因此，最好对这个茬口进行改良，可以选择与番茄轮作。

4. 黄瓜套种豇豆

黄瓜在 9 月中下旬播种培育嫁接苗，于 10 月底至 11 月上旬定植，元旦上市 6 月底拉秧结束；6 上旬于黄瓜行间套播豇豆，黄瓜拉秧结束后，豇豆上架，9 月上旬结束。这个茬口充分的利用了土地和设施，并兼顾了所栽培蔬菜的特点，精选夏季高温季节补茬，效益较高。

三、一年多茬生产

1. 一年三茬番茄

第一茬于早春 2 月上旬定植，4 月上中旬上市，6 月底结束，留 3 穗果；及时整地，7 月初第二茬番茄定植，采用高密度，留果 1 ~ 2 穗，密度提高 50% ~ 100%，8 月底集中采收，不熟果实集中摆放，变红后上市；第三茬于 9 月上旬定植，10 月底上市，元旦前后结束。连续三茬，番茄周年供应，经济效益高，但是应注意连作障碍，应增施有机肥，防治连作带来的影响。另外，对温室的采光和保温要求也比较高。

2. 以蒜苗速生栽培为主一年多茬栽培

于晚秋、冬季和在春低温季节生产三茬蒜苗，第一茬 10 月中摆蒜，11 月下旬收完；第二茬在 11 月末至 12 月初摆蒜，1 月上旬收完；第三茬在 1 月中下旬摆蒜，3 月上旬收完；3 月中下旬定植黄瓜，7 月中旬拉秧。8 月上旬定植芹菜，10 月末结束，全年 5 茬蔬菜。冬春低温季节利用蒜苗的耐寒性进行生产，气温回升后种植喜温果菜，秋季凉爽生产喜冷凉蔬菜，茬口安培合理，土地和设施利用率高，是个高效益茬口。

3. 草本蔬菜和母本蔬菜套作多茬生产

温室香椿一次定植多年生产，落叶后扣膜，春节上市，水萝卜等速生蔬菜与 11 月下旬播种于行间，春节也可以上市。2 月中旬在香椿行间再定植黄瓜，3 月中下旬开始上市，6 月上中旬拉秧。这个茬口，木本香椿、水萝卜、黄瓜间套作，增加了蔬菜市场花色品种，提高了生产效益。黄淮海地区多采用这样的茬口。

4. 育苗兼栽培一年多茬次生产

在华北地区，一般在 12 月上旬至 2 月上中旬培育温室栽培秧苗；2 月中旬至 4 月上中旬培育塑料大棚菜苗；4 月中下旬定植番茄，10 月上旬采收结束；10 月中下旬摆蒜或者定植芹菜，蒜苗 11 月下旬收完，芹菜元旦前后结束。这茬口特点是：育苗与栽培、果菜与葱蒜类生产结合，有利于改善生态，抑制病害发生，能够充分利用设施，经济效益高，社会效益好。

5. 菇菜轮作一年三茬

12 月至 2 月下旬生产平菇；3 月上旬定植番茄，4 月下旬上市，6 月中下旬结束；5 月下旬套种豇豆，番茄拉秧后上架，8 月上市，9 月中拉秧。低温季节生产低温型平菇，为春节前市场提供新鲜平菇，平菇结束后的废菇料，是很好的有机质，施入田间可以改善土壤的结构，增加土壤有机质，利于下茬作物生长。番茄架下套豇豆，一方面实现了一架两用，同时，豇豆具有固氮作用，能增加土壤氮素营养。

第八章　瓜菜设施栽培技术

第一节　小拱棚双膜覆盖西瓜春早熟栽培技术

小拱棚双膜覆盖西瓜栽培，是保护地栽培的一种简单的形式，是在地面覆盖地膜的基础上，再在定植行上扣小拱棚，是目前国内各地普遍推广应用的早熟栽培方式。小拱棚覆盖属于短期覆盖，覆盖时间 30～40 天。它综合了地膜覆盖和小拱棚覆盖两者的优点，既能够有效地解决北方早熟栽培中的提温保温和防风问题，又能克服南方春季低温阴湿和 6 月梅雨的不利影响，使西瓜生育期延长并较露地春茬提早上市，它采用大苗移栽，较春茬地膜覆盖栽培提早 15 天以上。华北地区提早至 5 月底至 6 月上中旬上市；浙江、上海和四川地区可在 6 月上中旬上市。即使在寒冷的东北地区，采用小拱棚双覆盖栽培西瓜上市期也可提前至 7 月中下旬。且设备简单，成本低，经济效益好。因而是目前最有利于实现稳产、高产的早熟栽培方式之一。

（一）品种选择

为了充分发挥双覆盖栽培的早熟特点，宜选择优质、高产的中早熟品种，并利用保护设施提前育苗，育苗技术可参见育苗部分。重茬的地块应进行嫁接育苗。在距离城市较近的乡村以及城郊，宜选择早熟品种，在距离城市较远的西瓜产区，选择中熟品种较好。如早熟品种京欣 2 号、8424、郑杂 5 号等，中熟品种金钟冠龙、丰收 2 号、丰收 3 号、苏蜜 1 号、郑杂 7 号、新红宝、豫艺 2 000等。

（二）定植

1. 定植前的准备

秋茬作物收获后，冬前深耕晒垡。开春后，及时精细整地，按行距重施基肥，这是丰产的基础。一般每亩施入充分腐熟优质有机肥5 000千克，腐熟的饼肥100～200千克，配合施入磷酸二铵30～50千克、硫酸钾15～20千克，或者三元复合肥40～50千克。沟施或者集中施于定植行上，肥土掺匀。

做畦，可以做成双行定植高畦，也可以是单行高垄畦。双行定植高畦，定植畦宽120厘米，畦的中间做一个宽25～30厘米、深10～20厘米小沟，用于浇水，掩畦为200厘米左右，定植后瓜秧向两边生长。也可以改良高畦覆盖，改良高畦的做法是在单行定植的高畦上，在地膜下按照株距挖15厘米见方的"向阳窝"，定植时，把瓜苗栽在地膜下，对于瓜苗就形成了双层膜覆盖，增温保温效果会更好，使得定植期提前5～7天，效果良好。在河北、河南不少瓜区采用这样的方式。

定植前5～10天，在畦面上盖地膜，并搭建小拱棚。双行定植时，小拱棚的拱杆（骨架）可用直径1.0厘米左右细竹竿或3～5厘米宽的竹片等材料，搭建高度为40～60厘米，跨度为80～120厘米，拱杆间距为60～80厘米。小拱棚搭建应坚固，在风大的地区，在小拱杆的弧顶绑上一道拉杆，使各拱杆间连成一体，以增强拱棚的牢固性。当拱杆较长时，也可以把拱杆两两交叉斜插于定植畦两侧，在交叉点用细绳绑牢，拱杆间不再连接固定。小拱棚走向应与当地春季的风向一致为好，一般是南北向。每个棚长25～30米，不要过长，否则不便于浇水等管理。覆盖材料用0.04～0.05毫米薄膜，将薄膜覆盖于棚架上，膜四边埋入土中。

2. 定植期

双覆盖栽培常常培育大苗且尽早定植。确定定植期的依据是当拱棚内10厘米处地温稳定在14℃以上，棚内气温稳定在5℃以上时，是安全的定植期。双覆盖栽培一般比春季露地栽培提前 15 天左右。有霜的地区，通常是在晚霜前 15～20 天定植较为适宜，不可以盲目提前，否则易受冷害而得不到提早的效果。

3. 定植

双膜覆盖栽培定植宜培育大苗定植，一般苗龄为 30～40 天，有 3～4 片真叶 1 心为宜。可比露地适宜定植期提早 20 天左右。华北地区应选在无风的晴天上午定植。在南方定植期多阴雨，如果遇雨，最好在雨后定植，以防定植后阴雨低温，形成僵苗。栽苗前一周一定要炼苗，这对提高瓜苗的抗逆性有很重要的作用。起苗前 1～2 天苗床先浇水，保持土坨湿润，以减少起苗时散坨伤根而延长缓苗时间。北方采用小高畦双行栽培，小行距约 50 厘米，株距 40～50 厘米，两行交错定植，使瓜苗呈三角形排列。采用"暗水法"定植，即在畦面按株距在畦上挖坑或用打孔器打孔，向穴内浇水，水渗下一半时摆苗。栽苗深度以土坨与畦面相平或稍深于畦面 2 厘米即可，不可太深，否则地温低不利于缓苗。覆土时将定植穴四周的地膜压严，并在定植株基部培一小土堆防止倒伏（但是在沙土地栽培时，一般不要做这样的小土堆，防止小土堆中午高温烫苗）。定植后立即扣膜，将棚膜压紧压严，封棚提温，促进缓苗。

"向阳窝"高畦单行定植时，应先把地膜揭开，放到另一侧，在畦面上按株距先挖向阳窝，在向阳窝中再挖穴栽苗。栽苗结束后，把地膜按原来的样子盖好铺平，压严压实。

双覆盖早熟栽培密度应合理，一般早熟品种双蔓整枝，定植密度为每亩 800～1 000 株；中熟品种双蔓整枝一般密度为每亩 700～750 株，最大不得超过 800 株；如果是三蔓整枝，密度为每亩 600～650 株。多蔓整枝时，密度一般在每亩 300～400 株。总之，因品种熟性、整枝方式、地力以及气候等进行适当的调整。

（三）扣棚期间的温度管理

双覆盖早熟栽培前期外界气温较低，而且气温波动剧烈，应以增温保温防寒为主。随着天气转暖，外界气温回升，应以放风降温，防止高温危害为主，促进瓜苗迅速生长。

定植后一周内宜保温、保湿，促进缓苗。小拱棚四周压严，一般不放风，如果棚内温度超过35～40℃时，为防止烤苗应放小风。缓苗后（缓苗的标志是幼苗有新叶长出），应根据温度情况适时防风，并逐渐加大放风量。此时，温度管理的中心是促进幼苗迅速生长。棚温以28～32℃为宜，中午超过35℃以上时放小风，低于25℃时，及时关闭风口。团棵后，应加大放风量，延长放风时间，降低小棚内温度，防止旺长。上午棚温达到28℃时开始放风，下午降至20℃时关闭风口。团棵期正是坐瓜节位花芽分化阶段，这时温度高，瓜秧生长快，将影响花芽的分化与发育，从而影响商品瓜的质量。

小拱棚内的温度主要是通过调整放风量和放风时间长短来调节的。在调节放风口大小时应掌握如下原则：由小到大，先两端，后两侧，先背风面，后迎风面。初期通风可将小拱棚的一头揭开，天暖后将两头都揭开。如遇大风天气，特别是外界温度尚低时，只揭开背风的一头。每日通风也应掌握由小到大，逐渐加大放风量，否则易造成"闪苗"。随着外界气温的升高，当揭开两头仍不能降温时，可将小拱棚背风一侧薄膜底边揭起放风，一般每隔2根拱杆揭开一个风口，天气渐暖，风口也渐增多，放风口也逐渐加大，放风时间也逐渐延长。当外界平均气温稳定在15℃以上时，白天可将拱棚两侧全部揭开全白天通风，晚上盖上。当外界平均气温稳定在18℃以上时（当地终霜期后15天左右），最低气温稳定在12℃以上时，外界条件已适合西瓜生长，可以逐渐撤掉小棚。撤棚前3～5天加大放风量，昼夜通风炼苗，最后撤膜拆棚进入露地状态。在华北地区一般在开花前一周左右撤棚，为4月底至5月上旬。

采用向阳窝栽培时，当缓苗后，应及时破膜放苗。首先是在苗上方地膜上开口，让瓜苗先在"窝"内锻炼一周，再将苗放出到地膜上面来。不能即破口即放苗，否则也容易"闪苗"。

南方梅雨地区双膜覆盖栽培前期温度管理和北方一样，开花期间还要利用小拱棚进行防雨栽培。这克服了梅雨影响坐瓜的问题。因此，梅雨地区双覆盖栽培不撤膜，将棚膜两侧卷起，特别是开花坐果期利用棚膜遮雨，这确保了正常授粉和坐果。

（四）水肥管理技术

1. 浇水

双膜覆盖前期温度较低，水分蒸发量小，浇水次数少，浇水量也小。定植缓苗后视土壤墒情和天气，应浇一次缓苗水，特别是采用暗水法定植时，缓苗水对瓜苗的生长十分重要。如果缺水会严重影响根系与叶片的生长。此后，视土壤墒情和瓜苗的长相确定浇水与否，一般不旱不浇水。在扣棚期间，沙土地栽培西瓜，一般容易缺水，应适时补水，防止高温干旱对苗造成危害。撤棚后，应视瓜秧的生长期以及土壤墒情浇一次水。以后的管理同露地春茬栽培一样，浇水的重点管理时期是幼瓜退毛至果实定个，水分要充足，一般每 4 ~ 5 天浇水一次，而且浇水要均匀，不能忽大忽小，防止未熟裂瓜。定个后控制浇水，采收前 5 ~ 7 天内停止浇水。

2. 施肥

双膜覆盖栽培西瓜生长期较长，需要养分相对较多，要求施肥量应充足。在基肥充足的前提下，主要重视施膨瓜肥。幼瓜长至鸡蛋大小时，结合浇水，追第一次膨瓜肥，连续追肥 2 ~ 3 次，第一次以氮肥为主，每亩施磷酸二铵 15 ~ 20 千克，或者尿素 7.5 ~ 10 千克和硫酸钾 5 千克；第二次氮、磷、钾配合使用，可以施三元复合肥（15∶15∶15）20 ~ 30 千克；第三次以钾肥为主，配合以磷肥，少施或者不施氮肥，促进果实内糖分转化，提高果实品质。每亩施硫酸钾 5 ~ 10 千克，磷酸二铵 5 ~ 7.5 千克。

果实定个后，为了提高果实品质，防止植株早衰，可叶面喷施 0.3% 磷酸二氢钾溶液 2 ~ 3 次。

（五）植株管理技术

1.植株调整

瓜秧在小棚中就已伸蔓，为防止瓜蔓杂乱生长和疯秧，应及时理蔓打杈，若发现卷须缠绕损坏瓜叶，应及时剪开。北方撤棚后或南方棚膜卷起后，应及时引蔓顺蔓入掩畦，整枝压蔓，整枝方式一般采用单蔓整枝，中晚熟品种采用双蔓或三蔓整枝。南方地区在引蔓出棚前田间铺稻草，利用卷须缠绕盖草而固定瓜蔓，减少了压蔓工时。或在西瓜伸蔓后，于植株前后左右每隔40~50厘米插一束草把，使卷须缠绕其上，防止风吹滚秧。瓜蔓爬满掩畦后，可在瓜前留10~15片以上功能叶摘心。摘心可解除顶端生长优势，减少养分消耗，使养分集中供应果实发育，促进果实膨大和提早成熟。但对于瓜蔓短、生长势弱、叶面积小的品种可在坐瓜后不整枝，或不整枝，以扩大枝叶量。

2.果实管理

双膜覆盖西瓜开花期气温尚低，昆虫很少。为提高西瓜坐果率，第二雌花开放后，必须进行人工授粉。有时，在撤棚前即开花，也应揭开棚膜授粉，授粉后再盖好棚膜，以保证坐瓜率。人工授粉方法、选瓜定瓜及垫瓜、翻瓜等技术参见露地春茬西瓜栽培技术部分。此外，在早期授粉时，由于温度低，有时造成坐瓜不良现象，此时可以利用激素处理的方法来保证坐瓜。

第二节　大棚春季早上市苦瓜栽培技术

苦瓜虽然喜温暖，不耐寒，但是经过适当的锻炼，其适应性也是很强的，大棚苦瓜栽培分黄瓜一样，有两个茬口，一是春提前，一是秋延后，但是以春提前为主。秋延后面积较少。在华北地区，春提前栽培苦瓜一般在2月上中旬播种，培育大苗定植，5月中下旬开始上市，7月中下旬拉秧。其栽培主要技术如下。

1. 选择适宜品种

春季早熟栽培宜选择早熟、抗病、耐低温、长势强健、高产的品种。如蓝山长白苦瓜、广汉长苦瓜、株洲长白苦瓜、东方清秀、广西大肉 1 号、湘丰 4 号等。

2. 培育壮苗

利用日光温室、火床或电热温床育苗，保证育苗环境的温度，特别是苗床温度，在出土前应保证在 28 ～ 30℃，出土后适当降温，白天保持在 25 ～ 28℃，夜间保持在 13 ～ 15℃，促进花芽分化，防治幼苗徒长。定植前 7 ～ 10 天，通风降温炼苗，白天 20 ～ 25℃，夜间温度可以降至 8 ～ 10℃提高幼苗的适应性。

3. 定植

（1）提前扣膜，烤地增温。大棚春提前栽培，为了尽早满足适宜定植的条件，应提前扣棚烤地增温，选择冷尾暖头的晴天无风上午进行。一般提前 20 ～ 30 天。

（2）精细整地，足施底肥。完全化冻后，精细整地，深翻土壤 30 厘米左右，结合深翻足施底肥，每亩施腐熟农家肥 4 000 ～ 5 000 千克，过磷酸钙 100 千克，硫酸钾 30 千克。做小高畦，大小行栽培，大行 80 厘米，小行 60 厘米，畦上覆盖地膜。

（3）定植。

①定植期确定：定植期以棚内地温为准，一般当 10 厘米地温稳定在 12℃以上，气温稳定 5℃以上时，为适宜的定植期。

②定植密度：春提前栽培生长期短，长势强，定植密度不宜太大，若大小行栽培，大行 80 厘米、小行 60 厘米、株距 40 厘米为宜，每亩定植 2 000 ～ 2 200 株为宜。

③定植要求：早春定植，外界气温较低，宜采用"暗水"定植，这样有利于提高地温，缩短缓苗期。缓苗后，视天气浇缓苗水。

4. 定植后的管理

（1）温度。定植后，关闭所有放风口，保温保湿，促进缓苗。缓苗后，通风降温，白天 20 ~ 30℃，夜间尽量保持棚温在 15℃以上。进入 4 月后，白天注意通风降温，防治烤苗，超过 30℃则放风，晚上注意保温防治晚霜危害。进入 5 月后，在华北 地区外界气温基本稳定在 15℃以上，经过一周通风炼苗后，可以 撤掉棚膜。也可以不撤膜，一直到结束，这样可以避免灰尘对瓜 条的危害，也有利于虫害的防治。

（2）肥水管理。暗水定植缓苗后，应视天气及时浇缓苗水，之后不旱不浇水。结瓜期是需水量最大的时期，应及时浇灌，一般 7 ~ 10 天浇一次。结合灌水，进行追肥，一般每隔一水追肥一次，每亩每次追硫酸铵 20 ~ 25 克，或尿素 15 ~ 20 千克，结果盛期应追施 2 ~ 3 次磷肥，每次追施过磷酸钙 15 ~ 20 千克。另外，每 7 ~ 10 天喷施 1 次 0.2% 尿素和 0.3% 磷酸二氢钾混合液。

（3）植株调整人工授粉。在甩蔓后及时搭架、帮蔓、整枝打杈，方法同温室秋冬茬栽培。大棚苦瓜开花结果期正处于气温比较低的季节，昆虫活动少，传粉困难，因此为了增加产量，保证苦瓜的品质常常需要进行人工授粉。

5. 采收

一般开花后 12 ~ 15 天，苦瓜果实充分膨大，果皮有光泽，瘤状突起变粗，纵沟变浅并有光泽，尖端变平滑，此时即可采收。

第三节 日光节能温室丝瓜冬茬栽培技术

丝瓜是深受人们喜食的一种优质蔬菜。近几年来，人们利用冬暖型大棚进行高密度反季节栽培，不仅产量大幅度提高，而且效益十分可观，亩产量可达数万千克，甚至收入达 4 万 ~ 5 万元。堪称为高产优质高效栽培的典范。

1. 品种选择

越冬茬温室栽培的环境，较长时间处在低温环境，因此，对品种要求耐荫耐低温性好、早熟、抗病、丰产、短瓜型、瓜不易老且对光不敏感的类型。生产中常用的普通品种有四川的线丝瓜、南京长丝瓜、武汉白玉霜丝瓜、夏棠一号丝瓜；棱丝瓜有济南棱丝瓜，北京棒丝瓜等。

2. 育苗

（1）适期播种。以元旦或春节开始大量上市为目标进行的越冬丝瓜栽培，其适宜的播期为9月中下旬，中晚熟品种9月初播种。

（2）浸种催芽。每栽培亩需种子0.5~0.75千克。丝瓜种皮较厚，播前应先进行浸种催芽。将种子放入60℃的热水中，不断搅拌，浸种20~30分钟，捞出搓洗干净，放入30℃左右的温水中浸泡3~4小时，晾干后在28~30℃下催芽，1~2天后60%~70%种子出芽后即可播种。

（3）播种。播前先将营养钵或苗床浇透底水，水渗后播种，盖土1.5~2厘米。

（4）苗床管理。播种后苗床白天温度控制在25~32℃，夜间16~20℃，出苗后白天温度控制在23~28℃，夜温13~18℃，丝瓜属短日照植物，苗期在苗床上搭小拱棚遮光，使每天光照时间保持8~9小时，以促进雌花分化。丝瓜苗龄30~35天，幼苗2~3片真叶时即可定植。

此外，丝瓜也可以利用黑籽南瓜做砧木进行嫁接栽培，可以增强丝瓜长势，提高产量，延长采收时间，同时，抗病性也会提高。

3. 定植

（1）整地施肥。定植前深翻土壤，一般深度为30~40厘米，并结合整地每亩撒施充分腐熟的有机肥5 000~6 000千克，磷酸二铵30千克、钾肥40千克，随翻地将肥料施入耕作层中。

（2）做畦及定植。大小行栽培，按大行距80~90厘米、小行距60~70厘米起垄盖地膜定植。株距35~40厘米，每亩栽

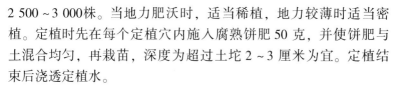

2 500～3 000株。当地力肥沃时，适当稀植，地力较薄时适当密植。定植时先在每个定植穴内施入腐熟饼肥50克，并使饼肥与土混合均匀，再栽苗，深度为超过土坨2～3厘米为宜。定植结束后浇透定植水。

4. 定植后的管理

（1）结瓜前管理。定植后，注意保温，白天控温28～32℃，促进缓苗。缓苗后中耕垄沟，培土保墒，提高地温，促进根系发育。缓苗至开花前，白天控温20～25℃，夜温12～18℃，防治徒长；此间株体较小，需肥水较少，一般不旱不浇水，一般追肥。

（2）结瓜期管理。

① 结瓜前期：丝瓜定植后，一般在元旦前后即可上市，一直到2月，这段时间内，气温低，瓜秧生长较慢，果实产量也较低，管理上以保温防寒为主，因此，浇水追肥次数也较少。一般每采收2次嫩瓜浇1次水，并随水每亩冲施腐熟人粪尿500千克或尿素15千克。

② 结瓜盛期：3～5月，是丝瓜生长最为旺盛的时期，瓜秧生长旺盛，果实发育速度快，采收密度增加，应加强管理。一般每7～10天浇1次水，并每隔一水冲施三元复合肥20～25千克，或追施腐熟并无害化处理的人粪尿300～500千克/亩；此期温度管理，白天控温在28～30℃，夜间控制在15～17℃，以利于果实的发育。当外界的气温稳定在15℃时，不再关闭放风口，进行昼夜通风。

③ 结瓜后期：6月中下旬以后，瓜秧进入生长后期，茎叶生长变慢，中下部叶片变黄脱落，果实数量减少，此期管理的重点是瓜秧复壮，以延长采收时间。一般每5～7天浇1次水并冲施尿素15千克，配合以磷肥、钾肥。

（3）搭架整枝。瓜蔓长至30～50厘米时，搭架整枝。可顺行向固定好吊蔓铁丝，在吊蔓铁丝上按株距拴尼龙绳，并将蔓及时绑于吊蔓绳上。也可以使用直径1.5厘米左右的竹竿搭架，架式为篱架。采用"S"形绑蔓。在早期，为保持主蔓生长优势，不留侧蔓，结瓜中后期，可让生长良好的侧蔓结 2~3 条瓜后再摘除，当主蔓长至铁丝上方后及时落蔓，或者主蔓摘心，利用下部生长健壮的侧蔓代替主蔓继续结瓜。

（4）保花保果。越冬丝瓜栽培期间，外界气温低，昆虫少，自然授粉率低，自然坐瓜少，因此需要人工辅助授粉，一般在每天 9~11 时进行，方法是选择当天盛开的雄花，去掉花冠，将花粉均匀的涂抹于雌花柱头上，前期如无雄花，可用 40~50 毫克/升的 2,4-D 溶液点花促进坐瓜，效果良好。

（5）改善设施内光照。冬季天气寒冷，为了保温，草苫常常晚揭早盖，使得设施内光照时间短，这是前期产量低，结瓜少的重要原因。为了提高早期产量，应加强光照管理，改善设施内弱光状况，比如，使用新的无滴膜，间隔一定时间就清洁一次棚膜，在温室的后墙上挂反光幕，合理密度，及时进行植株调整等。总之，在寒冷季节，在保证温度的前提下，应早揭晚盖草苫。

5. 采收

丝瓜以嫩瓜食用，所以，采收适期比较严格，一般花后 10~12 天即可采收嫩瓜。生产上以果梗光滑、果实稍变色、茸毛减少及果皮手触有柔软感，果面有光泽时即可收获。采收时间宜在早晨，带果柄一起剪下，每 1~2 天采收一次。

第四节　大棚丝瓜春早熟栽培技术

丝瓜春早熟栽培一般在 2 月中下旬播种，3 月中下旬定植，7~8 月结束。它生产周期较长，病害较少，产量高，经济效益可观。

1. 培育壮苗

春早熟栽培育苗可以在阳畦、温室、温床等设施内进行。苗龄一般 30 ~ 35 天，3 ~ 4 片真叶。具体的育苗管理措施参考温室越冬茬栽培。定植前 7 ~ 10 天通风降温炼苗，白天控温 20 ~ 25℃，晚上控温 8 ~ 10℃，短时间 5 ~ 6℃低温也无大碍。

2. 定植

（1）定植期确定。当棚内气温稳定在 5℃以上，10 厘米处低温稳定在 15℃以上时，是安全的定植期，在华北地区，一般在 3 月下旬定植，加盖地膜拱棚时，可提早 7 ~ 10 天定植。

（2）整地施肥做畦

大棚春早熟栽培，应提前扣棚烤地增温，一般提前 20 天以上，当土壤完全化冻后，及时整地，深翻土壤，结合深翻每亩施充分腐熟有机肥 4 000 ~ 5 000 千克，以及硫酸钾 30 ~ 40 千克和过磷酸钙 100 ~ 150 千克，三元复合肥 50 ~ 100 千克，均匀撒于地表，深翻入土，肥料与土掺匀。土地整平后，做小高畦，覆盖地膜，畦面宽 90 ~ 110 厘米，沟宽为 30 ~ 40 厘米，畦高 10 ~ 15 厘米，定植间距要求 35 ~ 40 厘米，每亩定植 2 500 ~ 3 000 株。

（3）定植技术。选择晴天的上午定植，采用"暗水"法定植，每穴一株，定植深度为没过土坨 2 ~ 3 厘米，用细土把定植穴地膜孔封严。

4. 管理

（1）温湿度管理。定植后保温保湿，促进缓苗，白天温度为 28 ~ 32℃，晚上尽可能温度为 16 ~ 18℃；缓苗后，适当降温，防治徒长，白天 20 ~ 25℃，夜间 13 ~ 15℃，及时通风排湿，防治病害的发生；第一条瓜坐住后，棚温可以适当提高，白天为 26 ~ 30℃，超过 32℃通风降温，并且加大通风量，降低棚内空气湿度，减轻病害。当外界气温稳定在 15℃以上时，可以昼夜通风炼苗，7 ~ 10 天后，撤掉棚膜（也可以不撤，直到栽培结束）。

（2）水肥管理。缓苗后，选择连续晴好天气的上午，浇一次缓苗水，水量可以大些，如果底肥不足时，可以追施一次肥，每亩施尿素 10 ~ 15 千克；第一条挂坐住后，开始加强肥水，促进果实的发育。一般 7～10 天浇水一次，每隔一次水追肥一次，每次追施尿素 15～20 千克，或三元复合肥 25～30 千克，在生长的中后期应配合磷肥、钾肥，以促进果实的发育和品质的提高。

（3）整理植株。丝瓜秧生长很旺盛，定植后我们就要及时做好整枝搭架工作。可以用竹竿插篱架，也可以采用吊架，每株一根架杆或吊绳，要求架面要牢固，防治架面倒伏。一般采用单蔓整枝。及时绑蔓，每 4～5 片叶绑蔓一次。当秧蔓爬蔓架面后，及时摘心，防治秧蔓乱爬扰乱架面，影响通风透光。

（4）保花保果。大棚栽培由于棚膜阻隔以及早期气温低，棚内昆虫活动较少，需要人工辅助授粉来保花保果，具体做法是：一般在上午 8 时左右，露水干后，采集新鲜开放的雄花，将花粉均匀抹在当天开放的雌花柱头上即可。也可以使用 2，4 - D 处理，方法同温室越冬茬栽培。

5. 适时采收

丝瓜以嫩瓜食用，所以，要适时采收，过早产量低，过晚丝瓜果实老化，纤维含量高，品质下降。一般花后 10～12 天采收为宜。采收时间宜在早晨，每 1～2 天采收一次。

第五节　大棚秋延后上市番茄栽培技术

1. 选择适宜品种

大棚春茬番茄应选择抗病性强（尤其抗病毒病）、耐高温、耐弱光、生长势旺盛的大型果实的无限生长型中晚熟品种。如宝冠、金鹏系列、中杂 9 号、L - 402、辽粉杂 3 号、合作 903、合作 906 等。

2. 育苗期

需搭遮荫棚育苗。北方地区一般在 7 月上中旬播种，长江流域一般在 6 月中下旬至 7 月中旬左右播种比较适宜。日历苗龄以 25～30 天为宜。生理苗龄以株高为 15～20 天、有 5～6 真

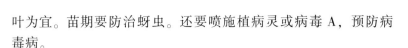

叶为宜。苗期要防治蚜虫。还要喷施植病灵或病毒A，预防病毒病。

3. 定植

8月中旬前后，当幼苗具有5~6叶真叶时即可移栽大田。在定植前5~7天施基肥，一般每亩施腐熟厩肥3 000~5 000千克、过磷酸钙20千克后作畦，在畦中间沟施过磷酸钙15千克、钾肥15千克、尿素15千克，或施复合肥20千克。高畦栽培，畦宽1.2米，双行单株种植，株距30~40厘米，每亩约栽3 000株。定植后及时在畦面上覆盖稻草或麦草，或在设施顶覆盖遮阳网。

4. 管理

（1）肥水管理。在施足基肥的前提下，营养生长期一般不需追肥。第一穗花序坐果后5~7天开始施催果肥，以后在盛果期和第一次采果后各施一次，共3~4次，每次每亩施复合肥15~20千克。栽培土壤切忌忽干忽湿，浇灌水在清晨和傍晚时进行为好，切忌在土温较高时浇水。为了防止高温引起落花，常用植物生长调节剂点花保果，促进果实膨大。

（2）温度管理。在9月上旬以前的管理主要以减弱光照、降低温度、保持一定湿度为重点管理目标，可在设施表面再覆盖遮阳网以减光降温。10月中旬以后，气温明显下降，为确保番茄正常生长，应及时进行覆盖。白天气温超过30℃，进行通风降温；进人11月中旬后，外界气温较低，除晴天中午可作短时间通风外，一般均密闭设施；当外界最低气温在4℃以下时，宜进行二重帘内覆盖，两边的外侧可覆盖草片保温。其他管理可参照冬春茬番茄栽培。

5. 采收

秋季栽培的番茄一般在10月上旬进入始收期，大棚保温适宜，可继续采收到12月。

第六节 秋季露地花椰菜栽培技术

（一）秋季花椰菜露地栽培

1. 品种选择

花椰菜秋季栽培时，要严格选用适宜的品种。适于秋季栽培的品种较多，如白峰、丰花 60 和雪山、津雪 88、龙峰 80 天等。

2. 适期播种，培育壮苗

秋花椰菜露地栽培育苗时间正在炎热、多雨的夏秋季节。播种过早，气温高，雨水多，植株容易感染病毒病，花枝细弱，花球易松散甚至抽薹；播种过迟，生长期短，产量低，生长后期遇低温而出现"毛球"。一般在 6 月中下旬至 7 月上中旬根据前茬作物的收获期确定适宜播种期。冷凉地区可于 5 月下旬至 6 月下旬播种。详细育苗技术见本书本章的"夏秋育苗"。

3. 整地与施基肥

选择肥沃并排灌方便的田块，每亩施腐熟鸡粪 1 000 ~ 1 500 千克，磷肥 25 千克，深翻、耙平。早熟品种做成高 25 ~ 30 厘米、宽 1.3 米左右的畦为宜，中晚熟品种畦宽 1.5 米左右，一畦两行。

4. 适时定植，合理密植

当幼苗具有 5 ~ 6 片真叶时即可定植，华北地区定植时间为 7 月中下旬至 8 月上旬。早熟品种 5 ~ 6 片叶时定植，中熟品种 6 ~ 7 片叶时定植，晚熟品种 7 ~ 8 片叶时定植。定植时间宜在早晨或傍晚，菜苗最好随起随栽。

合理密植有利于提高产量。一般早熟品种从定植到收获需 40 ~ 60 天，每亩定植 3 300 株左右，株行距为 40 厘米×50 厘米；中晚熟品种从定植到收获需 70 ~ 100 天，每亩定植 2 700 株左右，株行距为 50 厘米×50 厘米；晚熟品种从定植到收获需 120 ~ 130 天，每亩定植 2 200 ~ 2 500 株，株行距为 50 厘米×（55 ~ 60）厘米；从定植到收获需 150 ~ 180 天的晚熟品种，每亩定植 1 800 株左右，株行距为 60 厘米 × 60 厘米。各地应根据所栽培品种、管理水平，视当地具体情况选择最佳种植密度，在提高产量的同时，又不降低品质。

5. 田间管理

秋花椰菜定植后的田间管理要抓好以下工作。

（1）合理灌溉。花椰菜在整个生育期中，有两个需水高峰期：一个是莲座期，另一个是花球形成期。中早熟品种定植后，恰遇高温干旱，要注意水分的供给。

（2）勤施追肥。花椰菜耐肥喜肥，需有足够的营养供应，才能获得丰收。定植后除施足基肥外，还要勤追肥。前期茎叶生长旺盛，需要氮肥较多，至花球形成前 15 天左右、丛生叶大量形成时，应重施追肥；在花球分化心叶交心时，再次重施追肥；在花球露出至成熟还要重施 2 次追肥，每次每亩施 20 ~ 25 千克尿素，晚熟品种可增加 1 次。增施磷、钾肥有助于花球的形成和膨大。

（3）中耕锄草。秋花椰菜一般不强调中耕蹲苗，可结合中耕锄草，采取小蹲苗的办法促进根系生长。一般在花球分化前适当中耕除草 2 ~ 3 次，使土壤疏松透气，排水良好，并促进根系生长发育，增强吸水吸肥能力。露花球前，要注意培土保护植株以防止被大风刮倒。

（4）保护花球。栽培花椰菜时，常会碰到"早花""青花""毛花""紫花"等现象。"早花"是由于植株营养不足，过早形成花球，这在秋季早熟品种栽培中较易发生。"青花"是由于花球表面花枝上绿色苞片或萼片突出生长所形成的。"毛花"是花器的花柱或花丝非顺序性伸长所致，多发生在花球临近成熟时骤然降温、升温或重雾天气。"紫花"是在花球临近成熟时，突然低温，糖苷转化为花青素引起，这在幼苗胚轴紫色的品种中容易发生。因此，在生产过程中要注意营养，防止"早花"，加强保护措施，杜绝"毛花""紫花"等现象。

为防止花椰菜的花球在日光直射下变黄，降低品质。在花球形成初期，把靠近花球的大叶主脉折断，覆盖花球。有霜冻地区，应进行束叶保护。注意不能束的过紧，以免影响花球生长。

6. 采收

花椰菜以花球为产品，采收要做到及时并适时，否则，会影响到花椰菜的产量和品质。一般秋花椰菜从9月中旬开始陆续采收，在气温降到0～1℃时收获完毕。早、中熟品种花球形成较快，现花球后11～25天就可以采收；而晚熟品种则需要1个月左右。采收的标准是：花球充分长大，表面圆正，边缘尚未散开。也可用检查花球基部的方法确定采收期，如果基部花枝稍有松散，即为采收期，这时花球已充分长大，产量较高，品质也好。采收时，花球外留5～6片叶，以保护花球免受损伤和保持花球的新鲜柔嫩。

（二）拱棚花椰菜春早熟栽培

花椰菜春早熟栽培，可根据当地的具体条件和经济实力，就地取材，建造不同的拱棚进行保护地生产。拱棚的形式一般有三种，即大棚、中棚和小棚。花椰菜春早熟栽培多在冬季育苗，早春定植在拱棚内，初夏收获，对于解决初夏蔬菜淡季的问题有一定作用。

1. 品种选择

应选用冬性强，不易产生早花现象，结球整齐度好，收获期集中，抗寒性强的品种。如玛瑞亚、瑞士雪球、耶尔福、法国菜花、雪山、云山等品种。

2. 培育壮苗

华北地区一般于12月中旬采用阳畦冷床育苗，或1月初在日光温室内播种育苗，播种后一个月分苗一次。定植前5～7天进行低温锻炼、浇水、切块，此时苗子应具有4～5片真叶。详细苗期管理见前面花椰菜保护地育苗。

3. 整地施基肥

定植前施足底肥，每亩施腐熟有机肥 3 500 千克，过磷酸钙 30～40 千克，草木灰 20～30 千克，以利于花球的形成和发育。施足底肥后深翻 20～25 厘米，然后整平、做畦。一般做成 1.2～1.5 米宽的平畦，畦面上平铺地膜。

4. 适时定植

拱棚花椰菜春早熟栽培，华北地区适宜的定植期为 3 月上中旬。若小拱棚夜间盖草苫等防寒保温设备，定植期可提早到 2 月下旬至 3 月上旬；若在大棚、中棚内设置小拱棚等多层覆盖的，可于 2 月中下旬定植。

定植前 20 天左右扣膜烤地，提高棚内地温。一般棚内的表土层温度稳定在 5℃以上，选寒流已过的晴天无风天定植。定植时每畦栽 3～4 行，株距 35～40 厘米。定植前挖好定植穴，把带土坨的苗栽于穴中，然后埋土，使根与土密接，促进发根。

5. 定植后管理

（1）温、湿度管理。定植后，应闭棚 7 天左右创造高温、高湿条件，以利于幼苗缓苗扎根。并在 16 时至翌日 9 时，棚的四周围上草苫，白天保持棚温 25～28℃，夜间 13～15℃，这样 7～10 天缓过苗来。缓苗后及时通风降温蹲苗 7～10 天，使白天棚温保持在 15～20℃，夜间 10℃左右。大、中棚开始通风时，以通顶风为主，以利于排湿降温；棚温超过 22℃时，应在棚顶和棚侧边一起通风，棚内温度控制在 25℃以下，以防止徒长。3 月下旬至 4 月上旬应逐渐加大通风量，白天维持 18℃左右，夜间 15～13℃。当外界最低温度达 8～10℃时，可进行昼夜通风，逐渐加大通风量，小棚覆盖只需 30 天左右，约 4 月中旬揭膜撤棚，转为露地生产，撤棚后的管理同露地栽培。花球出现后，大、中棚的温度应控制在 25℃以下。

（2）水肥管理。定植初期棚温不高，水分蒸发量不大，不可急于浇缓苗水。通风后，选晴暖天气中耕，以保墒和提高地温，促进根系发育。定植后 15 大，土壤见干时，随浇水进行一次追肥，每亩追施尿素 10 ~ 15 千克。然后，及时中耕，控水蹲苗。蹲苗时间要适时，如果蹲苗时间过短，浇水过早，则易使植株徒长，结球小而松散；如果蹲苗时间过长，浇水过晚，会导致株型小、叶片少、叶面积小，造成营养体不足，使花球散开而且球体小、质量差。当叶片长足、株心小花球直径达 3 厘米左右时应结束蹲苗，加大肥水，促进花球膨大，随水冲施粪稀 1 000 千克左右，或氮、磷、钾三元复合肥 20 千克。隔 5 ~ 6 天浇 1 次水，随水追肥 2 ~ 3 次。整个花球发育期间，应防止土壤干旱，保持土壤湿润。如果空气干燥，将导致花球松散，品质粗老。在花球膨大期，叶面喷施 0.01% ~ 0.07% 钼酸铵或钼酸钠，或 0.2% ~ 0.5% 硼酸或硼砂 2 ~ 3 次防止缺素症。

（3）保护花球。在花球长到鸡蛋大小，大约直径 10 厘米时，要摘叶或捆叶遮盖花球，使花球不受阳光直射，保持洁白。

6. 采收

4 月中下旬至 5 月中下旬为采收期。当花球已充分长大，表面平整，基部花枝略有松散，边缘花枝向下反卷而尚未散开，此时为收获适期。如采收过早，产量降低；采收过晚，花球表面凹秃不平，松散，颜色发黄，甚至出现"毛花"，使品质变劣。收获时，注意每个花球外面带 5 ~ 6 片小叶，以保护花球免受损伤和污染。

第七节　芹菜栽培技术

芹菜为伞形科一二年生草本植物，原产地中海沿岸及瑞典、埃及等地的沼泽地带。我国栽培芹菜历史悠久，南北各地都有栽培。

芹菜的食用部分主要是脆嫩的叶柄，含丰富的维生素、矿物质及挥发性香油，因而具有特殊香味，能促进食欲。芹菜适应性

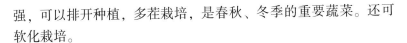

强，可以排开种植，多茬栽培，是春秋、冬季的重要蔬菜。还可软化栽培。

一、对环境条件要求

（1）温度。耐寒，喜冷凉湿润，耐寒力不如菠菜。种子在4℃时开始发芽，发芽适温为25～20℃。7～10天出芽，温度过高发芽困难。幼苗适应能力较强，成苗可耐－7℃左右的低温。营养生长的适宜温度为15～20℃，日平均温度在21℃以上时生长不良，且易发生病害，品质降低。在幼苗3～4片真叶后，遇10℃以下的低温，经10～20天通过春化阶段，在长日照下抽薹开花。

（2）光照。芹菜虽属长日照植物，但在营养生长时期对光的要求不严格，当然不喜欢很强的光照。在北方，冬季可在阳畦、大棚、和日光温室中生长。

（3）水分。芹菜的叶面积虽不大但因栽植密度大，总的蒸腾面积大，加上根系浅吸收力弱所以需要湿润的土壤和空气条件。特别是在营养生长盛期，地表布满了白色须根更需要充足的湿度，否则生长停滞，叶柄中机械组织发达，品质、产量均降低。

（4）土壤、营养。芹菜适宜富含有机质，保水、保肥力强的壤土或黏壤土。沙土、沙壤土易缺水、缺肥使芹菜叶柄早发生空心现象。试验指出：任何时期缺乏 N、P、K 都比施用完全肥料的生育差。初期缺 N 和后期缺 N 的影响最大；初期缺 P 比其他时期缺 P 的影响大；初期缺 K 影响稍小，后期缺 K 影响较大。芹菜每生产 50 千克产品，三要素吸收量为：氮 20 克，磷 7 克，钾30 克。

芹菜对硼的需要较强，土壤中缺硼或由于温度过高或过低，土壤干燥等原因使硼素的吸收受抑制时，叶柄则发生"劈裂"，可给土壤施用硼砂，每亩 0.5～0.75 千克。

二、芹菜类型和优良品种

芹菜有本芹和西芹两类。

本芹：我国多年栽培的地方品种群，叶柄细长，宽 1 ~ 3 厘米，高 50 ~ 80 厘米，据叶柄颜色又可分为白芹、绿芹和黄芹，又依叶柄空实，可分为实杆芹和空杆芹。优良品种有天津白庙芹菜、保定实心芹菜、潍坊青苗芹菜、石家庄实心芹等。

西芹：味淡、品质好，具有特殊的芳香和风味，能促进食欲。优良品种有文图拉、意大利冬芹、意大利夏芹、荷兰西芹、开封玻璃脆等。

三、栽培季节与茬口安排

芹菜最适春秋两季栽培，而以秋季为主。因幼苗对不良环境有一定的适应能力，故播种期不严格，只要能避过先期抽薹，并将生长盛期安排在冷凉季节就能获得丰产优质。江南从 2 月下旬至 10 月上旬均可播种，周年供应；北方采用设施栽培与露地栽培多茬口相结合，也能周年供应。

露地和设施栽培芹菜一般都采用育苗移栽，并多用露地育苗。春季育苗依保温为主，夏季育苗以降温为主，其余育苗技术基本相同，因大部分茬口栽培育苗都在炎热的夏季，所以下面重点介绍夏季育苗技术。

苗床准备。苗畦要选择地势高燥、排灌方便，疏松肥沃的地块，作 1 ~ 1.2 米宽，6 ~ 10 米长的畦。每畦施入优质圈肥 150 千克，过磷酸钙 1 ~ 2 千克，草木灰 3 ~ 5 千克，土肥混匀，搂平踏实，备好过筛细土。育苗畦面积为栽培面积的 1/10 左右。

种子处理和播种。芹菜发芽适宜温度为 15 ~ 20℃，播种前 5 ~ 7 天用冷水浸种 24 小时并进行多次揉搓换水，直到水情为止，然后用干净的湿布包好，吊在水井内水面上进行催芽。有条件的可在冰箱（14 ~ 18℃）中催芽。催芽期间，每天用清水冲洗一次，有80%的种子露白时即可播种，一般需6~7天才能出芽。如用5毫克/升的赤霉素或1 000毫克/升的硫脲浸种12小时左右，可以代替低温催芽，即用赤霉素或硫脲处理后可直接掺沙播种，免去催芽过程，效果显著。

播种前先浇透底水，水渗后可先撒层细土，然后将种子掺上适量细沙进行撒播，随后覆过筛细土3毫米厚，每畦用种量15~20克。也可采用干播法。

苗期管理。芹菜幼苗期时间长，杂草多，可用化学除草，播后就用25%可湿性除草醚150~200倍液喷洒畦面。芹菜喜冷凉湿润气候，气温过高，发芽慢而不整齐，最好在畦上方搭一凉棚。覆盖一层塑料膜，一层遮阳网，或在塑料膜上面方些秸秆、树枝等。既防暴雨又防烈日，有利出苗。育苗畦要保持土壤湿润，出苗前要小水勤浇以降温保湿利于出苗。出齐苗后逐渐撤去遮阴材料，加强对幼苗的锻炼。出现第一真叶可进行间苗，苗距1.5~2.2厘米，同时喷洒1 000倍高锰酸钾溶液预防苗期病害。2~3片真叶时进行第二次间苗，庙距2.5厘米左右。这时可追施少量化肥促进幼苗生长。

（一）露地栽培技术

（1）整地施肥。芹菜根系浅，需肥量大，灌水次数多，要求土壤保水保肥力强，故以壤土或黏土为宜。前茬作物收获后及时清园，每亩施优质腐熟厩肥5 000千克以上，过磷酸钙60千克，硫酸氨30千克，硫酸钾7.5千克，深翻地33厘米，合墒整地作畦，一般作畦宽1.2厘米。

（2）定植。秋芹菜一般从严霜期向前推80~90天为定植期，春芹菜在日平均温度达7℃以上时定植。取苗时主根于4厘米左右铲断，苗子大小分级。定植深度以埋住根颈为度。定植密度本芹穴距13~15厘米，每穴2~3株，或穴距10厘米，单株栽培。西芹行株距25~30厘米。

（3）水肥管理。可分3个时期。

一是缓苗期。15～20天，小水勤浇保持土壤湿润并降低地温。

二是蹲苗期。控制浇水促发根防止徒长，进行蹲苗，可浅中耕。可喷除草剂进行除草，喷2～3次化学药剂防止病虫害，蹲苗时间为10～15天。

三是营养生长旺盛期。蹲苗结束后，立即追施速效性氮肥2～3次，10～15千克尿素/亩，这是地表已布满白色须根切不可缺水。霜降后可适当减少浇水，不然，地温太低不利于叶柄肥大。

（二）设施栽培技术

芹菜设施栽培主要利用塑料拱棚和日光温室进行冬春生产，其扣棚前的整地、定植、灌水、追肥等与露地基本相同，不同之处主要在于设施内温、光、水、气等环境的综合调节。

1. 扣棚及扣棚后环境调节

霜冻前，当白天气温降到10℃左右，夜间低于5℃时及时上好棚膜。初期昼夜通风，当温室内最低温度降到10℃以下时，夜间关闭风口。5℃时加盖草苫。使棚内温度白天保持20～25℃夜间13～18℃。空气相对湿度保持80%左右。

2. 扣棚后水肥管理

扣棚后进入旺盛生长阶段，要及时进行肥水管理。扣棚前要浇足水，并随水追施尿素15千克/亩左右，进入营养生长盛期，追施速效氮肥，每隔5～7天浇一水，追肥2～3次，每亩可追硝酸铵15～20千克，有条件时还可追施钾肥。

保护地气密性好，土壤水分比露地蒸发慢，灌水后注意通风排湿，并尽量减少灌水次数。追肥时也不宜使用挥发性强的碳铵、氨水等肥料，以免氨气中毒。

采收前一个月，叶面喷使50毫克/升赤霉素两次，间隔15天左右，喷后追肥可以促进生长，使叶柄加宽加厚，叶面积增大，增产效果明显。

3. 采收

可以进行掰收，当外叶 70～80 厘米时可陆续掰叶，共掰 5～7 次。每次掰叶后每亩追硫铵 20 千克，最后连根铲除。现在采收都是整株采收，老叶、黄叶摘除，把根削平，几棵捆在一起，装车，拉倒蔬菜市场去卖。

四、病虫害防治

（1）芹菜斑枯病。又叫晚疫病、叶枯病，俗称火龙。是由芹菜壳针菌寄生引起的一种真菌病害。除采用农业防止外，化学防治用 75% 百菌清可湿性粉剂 600 倍、64% 杀毒矾可湿性粉剂 500 倍、40% 多流悬浮剂 500 倍。

（2）芹菜斑点病。主要危害叶片、叶柄。由芹菜尾孢菌侵染所致的真菌性病害。可采用以下化学药剂 50% 甲托 500 倍，50% 多菌灵可湿性粉剂 500 倍，77% 可杀得 600 倍，保护地用 45% 百菌清烟雾剂熏棚。

（3）软腐病。主要症状是烂心，细菌性病害，可在发病初期喷使呋喃西林 800 倍液或 150～200 毫克/升农用链霉素等。

（4）芹菜虫害。菜青虫、小菜蛾。25% 敌杀死乳油 2 000 倍或阿维菌素。

（5）蚜虫、白粉虱。40% 乐果乳油 800 倍防治或吡虫林。

第八节　茄子高产栽培技术

一、品种的选择

要选择适宜本地气候、品质优良、抗病力强、适销对路的品种。目前生产上普遍选用紫光大园茄系列品种。

二、适时播种，培育壮苗

早春种植播期在前年 12 月，翌年 2 月下旬定植，4 月底开始采收。晚秋种植 5 月播种育苗，6 月定植，8~9 月采收。茄子种子千粒重 4~5 克，采用育苗移栽一般每亩用种量 15~20 克。

培育壮苗是茄子高产优质的重要保证。苗床应该选择排灌方便，土壤疏松肥沃，前三年未种过茄科作物的田块播种育苗。施足基肥，精细整地，床土进行消毒灭菌。播种前种子要进行消毒、催芽。

具体方法是：先将种子用 0.1% 高锰酸钾浸种 15~20 分钟，捞起用清水冲洗干净，将冲洗干净的种子放在 30℃ 左右的温水中继续浸泡 6~8 小时，洗净种皮上的黏液，用干净的湿毛巾或纱布包好放在 25~30℃ 黑暗的地方催芽，待到有 60% 左右的种子"裂嘴"时即可播种。冬、春两季播种时气温较低，要盖薄膜防寒；夏、秋两季播种时气温较高，要用遮阳网或稻草覆盖降温。待幼苗长至 15~20 厘米高，有 5~6 片真叶时即可移栽到大田定植。

三、整地定植

茄子的种植地块应选择土壤肥沃，排灌方便，前三年未种过茄科作物的田块，深耕晒白，土块细碎。结合整地，亩施石灰粉 50~80 千克对土壤消毒及调节酸碱度。

茄子耐肥性强、需肥量多。移栽前要施足基肥（亩施腐熟农家肥 2 000 千克，复合肥 50 千克），起高畦种植。畦高约 30 厘米，畦宽包沟 1.8 米，双行植，株距 45~50 厘米，亩植 1 400 株左右。单行植，畦宽包沟 1.3 米，株距 45 厘米，亩植 1 000 株左右。定植后淋足定植水，幼苗成活后停止浇水，促进根系深扎。

四、田间管理

1. 肥水管理

茄苗定植后约 15 天进行浅中耕除草，结合小培土薄施一次提苗肥，亩施稀薄的人粪尿 10～20 担。植株根茄坐果后，摘除根茄以下的侧枝，以免枝叶过多，消耗养分。此时期植株尚未封行，进行深中耕除草、培土，重施一次追肥，亩施硫酸钾复合肥50 千克。植株生长进入中后期，每收 2 次果应追施一次肥，亩施复合肥 15～20 千克。同时可喷施金钾朋、爱多收或 0.3% 磷酸二氢钾等叶面肥。

茄子生长前期需水量不多，适当的干旱有利花芽分化，提高坐果率。根茄坐稳果后，植株生长需要的水分逐渐增多，应保持土壤湿润，适当排灌。

2. 植株整理

（1）摘除根茄以下的侧枝，以免枝叶过多，消耗养分。

（2）摘叶。摘叶可以通风透光，减少下部老叶对营养物质的无效消耗，植株封行后，及时把病叶、老叶、黄叶和过密的叶摘去。

（3）剪枝。茄子是双权分枝作物，一般双干整枝，即对茄以上留两个枝条，每枝留一个茄，每层留两个茄。每级发出的侧枝在茄子长到一半大时留 2～3 片叶摘心。

（4）疏果。及时把发育不良的幼果、畸形果和病果摘去。

五、病虫害防治

病虫害防治应遵循"预防为主，综合防治"的植保方针，做到早发现、早防治。

1. 病害

（1）种子消毒。播种时用 50% 多菌灵或 70% 甲基托布津，按种子量的 0.1% 进行拌种处理，以减轻苗期病害的发生。

（2）猝倒病。苗期每隔 7 ~ 10 天选用 50% 多菌灵 500 倍液，75% 百菌清 800 倍液和 50% 乐果 1 000 倍液喷洒 1 次，以防幼苗发病和带病传入本田。

（3）青枯病。可用 72% 农用硫酸链霉素 4 000 倍液，或 30% 氧氯化铜、77% 可杀得 600 ~ 800 倍液灌根，每株灌 0.3 ~ 0.5 千克，隔 10 天灌 1 次，连灌 2 ~ 3 次。

（4）褐纹病。可选用 70% 甲基托布津 800 ~ 1 000 倍液，75% 百菌清 500 倍液，25% 敌力脱 1 500 倍液，30% 氧氯化铜 600 ~ 800 倍液喷雾防治。

（5）绵疫病。发病前选用保护性药如 30% 氧氯化铜或 65% 好生灵 600 ~ 800 倍液喷雾预防；发病初期可选用保护和治疗双重效果的 72% 瑞毒霉或 64% 杀毒矾 M8 用 600 ~ 800 倍液喷雾防治。

（6）炭疽病。选用 70% 甲基托布津 800 ~ 1 000 倍液，50% 多菌灵 500 倍液，40% 灭病威 300 ~ 400 倍液，或用 70% 甲基托布津 50 克加 75% 百菌清 100 克，对水 60 千克喷雾防治。

2. 害虫

（1）蓟马。初花期前选用 40% 七星宝或 20% 好年冬 600 ~ 800 倍液，或 98% 巴丹 2 000 倍液，或 18% 杀虫双 250 ~ 400 倍液喷杀。

（2）茶黄螨。当 2% ~ 5% 的叶片、每片叶有螨虫 2 ~ 5 头时要及时施药防治，可选用 73% 克螨特 1 000 ~ 1500 倍液，1.8% 虫螨光 1 500 ~ 2 000 倍液，20% 螨克或 20% 灭扫利 800 ~ 1 000 倍液，2.5% 天王星 1 000 ~ 1 200 倍液喷杀。

（3）烟粉虱和白背飞虱。可选用 10% 蚜虱净 4 000 ~ 6 000 倍液，10% 吡虫啉 2 000 ~ 3 000 倍液，2.5% 扑虱蚜 2 000 倍液喷杀。

（4）棉铃虫。可选用 5% 抑太保或 5% 卡死克 2 000 ~ 2 500 倍液，2.5% 功夫 20% 杀灭菊酯或 1.8% 虫螨光 2 000 ~ 3 000 倍液喷杀。

植株定植 50 天左右开始采收，果实采收适宜时间要看萼片

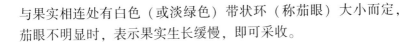

与果实相连处有白色（或淡绿色）带状环（称茄眼）大小而定，茄眼不明显时，表示果实生长缓慢，即可采收。

第九节 番茄设施高产栽培技术

番茄，别名西红柿、洋柿子等，古名：六月柿、喜报三元。在分类学上是属于植物界、被子植物门、双子叶植物纲、茄目、茄科、茄属。果实营养丰富，具特殊风味。可以生食、煮食、加工制成番茄酱、汁或整果罐藏。番茄是全世界栽培最为普遍的果菜之一。在欧洲、美洲的国家、中国和日本有大面积的设施栽培。

一、设施栽培的茬口安排

番茄不耐霜冻，也不耐炎热，一般在无霜期内旬平均气温在11~25℃，降水量不超过30毫米的季节均能良好的生长结果。

番茄不耐连作，为了防止土壤传染番茄病害，在发病严重的地块应进行3~5年以上的轮作，不以茄科作物如茄子、辣椒、烟草、马铃薯等连作。番茄设施栽培以塑料大棚和日光温室栽培为主。

1. 日光温室栽培茬口安排

日光温室冬春茬：土墙11月上旬育苗，1月下旬至2月上中旬定植。砖墙12月中下旬育苗，2月中下旬定植。

日光温室秋冬茬：7月上中旬育苗，8月上中旬定植。

日光温室越冬茬长季节栽培：9月至10月育苗，11月定植或8月底育苗，9月底至10月初定植。

2. 塑料大棚栽培茬口安排

早春茬：1月上中旬播种，3月中下旬定植。

塑料大棚秋冬茬：6月中下旬育苗，7月中旬定植。

塑料大棚越夏茬长季节栽培：3月中下旬育苗，5月定植。7月采收，一直延续到10月。

二、品种选择

（1）日光温室冬春茬、塑料大棚早春栽培。迪芬尼、金棚1号、荷兰6号等。

（2）日光温室、塑料大棚秋冬栽培。金棚11号、金棚8号、迪芬尼、浙粉702、TY298、惠丽、惠玉、荷兰6号、荷兰8号。

（3）日光温室越冬茬长季节栽培。辉腾、金棚8号、金棚11号、浙粉702、荷兰8号、佳西娜。

（4）塑料大棚越夏长季节栽培。齐达利、雪莉、威士顿、满田2185等红果品种。

三、集约化穴盘育苗技术

1. 设施设备

连栋温室或日光温室，配备育苗床、穴盘等基础设施。

中小规模育苗应具备人工加温、降温、调湿设备等；大规模生产还应具备自动控温、自动控光、自动喷雾保湿等设备。

2. 穴盘选择及处理

一般选72孔穴盘。使用前，须经高锰酸钾1 000倍液消毒杀菌处理。

3. 基质配制

草炭：蛭石=2：1或废菇料：蛭石=2：1。

冬春季育苗每方基质加复混（合）肥2.5千克和鸡粪4.0千克。

夏秋季育苗每方基质加复混（合）肥1.5千克和鸡粪2.0千克。基质和鸡粪应该充分腐熟。

每方基质中可加甲霜灵·锰锌水分散粒剂拌匀，防治苗期病害。

4. 播种育苗

（1）浸种。温汤浸种：把种子放入55℃热水中，维持水温均

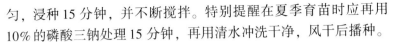

匀，浸种 15 分钟，并不断搅拌。特别提醒在夏季育苗时应再用 10% 的磷酸三钠处理 15 分钟，再用清水冲洗干净，风干后播种。

（2）催芽。温度为 25 ~ 30℃，空气相对湿度为 85% ~ 90%。

（3）播种方法。装盘：把已配好的基质倒在塑料薄膜上，疏松后装盘，以基质恰好填满育苗盘的孔穴为宜，可用空穴盘底部稍压抚平。装盘时注意不要压紧，也不能中空。

浇水：以浇水后装有基质的穴盘下方小孔有水渗出为宜。

播种及覆土：根据种子的发芽情况，一穴播 1 ~ 2 粒，播后均匀覆盖蛭石，覆盖厚度 0.5 ~ 1 厘米。

覆膜保湿：穴盘上用新地膜覆盖，四周压实，以保持基质湿度和温度。50% ~ 60% 种芽顶膜时逐步揭去薄膜。

5. 苗期管理

（1）温度。白天气温 25℃，夜温 16 ~ 18℃。（冬季地热线加温）

（2）湿度。保持基质水分（80% ~ 90%），出苗前一般不需补水，出苗后缺水的地方适当补水，中后期应少浇勤浇。阴雨天光照不足和下午三点后不宜浇水，穴盘边缘植株注意补水。注意降低空气相对湿度。

（2）光照：冬季番茄子叶至一片真叶期，中午 11 时 30 分至 14 时光照强度高于 4 万勒克斯时使用遮阳网覆盖。夏季高温季节 9 时至 16 时棚内光照强度为 4 万 ~ 5 万勒克斯时使用遮阳网。

定植前 7 天进行炼苗，白天加大放风量。

（4）肥水。2 叶 1 心后，结合喷水用 0.1% 尿素和 0.1% 磷酸二氢钾混合液进行 1 ~ 2 次叶面追肥。

（5）夏季育苗化控技术。400 毫克/千克 DPC（缩节胺）喷 2 次（基质表面 + 子叶展平刚露心叶面喷施）。

（6）病虫害防治。

物理防治：将育苗设施所有通风口及进出口均设上 30 ~ 40 目的防虫网防虫。在育苗设施内悬挂黄板（30 厘米 × 20 厘米）

诱杀白（烟）粉虱、蚜虫等害虫，每亩悬挂30~40块。

生物防治：选用丽蚜小蜂虫板防治烟粉虱，每亩8板，7~10天释放一次，分4~5次释放。

化学防治：2叶1心后每7~10天喷施1次甲霜灵·锰锌水分散粒剂或霜霉威水剂防苗期病害；选用噻虫嗪水分散剂，或吡虫啉喷雾，或噻虫嗪与高效氯氟氰菊酯微囊悬浮剂喷雾防治苗期虫害。

6. 壮苗标准

冬春番茄育苗成苗标准：

壮苗指数大于0.7，G值大于4.97，生理苗龄为四叶一心，苗龄两个月左右。株高为12~14厘米，茎粗大于3.4毫米，粗度上下基本一致，茎秆坚硬，节间短且紧凑，叶片深绿，叶片厚而舒展，根系发达，侧根数量多，呈白色，无病害，形成根坨。

7. 嫁接育苗技术

嫁接方法：劈接、套管接。

劈接：砧木8~10厘米高，茎粗0.5~0.8厘米，留1~2片真叶平切，向下劈茎1厘米左右；接穗保留2~3叶，削成双斜面（楔形），插入砧木的切口中，嫁接夹固定。

套管接：采用专用嫁接固定塑料套管将砧木与接穗固定在一起。接穗和砧木2~3片真叶、株高5厘米、茎粗2毫米时嫁接。砧木子叶上方约0.6厘米处30°角斜切一刀，接穗留1~2片真叶，斜切，将套管的一半套在砧木上，再将接穗插入套管中，使其切口与砧木切口紧密结合。

嫁接苗管理：嫁接后将苗床浇透水，盖小拱棚密闭、保湿3~5天，保持拱棚内空气湿度95%以上，白天20~26℃，晚上16~20℃，阳光强烈时加盖遮阳网，4~5天后随伤口愈合逐渐去掉遮阳网，并开始通风，完全愈合后，转入正常管理。

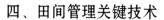

四、田间管理关键技术

1. 施肥技术

亩产 10 000 千克施肥方案（用于中长季节栽培）。

（1）基肥。在施 6~8 立方米有机肥的基础上，施尿素 10 千克、100~125 千克过磷酸钙（含 P_2O_5 16%）、20~25 千克硫酸钾（含 K_2O 50%）。

（2）追肥。第一穗果坐果后，追第一次肥。以后掌握每坐一穗果，追肥一次。每次亩追尿素 15 千克左右，硫酸钾 15 千克左右。

注意：越冬长季节栽培视天气情况改变追肥量，低温阴雪天可延长施肥间隔期，减少施肥量。

2. 灌溉技术

提倡滴灌，较沟灌节水 1/3~1/2，且膜下滴灌效果更佳，较一般滴灌湿度降低 10% 左右，地温提高 2℃ 左右。

水分管理原则：苗期控水，以防徒长，土壤湿度保持 60% 左右；结果期加大浇水量，土壤湿度保持 80% 左右。空气湿度要控制，以 50% 左右为宜。

3. 植株调整

（1）摘心。摘心即打顶，早春栽培一般留 4~5 穗花序后摘心。秋延后栽培可多留 1~2 穗。长季节栽培一般留 10 穗以上。掌握拉秧前 30~40 天进行摘心，最上部花序以上留 2~3 片叶。

（2）去叶。及时摘除植株下部的病、老、黄叶，以减少病源和增加透光性。

（3）疏花疏果。为获得高产且果实整齐一致，需要进行疏花疏果。品种不同，留果数量不同。一般第一穗果留 3~4 个，以上各穗留 4~5 个。

4. 保花保果技术

（1）熊蜂授粉技术。使用外源激素带来的问题：浓度使用不当，造成畸形花果，直接影响品质，价格降低；另外植物激素对人体是否有害一直是人们争论的焦点。

熊蜂授粉的优点：果实整齐一致，无畸形果，品质优；人们不受激素的困扰，省工省力，简单易掌握。

（2）振动授粉。

（3）激素处理。温度不适宜或阴雨天可结合激素处理，注意浓度。

熊蜂的使用：0.8～1 亩的棚室，一棚放一群蜂，给予一定的水分和营养，将蜂箱置于棚室中部距地面 1 米左右的地方即可。蜂群寿命不等，一般 40～50 天，早春栽培一箱可用到授粉结束。利用熊蜂授粉，坐果率可达 95% 以上。

5. 秸秆生物反应堆技术—增高地温、增加棚内 CO_2 浓度

秸秆生物反应堆建造：反应堆为内置式，在种植行上挖沟，沟深 50 厘米，宽 50～60 厘米，沟长与栽培行长相等，将整个玉米秸秆放入沟中，沟两头露出 10 厘米秸秆，以便通气。填完秸秆后将充分腐熟的鸡粪及木屑等填充物填入其中，浇水湿透秸秆，按每沟所需菌种量均匀撒在秸秆上，速腐菌约 10 千克/亩，把起出的土回填于秸秆上。保持 20～30 厘米高垄，定植后盖膜。

五、常见病害及防治措施

1. 土传病害指病原体生活在土壤中，条件适宜时从作物根部或茎部侵害作物而引起的病害

（1）抗病品种选择（抗根结线虫）。

（2）高温闷棚技术。常年连作，导致土传病害（枯萎病、青枯病、根结线虫病）日益严重，高温闷棚技术简单、有效、无害，是防治土传病害方法之一。

高温闷棚操作方法：

清除上茬作物后，将腐熟有机肥 4 000～8 000 千克/亩、作物秸秆 1 000～3 000 千克/亩、尿素 15 千克/亩、有机物料速腐剂 10

千克/亩撒在土壤表面，深翻土层 25 ~ 40 厘米，整平做畦；浇水使土壤相对湿度达 85% ~ 100%；地膜覆盖，封闭棚膜 25 ~ 30 天。

特别提醒：闷棚前一定要浇足底水，使土壤湿度保持在 85% 以上，可以大大提高闷棚效果。

（3）嫁接防病技术。嫁接砧木选择砧抗 1 号（河北省农林科学院）或科砧 3 号（廊坊市农林科学院），抗病性强（根结线虫、枯萎病），增产 20% 左右。

2. 番茄 TY 病毒病

症状：番茄黄化曲叶病毒病引起的主要症状是叶片边缘变黄，卷曲，叶脉墨绿，叶肉变厚，叶片变小，植株矮化萎缩，严重时造成的损失可达 100%，是一种对番茄产量影响最严重的病害之一。

发病原因：由带毒 B 型烟粉虱为害传播和带毒种苗远距离人为传播。

（1）抗病品种选择（见前面）。

（2）"两网一膜"技术。"两网一膜"即遮阳网、防虫网和塑料薄膜，在越夏栽培和夏季育苗中作用不可忽视。

这种措施既能降温降湿又能有效阻止昆虫进入，降低用药量。

夏季育苗采用"两网一膜"，在降温降湿的同时，减少白粉虱、蚜虫的进入，阻断病毒病的传播。

（3）天敌防治及黄板诱杀防治技术。

丽蚜小蜂防治白粉虱：苗期利用丽蚜小蜂配合"两网一膜"，防治白粉虱。

定植后，每隔 5 ~ 8 天，在生产棚中挂放丽蚜小蜂，代替使用防虫剂，在番茄生长后期寄生率达到 80% 以上，有效地控制了白粉虱的蔓延。

黄板诱杀物理防治成本更低，操作简单，效果良好。

（4）高效、低毒、低残留农药的使用。阿克泰、阿丽卡等控制烟粉虱。

3. 气传病害

（1）常见气传病害及发病条件。

各种病害发病适宜温度和发病适宜相对湿度见下表。

表　各种病害发病适宜温度和发病适宜相对湿度

病害	发病适宜温度	发病适宜相对湿度
番茄菌核病	15℃	>85%
番茄晚疫病	18~22℃	>95%
番茄灰霉病	22℃	>85%
番茄叶霉病	20~25℃	>80%
当年9月	20℃左右	>85%

9~10月正值秋茬棚室蔬菜开花结果期，连阴雨天气候条件严重影响坐花坐果。

（2）生态防治。

①生态防治：易感条件为低温高湿。对策原则是适当高温，且降低湿度。

一是灌溉：滴灌、微喷、膜下灌溉，连阴天控制浇水，有效降低空气湿度。

二是放风管理：晴天：33℃左右放风，降至20℃时闭棚。

阴天：注意放风，控制湿度，建议达到15℃放风降湿闭棚，此操作反复进行，尽量控制湿度<80%。

三是使用烟雾剂降低湿度。

②高效、低毒、低残留农药的使用技术：定植后防治病害处方是在缓苗后开始喷药。

第一次喷达科宁600倍液，隔7~10天，连喷2次；第二次喷阿米西达，1桶水/（10毫升）袋，隔15天/次；第三次喷世高，1 桶水/（10 克）袋，隔 7 天/次；第四、五次各喷阿米西达，1 桶水/（10 毫升）袋，隔 15 天/次；第六次喷世高 + 克抗灵 5 克 + 30 克/桶水隔 7 天至收获。

③高效、低毒、低残留农药的使用技术：预防用"阿加组合"，即阿米西达（防真菌病害）+ 加瑞农，防治细菌病害。

治疗用阿米西达或阿米妙收，可治疗疫病和灰霉病。用凯泽（美国巴斯夫公司）或卉友（先正达公司），治疗菌核病。

第十节　番茄黄化曲叶病毒病综合防治

番茄黄化曲叶病毒病（TYLCV），属于番茄病毒病的一种，自 1964 年被正式命名以来，已经在中东、东南亚、东亚及非洲等众多国家和我国的上海、浙江、重庆、广东、广西壮族自治区、台湾、云南、福建等地相继造成危害。与其他病毒病相比较而言，该病毒具有暴发突然、扩展迅速、危害性强、无法治疗、发病后没有很好的药剂防治的特点，是一种毁灭性的番茄病害。植株感染病毒后，尤其是在开花前感染病毒，果实产量和商品价值均大幅度下降，严重时造成的损失可达 100%。

一、种植现状

鸡泽县番茄种植面积 2.5 万余亩，其中，温室大棚 50 余栋，占地 300 余亩，黄化曲叶病毒病发病面积达 3 000 余亩，给该县广大菜农造成了巨大的损失。

二、病害发生特点

鸡泽县秋冬茬番茄于 8 ~ 10 月间育苗，烟粉虱发生量大，危害严重，容易传毒，因此发生严重；而春番茄，由于育苗时间在 11 ~ 12 月，烟粉虱已经越冬休眠，不危害番茄苗，一般到 4 ~ 6 月才会有植株轻度发生。

该病在番茄现蕾开花期至结果、采收期各阶段均可发生。早期染病，植株严重矮缩，无法正常开花结果；后期染病，仅上部叶片和新芽表现症状，结果少，果形小，畸形多，严重影响产量和品质。

三、主要传播途径

该县番茄种植主要采取育苗移栽的方式，嫁接可导致病毒传播，当通过购买带病嫁接苗进行定植后，就会发生该病毒的危害。通过对该县番茄黄化曲叶病毒病发生情况的长期调查发现，该病毒病主要由烟粉虱传播。

以带毒 B 型烟粉虱（银叶粉虱）为传毒媒介，一旦刺吸危害感染病毒的番茄后，再刺吸危害健康植株时即能把病毒传入健康植株。B 型烟粉虱是目前国际科学界公认的、唯一被冠以"超级害虫"的昆虫。烟粉虱各个龄期均能获取和传播病毒，一般在感病植株刺吸危害 5~15 分钟就可染毒，染病毒 30 分钟后具备传毒能力。低密度的烟粉虱就能导致病毒的扩散与流行。B 型烟粉虱一旦获毒可终生带毒，除向健康番茄植株传毒外，还可以通过交配造成烟粉虱之间交叉传播蔓延，同时可以通过生殖行为传播给下一代，即垂直传播。

四、发病因素

（1）此病是新传入病害，菜农认识不够深入，缺乏防治经验，不能采取有效的防治措施。

（2）播种过早、晚秋初冬温度高、早春气温回升早等条件都有利于烟粉虱等害虫越冬、繁殖及危害传毒。

（3）氮肥施用太多、播种过密等因素都会造成株行间郁闭，利于烟粉虱发生，易诱发番茄黄化曲叶病毒病发生。

（4）多年重茬、肥力不足、耕作粗放、杂草丛生的田块发病比较严重。

（5）高温、干热风的直吹致使该病毒快速传播。

五、综合防治

经过长期的调查研究，根据该县番茄种植条件和病害防治习惯，通过实践证明，该病防控必须采取除草治虫防病，注意田园清洁，多种措施并举，实施全程防控的策略。

1. 加强宣传，提高广大菜农对番茄黄化曲叶病毒病及其危害性的认识

番茄黄化曲叶病毒是近几年新传入的有害生物，此病可防不可治，必须通过培育无病秧苗和引进高抗病品种、控制传毒媒介来解决。往往烟粉虱大发生以后，番茄黄化曲叶病毒病则跟随大发生，鉴于 B 型烟粉虱是其主要传播媒介，因此有效除治烟粉虱是预防番茄黄化曲叶病毒病的主要手段。

2. 选择抗病品种，培育无病虫健苗

根据不同番茄品种的感、抗病表现，选用抗、耐病品种：TY288、TY298、迪芬尼、金棚 11 号等。合理安排茬口，错开发病高峰，尽量避开烟粉虱高发期定植番茄。

3. 适时定植

由于番茄 TY 病毒病在高温干旱的环境下发生较重，所以番茄的定植时间必须避开高温季节，并对设施番茄的温湿度进行严格管理。

4. "两网一膜"技术

"两网一膜"即遮阳网、防虫网和塑料薄膜，在越夏栽培和夏季育苗中作用不可忽视。这种措施既能降温降湿又能有效阻止昆虫进入，降低用药量。夏季育苗采用"两网一膜"，在降温降湿的同时，减少白粉虱、蚜虫的进入，阻断病毒病的传播。

5. 天敌防治及黄板诱杀防治技术

苗期利用丽蚜小蜂配合"两网一膜"，防治白粉虱；定植后，每隔 5～8 天，在生产棚中挂放丽蚜小蜂，代替使用防虫剂，在

番茄生长后期寄生率达到 80% 以上，有效的控制了白粉虱的蔓延。并在棚内悬挂黄、蓝粘虫板诱杀白粉虱，成本低，操作简单，效果良好。

6. 及时拨除病株，清除病残体

棚内发现零星病株，立即拔除，并带出田外深埋或烧毁。结合整枝及时除去植株下部粉虱虫、卵枝叶。整个生长季节结束后，要及时清洁田园，清除所有的植株体并深埋或焚烧。发病较重的棚室及时毁种，清除烧毁残枝、落叶、落果，使用磷酸三钠、敌敌畏、甲醛等对温室进行全面消毒，并闭棚 3 天以上，防止番茄黄化曲叶病毒对下茬番茄的传染。

7. 加强肥水管理，合理调控棚内温度

增施有机肥，按照番茄的需肥规律使用配方肥，在加强根部营养的同时，还应加强叶面肥的使用，如丰收 1 号、芸大 120 等以增强植株体营养和抗病毒能力。土壤要经常保持湿润，并注意划锄松土，切忌土壤干旱致地表龟裂后灌溉。棚内温度一般晴天上午应保持在 25~28℃，下午应保持在 20~25℃。

8. 化学防治

番茄黄化曲叶病毒病由烟粉虱传播，烟粉虱在田间有迁飞性，因此防治烟粉虱必须掌握四个关键技术：一是治早治小。一龄烟粉虱若虫蜡质薄，不能爬行，接触农药的机会多，抗药性差，易防治。二是集中连片统一用药。烟粉虱食性杂，寄主多，迁移性强，流动性大，只有全生态环境尤其是田外杂草统一用药，才能控制其繁殖危害。三是关键时段全程药控。烟粉虱繁殖率高，生活周期短，群体数量大，世代重叠严重，卵、若虫、成虫多种虫态长期并存，在 9 月烟粉虱繁殖的高峰期必须进行全程药控，才能控制其繁衍危害。四是选准药剂、交替使用。防治烟粉虱可选用吡虫啉、毒死蜱、阿维菌素、扑虱灵等高效低毒农药，并交替轮换使用，以延缓抗性的产生。五是当田间表现出番茄曲叶病毒病症状时，可在发病初期及时喷施毒氟磷、超敏蛋白、碧护等病毒抑制剂，并加强肥水管理，促进植株健壮生长，减少发病损失。

随着生活水平的不断改善，人们对农产品的质量要求逐渐提高，无公害、绿色农产品成为人们的追求，种植绿色无公害辣椒已成为鸡泽县辣椒产业发展的趋势。

近几年，鸡泽县实施了生态家园富民工程，通过改圈、改厨、改厕、改院，实现了农户家居清洁化，农业生产无公害化，改善了生活、生态环境，推动了养殖业、种植业的发展，促进了农业增效，农民增收，提高了广大农民的生活质量，为农村经济发展和农村工作进步做出了贡献。

自鸡泽县农村沼气工程项目建设以来，共建沼气池 12 866 个，每年可生产沼渣 6 万吨，沼液 300 万吨，可满足 3 万亩辣椒种植需要，为鸡泽县辣椒种植业的无公害化打下了基础。

第十一节　发展循环农业，壮大辣椒产业

鸡泽县调味辣椒种植历史悠久，以"羊角椒"闻名遐迩，它具有皮薄、肉厚、色美、味香，富含维生素 C 等特点。目前，全县有辣椒加工企业 128 家，年可加工鲜辣椒 20 万吨，辣椒产业产值 7.2 亿元。

为积极、有效、合理利用鸡泽辣椒资源，发挥地方特色优势，县委、县政府制定了《关于扶持发展辣椒产业，努力增加农民收入的意见》《强力推进辣椒产业快速发展的意见》等一系列促进辣椒产业发展的政策和措施，要求"举全县之力，多措并举，全力推进辣椒产业快速发展"，并多次在省会举办辣椒节，极大的提高了鸡泽辣椒的知名度。通过一系列优惠政策的实施，为鸡泽辣椒产业的发展壮大起到了积极作用，加快了实现"4123"农业双增工程的进程。

同时，在生产管理上，遵照《无公害蔬菜产地环境条件》

《无公害蔬菜生产技术规程》等标准，在全县认真落实《鸡泽县无公害辣椒生产操作规程》，积极推广沼渣、沼液在辣椒生产上的应用，为循环农业在全县的示范、推广起到了带动效应。

一、宣传沼气作用　助推辣椒产业

为加快沼渣、沼液在辣椒生产上的推广应用，鸡泽县把沼渣、沼液的利用同发展生态循环农业有机结合起来，积极宣传有关沼气知识，详细讲解沼渣、沼液的营养成分和相关作用。编写了《鸡泽县生态家园富民沼气技术知识手册》10 000本，印发了《沼渣、沼液在蔬菜上应用》明白纸10 000余份，并利用县电视台举办沼渣、沼液应用技术讲座，不定期播放有关沼气综合利用专题片，此外，在鸡泽农牧信息网进行载播。通过一系列的宣传，全县广大农户积极使用沼渣、沼液发展绿色、有机高效经济作物，注重循环经济和生态农业的可持续发展相互结合，在辣椒生产上，推广实施"养殖—沼气—辣椒"三位一体生态农业循环经济模式，提升了全县辣椒产品的质量，近三年来辣椒销售价格一直居高不下，产品供不应求，极大地增加了广大椒农和辣椒加工企业的经济收入。

二、抓典型搞示范　增加椒农收入

在全面宣传发动辣椒使用沼渣、沼液的同时，积极发挥典型的示范带动作用。在吴官营乡邢堤村，结合鸡泽县润华牧业有限公司的养猪场，农牧局扶持修建了8座中型沼气池，沼气可供全村150个农户做饭、照明，其生产的沼渣、沼液，用于发展无公害辣椒生产基地800亩，通过禁用化肥、农药，使基地内生产的辣椒成为名副其实的绿色食品。为此，不少外地的亲朋好友托关系高价购买该基地的鲜红椒，自己加工辣椒干、酱或淹渍椒。据农户反映，该基地生产的辣椒较常规辣椒田每亩增收在1 000元以上。由于效益高，销路畅，带动了周边村的农户利用沼渣、沼液种植辣椒的积极性。

三年来，鸡泽县对所建沼气池实行"一建四改"的工作措施，把发展沼气与改变农村生态、生活环境结合起来，同发展无公害辣椒种植结合起来，实现农村"家居"温暖清洁、环境整洁安全化、农产品质量全面优化的目标，加快了我县新农村建设的步伐。

截止目前，全县利用沼渣、沼液发展无公害辣椒 1.8 万亩（全县通过河北省绿色食品办公室认定无公害辣椒 3.615 万亩），既节省了农家肥、化肥及农药，还清洁了农家院落，从根本上改善了农村居民的生活环境。在新农村建设工作中，鸡泽县把沼气建设列入"三农"工作重点，将沼气建设与新农村建设、沼气利用与现代农业建设有机结合起来，加大了推广沼渣、沼液的综合利用的力度，为早日实现"养殖—沼气—辣椒"发展模式奠定了良好开端，发展循环农业已成为鸡泽县农业增效，农民增收的一大亮点，为实现现代农业提供了保障。

随着鸡泽县循环农业的不断发展，一个又一个现代化新农村会不断出现，这将对全县的经济发展起到积极推动作用，对农村的社会、生态、经济效益产生深远的影响。同时，由于无公害辣椒种植面积的不断扩大，对于提高鸡泽县辣椒知名度，壮大鸡泽县辣椒产业有着重大意义。

第十二节　辣椒烂果原因及防治

鸡泽辣椒又叫"羊角椒"，是享誉中外的特产，以色泽紫红光滑，细长，尖上带钩，形若羊角而得名。其特点是：皮薄、肉厚、色鲜、味香、辣度适中，含辣椒素和维生素 C 居全国辣制品之冠。食用广泛且方便，可青食、红食、熟食，亦可鲜食、干食、炒食、炸食、腌食，易加工、易贮藏，一年四季食用方便。辣椒含水分极少，含油分较多，利于贮存和加工。以椒干为原料加工成辣椒油、辣椒粉、辣椒酱等调料，风味独特。辣椒种植经济效益可观，种植在当地极为广泛。

近年来，在大田种植的辣椒，由于受多种因素影响，烂果现象时有发生，严重影响辣椒的产量及质量，令椒农非常头疼。以下介绍辣椒烂果的原因及防治措施。

一、炭疽病烂果

炭疽病烂果除真菌浸染外，种植密度大、施用氮肥过多也会引起此病，并加重该病的发生。辣椒接近成熟时易染病。初呈水渍状黄褐色圆斑，中央灰褐色，上有稍隆起的同心轮纹，常密生小黑点。潮湿时，病斑表面常溢出红色黏稠物；干燥时，病部干缩成膜状，易破裂露出种子。叶片染病，初为水渍状退绿斑点，后变为边缘褐色、中部浅灰色的小斑。

防治：合理密植，做好配方施肥，注意排水及通风排湿。药剂防治可用 70% 甲托可湿性粉剂 500 倍液。可选喷百菌清、甲基托市津进行防治，每隔 7 天喷洒 1 次，连喷 3 ~ 4 次。

二、黑霉病烂果

一般果顶先发病，也有从果面开始发病的，初期病部颜色变浅，果面渐渐收缩，并生有黑绿色霉层。

防治：可喷 50% DT 杀菌剂 500 倍液或 58% 甲霜灵锰锌 500 倍液，每间隔 7 天喷洒 1 次，连续喷洒 2 ~ 3 次。

三、脐腐病烂果

果实脐部受害，初呈暗绿色水渍状斑，后迅速扩大，皱缩，凹陷，常因寄生其他病菌而变黑或腐烂。

防治：可在坐果后喷洒 1% 的过磷酸钙溶液或 0.1% 的氯化钙溶液。如病部变黑或腐烂，可按黑霉病或软腐病进行防治。

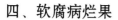

四、软腐病烂果

软腐病烂果多在近果柄处发生，在萼筒周围发生很小的水渍状暗绿色病斑，扩展后整个果实变白，软腐，病果呈水泡状。

防治：用72%农用链霉素4 000倍液或DT杀菌剂500倍液，每间隔7天喷洒1次，连续喷洒2~3次。

五、疫病烂果

由辣椒疫霉菌引起真菌病害。从苗期到成株危害果实，果实发病多从蒂部开始，病斑水渍状向果面发展，似开水烫状，初呈灰绿色，后变灰色软腐，有稀疏的白霉。在气温28~30℃、空气湿度大时易发此病。

防治：育苗期间和田间定植后应喷保护性药剂，如用70%代森锰锌可湿性粉剂500倍液，每隔8~10天喷洒1次。

六、绵腐病烂果

果实受害腐烂，湿度大时，有大量白霉产生。

防治：可喷50%DT杀菌剂500倍液或14%络氨铜水剂500倍液，每间隔7天喷洒1次，连续喷洒2~3次。

七、日灼病烂果

高温天气，果实向阳部分受阳光直晒，使果皮退色变硬，产生灰白色革质病斑，易被其他菌腐生，出现黑霉或腐烂。

防治：应及时浇水，改善田间小气候，均衡供水，可有效地减少该病发生。

第九章　西瓜育苗技术

进入 1 月以后，就到了春种早上市西瓜的育苗时间了，苗期的管理是否到位，直接关系到后期的产量，因此，必须要重视起来。

一、育苗前准备

1. 营养土配制与消毒

育苗需要的土必须是用未种过瓜类 5 年以上的无病干燥园田土，最好为沙质壤土，土壤不要过黏，每立方米土中加入低氮高磷高钾的复合肥 0.5 ~ 1 千克、加入充分腐熟发酵的有机肥 25 ~ 50 千克、加入益微菌剂 100 ~ 200 克，搅拌均匀即可装入营养钵。

消毒采用药剂喷淋的方法进行，在播种前浇足底水后，用普力克 600 倍液 + 瑞苗清 2 000 倍液对水 15 千克喷淋，每平方米 1.5 千克水。

2. 种子处理

西瓜种子和砧木种子表面甚至内部常常带有枯萎病、炭疽病、疫病等多种病原菌，如果把带有病菌的种子播种后，很有可能导致幼苗或成株发病。所以播种前的种子处理是十分必要的。在播种前，对西瓜种子和砧木种子进行检查，如果种子已经包衣，可以不用再处理，如果种子没有包衣，播种前要进行包衣，包衣药剂可以用高巧 + 亮盾，每 1 千克种子用高巧 10 毫升 + 亮盾 10 毫升，不但能刺激砧木生根，还能杀灭种子所带的大部分病原菌，减轻苗期病虫害发生。

二、播种

由于种植西瓜的大部分地区都是连作，而西瓜有是忌连作的作物，所以为了保证西瓜的产量，防止土传病害的发生，最佳的办法就是嫁接。常用的嫁接方法有靠接或插接，播种的早晚取决与嫁接的方法。靠接法先播种西瓜，5~7天后播种砧木，要求大苗小砧；而插接法要求先播砧木，等到砧木露土时开始播西瓜，要求大砧小苗。

播种方式也根据嫁接方法的不同而不同，为了方便嫁接，如果采用靠接法，可以将西瓜种子和砧木种子播种在同一个营养钵中；如果采用插接法，先将砧木种子播到营养钵中，每穴一粒，等砧木露土时，再将西瓜种子播种到育苗床上。

三、播后管理要点

播种后，一是要保持墒情，防止土壤过干，否则影响出苗。要做到这一点的关键在于播种前底墒水一定要浇足，如果苗床土沙性大，还要在出苗前根据墒情浇水或喷灌。二是出苗后，如果戴帽苗出现过多，在早上揭开草苫后，喷施一些清水，将种皮软化后轻轻用手摘除，切不可在干燥的时候强摘，以防损伤子叶；三是结合防病喷施瑞培乐3 000倍补充各种微量元素，增强幼苗长势，刺激花芽分化；四是在育苗过程中，切忌苗期追施氮肥，以免发生苗徒长影响花芽分化，如果苗期出现缺肥的症状，可以叶面喷施汽巴二氢钾600倍液，7~10天喷施1次。

四、嫁接

1. 嫁接前准备

嫁接准备嫁接前一天上午苗床喷施一次药剂进行消毒，用普力克20毫升/桶水＋瑞苗清8毫升/桶水进行喷淋，第二天再嫁接。

2. 嫁接后管理

（1）将嫁接好的幼苗移入苗床，扣小拱棚，并覆盖遮阴，避免阳光直射。嫁接后3天内一般不见光不放风。小棚内温度控制在白天 25~28℃，夜间不低于 20℃。土壤温度要高，空气相对湿度 90% 以上。

（2）嫁接后 3~5 天，伤口逐渐愈合，嫁接苗不再萎蔫，逐渐撤掉遮光物，接受散射弱光，逐步加大防风口，降温排湿，防止徒长，加强锻炼。

（3）靠接法在嫁接 10 天左右，切断西瓜苗嫁接口以下的茎，当接穗长出新叶，可恢复常规管理。

（4）结合给嫁接苗喷水，可以在嫁接后 10 天内喷 1 次碧欧 1 500 倍液，有利于伤口的愈合。嫁接后第二天和第九天喷两次 70% 安泰生 800 倍液 + 益微 1 000 倍液，可以起到预防病菌浸染的作用。

五、苗期病虫害防治

苗期主要病害有立枯病、猝倒病。防治立枯病，用瑞苗清 1 000 倍液喷淋；防猝倒病，用普力克 600 倍液喷淋；防其他叶部病害，用安泰生 800 倍液喷淋。另西瓜在育苗期间，经常出现沤根僵苗现象，出现的原因主要是：地温过低、土壤粘重含水量过高、化肥使用量过多造成的烧根，解决时要提高地温、减少化肥用量，叶面喷施碧欧 1 000 倍液 + 汽巴二氢钾 600 倍液刺激生根。

第十章　无公害葡萄栽培技术

葡萄是鸡泽县主要水果之一，随着人民生活不断提高，我县目前在鸡泽县富民葡萄种植专业合作社的带动下全县种植葡萄1.7 万亩，长势良好，价格可观，达到农民增收增效目的。

一、葡萄生产情况

葡萄生产在全县果农的努力下，从清明节开始的放风、追肥、浇水、喷药、整枝、蔬果、套袋、销售，在短短的四个月内，完成这一系列工作。

全县种植 1.7 万亩葡萄，品种达 10 余种，产量达 4 万多吨，产值达 1 亿余元。

二、主栽品种及管理技术

藤稔，京亚，巨峰，维多利亚，8611 青无核，夏黑、红宝石、玫瑰香等。

（一）底肥

葡萄采果后要立即施肥，又叫底肥或恢复树势肥。每亩施熟鸡粪 4 立方米，加生根剂，这次施肥特别重要，既有利恢复树势，又能促进花芽分化，提高植株抗病抗冻能力，防止冬季冻害等效果。

（二）追肥

一年追肥 4 次。

第一次 4 月下旬，花前肥，每亩施金正大 N/P/K15 – 15 – 15 复合肥 50 千克。

第二次肥，5 月中旬。此时正是果实开始膨大期，需 N 量大，每亩施芭田高 N 肥 40 千克生根剂。对稳果、减少落果具有重要作用。

第三次 6 月中旬，此期正是果实迅速膨大期和花芽分化期，需 K 量大，每亩施金正大氮磷钾比 20∶5∶20 + 冲施肥 20 千克，对促进幼果迅速膨大和花芽分化十分重要。

第四次 7 月上旬着色肥，施芭田氮磷钾比 15∶5∶25 复合肥 30 千克。

（三）叶面肥

一年喷施 4 次。

第一次 4 月中旬，用氨基酸叶面肥 + 喷施钙 + 水 15 千克的比例叶面喷施。补充全面营养，提高抗病力，防止缺硼、缺钙。

（四）冬季修剪

修剪时期 10 月下旬，落叶后为好。3 月修剪易产生伤流，产生伤流的枝不会开花结果。落叶后对结果母枝一般每枝留 2 ~ 4 个节剪除，最多不超过 5 节。病虫枯枝及时剪除。剪下的枝可用作插条育苗，如不用于育苗可捡出园内集中烧毁，防止病虫害越冬。

（五）夏季修剪

（1）摘心。在果穗上留 4 ~ 6 叶摘心；主侧枝延长枝留 12 ~ 20 叶摘心；营养枝留 10 ~ 15 片叶摘心。摘心后，促进幼果膨大，加速枝条木质化，减少无效养分消耗，有利光合作用，控制枝条均衡生长。

（2）摘副梢。当年生新枝叶腋间长出的梢叫副梢，留 1 叶摘心，能减少营养消耗和防止二次副梢发生。

（3）除卷须。将新梢上所有卷须及时摘除，减少无效养分消耗。

（4）整果穗。着生在主穗上的副穗和穗尖及时摘除，使主穗有充足营养吸收和果实膨大。

（5）疏小穗。着生在枝蔓上所有小穗应全部剪除，使留在树上果穗大小一致。

（6）疏果。主穗上果粒太多时，要疏除小果粒，防止过多拥挤变形、挤破果粒腐烂。

（7）摘黄叶。树上黄叶会影响通风透光和果实着色，减少病虫为害。

（六）灌水

葡萄对水十分敏感，地下水位高，土质黏重，4～6月多两季节土壤水分呈饱和状态，深层根系会窒息死亡，出现叶片黄化，应注意排水。在日照强烈条件下，出现日灼病烂果；套袋后果实也会产生日灼病。7～9月是季节性高温干旱期，蒸发量大，应注意灌水。否则，土壤缺水，叶片黄化，果实停止生长，果皮果肉萎缩变软，无商品价值。一般连续干旱15天内，要浇水灌溉，但不能厢面淹水，防止烂根。

（七）套袋

套袋能减少病虫为害，防止果面污染，节省农药成本，防止鸟害和农药残留。葡萄6月开始套袋。套袋前要疏除副果穗、果尖、小果穗，使果穗大小一致。同时，要彻底细致，均匀周到地用杀虫、杀菌剂防治1次，不留任何病虫害在需套袋的幼果上。

（八）病虫害防治

从农业生态体系的总体出发，应坚持"预防为主，综合防治"原则，根据有害生物与环境之间的关系，本着安全、高效、经济、简便和以防为主的原则，正确运用农业、生物、物理、化学的防治措施，因地制宜将病虫害的发生数量控制在经济允许的水平之下，以获得最佳的经济、生态和社会效益。选择抗病品种，严格植物检疫，苗木消毒处理，搞好冬季清园，压低果园病虫越冬基数，合理修剪，增施有机肥；夏季合理间作，再配合适当的化学防治，就能基本上将病虫害控制在经济允许的水平之下，达到高产、高效、优质、无公害的目的。

1. 葡萄炭疽病

农业防治：坚持以放为主的综合防治的方针。改善立地条件，增施有机肥。控制结果量，加强管理，改善通风透光条件。

化学防治：发芽前树体地面喷一次 5 波美度石硫合剂，花前花后各喷一次86.2%氧化亚铜（铜大师）水粉散粒剂 1 500倍液、石灰半量式240 倍液的波尔多液或80% 大生 M－45 可湿性粉剂 800 倍液、70% 甲基托布津可湿性粉剂 800 倍液、50% 多菌灵 可湿性粉剂 600 倍液、75% 百菌清可湿性粉剂 800 倍液、80% 炭疽福美可湿性粉剂 500 倍液。根据降雨量和降雨天数应相应调整喷药间隔期。

2. 葡萄白腐病

农业防治：注意葡萄园排水系统建设，增施有机肥，采用高宽垂树型，注意中耕除草，发病后及时清除病果病深埋。

化学防治：发芽前喷5°波美石硫合剂，重点喷地面。6 月中旬是白腐病的发病始期，应重点防治白腐病。可喷洒86.2%氧化亚铜（铜大师）水分散粒剂 1 500倍液，75% 百菌清可湿性粉剂 600 倍液，或 50% 多菌灵可湿性粉剂 600 倍液、50% 退菌可湿性粉剂 800 倍液灵、78% 的科波可湿性粉剂 600 倍液、速克灵 1 000倍液。

3. 葡萄穗枯病

农业防治：加强水肥管理，增强树势，彻底清园，将病僵果深埋或烧掉；合理间作，均可减轻枯穗病的发生。石硫合剂。

化学防治：发芽前喷5°波美石硫合剂，花前花后各喷86.2%氧化亚铜（铜大师）水分散粒剂 1 500倍液、一次50% 多菌灵可湿性粉剂 600 倍液，或 70% 甲基托布津可湿性粉剂 800 倍液、80% 大生 M－45 可湿性粉剂 800 倍液。以后结合防治炭疽病和白腐病增喷洒菌剂。

4. 葡萄霜霉病

农业防治：注意葡萄园排水，降低果园湿度。及时摘心抹芽除副梢，改善果园通风透光条件，均可减少霜霉病的发生。

化学防治：以防为主，定期喷 86.2% 氧化亚铜（铜大师）水分散粒剂 1 500 倍液、180～240 倍石灰少量式波尔多液或 78% 的科波可湿性粉剂 600 倍液，发病后改喷 58% 瑞毒霉锰锌 600 倍液或 40% 乙磷铝可湿性粉剂 200～300 倍液，可基本控制葡萄霜霉病的危害。

5. 葡萄褐斑病

农业防治：加强管理提高植株的抗病性，葡萄落叶以后，应及时清扫病叶，烧掉或深埋。

化学防治：应定期喷半量式 180～240 倍波尔多液。

6. 葡萄黑痘病

农业防治：控制氮肥，增施磷钾肥，避免徒长。加强架面管理，改善通风透光条件。

化学防治：发芽前结合防治其他病害，喷 5 波美石硫合剂。花前花后定期喷药保护。常用药剂有石灰少量式波尔多液 220、240 倍液，或 75% 百菌清可湿性粉剂 800 倍液、80% 大生 M－45 可湿性粉剂 800 倍液。

7. 葡萄二星叶蝉

农业防治：清除果园落叶、枯草杀灭越冬成虫，生长期及时清除杂草，架面保持良好的通风透光条件。

化学防治：发芽前结合防治其他病害喷 5 波美石硫合剂消灭越冬成虫。第 1 代若虫发生期喷洒 50% 的敌敌畏 800 倍液，或 10% 吡虫啉可湿性粉 4 000～6 000 倍液、20% 的灭杀菊酯 2 000 倍液。

8. 葡萄红蜘蛛

农业防治：彻底清园，剥取老粗树皮并烧掉。

化学防治：发芽前喷 5 波美石硫合剂，生长期喷 0.2～0.3 波美度的石硫合剂，或 20% 螨死净乳油 2 000 倍液、8% 的阿维菌素乳油 6 000 倍液、73% 的克螨特乳油 3 000 倍液。

（九）鸡泽县葡萄病虫害防治历

1. 采果后

用石硫合剂或等量式波尔多液防治一次。或用杀虫杀菌剂＋精品高钾防治。补充营养，促进花芽分化，延长叶片寿命，抑制病虫为害。

2. 开园药

4月上旬，萌芽前，固体石硫合剂1千克＋水100千克洗干（喷粗水），减少越冬病虫害基数。

5月，是灰霉病、霜霉病、黑豆病、炭疽病在新叶上发生高峰，肉眼看不见，用58%甲霜灵锰锌＋25%凯润＋吡虫啉防治。这次要彻底细致，均匀用药，是全年控制病害的关键时期。

5月下旬，是全年各类病虫害第一个高峰期，用霜霉专家＋灰霉专家＋吡虫啉防治。

6月中旬，是黑豆病、白腐病、炭疽病、立枯病、叶斑病、霜霉病、金龟子、螨类、叶甲为害高峰，20%噻嗪酮＋吡虫啉防治。

第十一章　沼气肥生产与管理维修

一、沼气池发酵原料配比

使用沼气池肥料，是推广无公害果菜的重要环节。加入沼气池的发酵原料，要有含碳较多的秸秆、青杂草和含氮较多的人、畜粪便，进行合理搭配，才能达到满意的产气效果。当粪（鲜粪）与草（风干状态的作物秸秆）的重量比大于2∶1时，发酵启动快，产气效果好；粪草比小于2∶1时则发酵启动慢，产气效果较差。为了结合机械出料，不提倡作物秸秆入池。应选用新鲜的厩粪或猪粪作发酵原料，沼气池的配料比：接种物∶发酵原料∶水 =1∶2∶5。如10立方的沼气池应投料：接种物1立方米，发酵原料2立方米，水5立方米。

二、沼气池投料和接种

1. 投料量

农村水压式沼气池的投料量应为池子容积的80%，最大投料量为池子容积的85%。第一次装料，原料要加足，如因原料暂时不足，一次性投料不能达到要求的投料量时，应加水使投料容积超过进出料管下口上沿40厘米。

2. 不同季节的料液浓度

沼气池发酵料液的浓度应随季节的变化而变化。夏季温度高，发酵料液浓度可掌握在5%~6%，冬季温度低，应适当多加发酵原料，料液浓度以8%~10%为宜。

3. 要有充足的接种物（即菌种）

这是使沼气池早产气、多产气的一项重要措施，新建沼气池第一次投料时，应当加入占发酵料液总重量15%~30%的接种物，使装料后及早产气。

三、沼气池的日常管理

1. 勤加料，勤出料

自流入池沼气池，每天都有人畜粪便入池，如有干粪堵在进料口，用水冲料进池。

2. 勤搅拌

搅拌能使发酵原料同沼气池内的微生物充分接触，加快沼气的产生和阻止粪壳的形成。

3. 防寒保温

冬季气温下降，多加热性发酵原料，同时在沼气池的进、出料口和主池上面铺上稻草，再用塑料薄膜覆盖。

4. 定期大换料

沼气池的大换料每年 1~2 次为宜，换料时间宜在三月中旬至九月下旬间进行。每次大换料应留总料液的 10% 作菌种。

5. 正确安放活动盖

先将经过选择的黏性泥土敲碎捣细，筛去石子和杂质，再将黏土粉粒用水发透，经过反复拌合，使其象生产砖瓦的泥一样有黏性。安放活动盖时，要先将活动口上口周围黏上 2 厘米厚的黏土泥，并贴紧、抹光，再把活动盖平稳地放入井口圈中，用脚压实，察看活动盖边与井口圈是否对称、间隙均匀，四周留有 1~2 厘米的槽，用木棍均匀敲实活动盖，然后用石灰泥（石灰泥干湿度以手捏成团，落地散开为好）嵌入活动盖与井圈之间的槽中，并敲实，石灰泥不要高出活动盖面。

四、沼气池配件的选择、安装和使用

1. 配件的选择

（1）输气管道。内壁和外观光滑，弯曲时不粘结、无裂缝。

（2）二通管、三通管、开关内壁光滑，无毛刺，开关的旋钮要灵活。

（3）压力表。刻度清晰准确，指针灵敏。

2. 输气管道的安装

（1）将输气管与活动盖上预埋的导气管用二通管连接好，安装上阀门。

（2）输气管室外部分应采用地埋管，安装地埋管的好处是不受刮风下雨的影响，塑料管也不易老化。但安装地埋管应同时安装排水开关，排水开关安装在弯高处的下部。

（3）输气管的室内部分，应采用明管安装，以便检查和更换。软质输气管在转角处要安装成大园角，防止弯折和压扁管腔，阻碍沼气的流通。

（4）压力表。应安装在室内光线明亮的地方，并固定在墙上。

（5）开关。要固定在墙上，做到使用方便。

3. 沼气灯

沼气灯不能挂在靠近蚊帐和堆放柴草的地方，灯与地面的距离应高于 1.7 米，与房顶和楼板的距离不低于 1 米。

4. 脱硫剂

应安装在沼气灶的前面，开关的后面，两头套紧塑料软管。

5. 日常管理

（1）经常检查开关、连通管、输气管是否漏气，如发现接头松动、输气管断裂或被老鼠咬破，应及时维修、更换。

（2）要经常保持灶具、灯的清洁。使用沼气灶时，不能把引火物（火柴、纸片、稻草等）随便丢放在灶具表面，避免阻塞灶具火孔。

（3）沼气灯的喷嘴如发生阻塞，可用细金属丝轻轻地疏通。

（4）脱硫剂使用半年后，应卸下用开刀打开脱硫剂瓶，倒出脱硫剂，在太阳下晒干燥后再装瓶使用。

五、沼气池管理使用中常见故障和处理方法

1. 故障原因及处理方法

（1）压力表指针抖动，火焰燃烧不定。

输气管道内有积水，排除输气管道内的积水。

（2）打开开关，压力表度数下降；关上开关，指针又回原位。

导气管阻塞或输气管在拐弯处扭曲，引起气路不通畅。疏通导气管内阻塞物；整理气管扭曲打折部位。

（3）压力表度数上升很慢，或者不上升。

造成原因：①沼气池或输气系统有漏气现象。②发酵原料不足。③发酵料液过酸或过碱。④沼气菌种不足。⑤蛆虫爬进了导气管或输气管，阻碍了沼气流通。

处理方法：①检修沼气池或输气系统。②增添新鲜发酵原料。③调节池内酸碱度。④增加沼气菌种（如加污泥或老沼气池粪水）。⑤拔掉输气管，用铁丝疏通导气管；用打气筒向输气管内打气，压出蛆虫。

（4）压力表度数上升慢，到一定刻度不再上升。

造成原因：①气箱部分或输气管漏气，气压低时漏气慢，气压高、漏气快。②进料管或出料间有漏水孔时，当池内压力升高，进、出料间液面上升到漏水孔位置，粪水流出池外，压力不再升高。

处理方法：①检修池子气箱和检查输气管道。②堵塞进出料间的漏水孔。

（5）压力表上升快，使用时下降也快。

池内发酵料液过多，气箱容积太小。取出一些料液，适当增大气箱容积。

（6）压力表上升快，气也多，但较长时间点不燃。

造成原因：①发酵料液中甲烷菌种少，不可燃的气体成分

多。②发酵料液过酸或过碱。

处理方法：①排放池内不可燃气体，增加沼气菌种，或换掉大部分料液。②调节料液酸碱度。

（7）开始产气正常，以后逐步下降或明显下降。

造成原因：①逐步下降是久未添加发酵原料。②明显下降是气箱或输气管道漏气。③池内加入刚喷了药物的畜禽粪便或桔杆，使正常发酵受到影响。④冬季冷水进入沼气池，池内降温太多。⑤气温下降。

处理方法：①取出一部分旧料，增加新的发酵原料。②先查输气管道是否漏气，不漏气再查池子是否漏气。③堆沤畜禽粪便或桔杆，等药性消失后再入池。④防止冬季大量冷雨水进入沼气池。⑤加盖保温。

（8）平常产气正常，突然不产气。

造成原因：①活动盖被冲开或石灰泥脱水干裂。②输气管断裂或扯脱。③输气管被老鼠咬断。④池子突然出现漏水漏气。⑤用后忘记关闭开关，或开关关得不严。

处理方法：①重新安放好活动盖，加水保湿。②接通输气管。③更换被老鼠咬断部位的输气管。④检查维修。⑤用气后注意关紧开关。

（9）产气正常，但燃烧时火力不大；或火焰为红黄色。

造成原因：①火力不大是炉具喷火孔被杂物堵塞。②火焰呈红黄色是由于池内发酵液过酸，沼气中甲烷含量少或带进炉具的空气过多。

处理方法：①清除掉喷火孔内的堵塞物。②适量加入草木灰。③取出部分旧料，补充部分富含甲烷菌种的新料。④调节喷嘴位置或旋动空气孔的调节板。

（10）产气正常，灶具完好，但燃烧时火力不旺、发飘。沼气灶进空气不足，使沼气不能充分燃烧。调节进风板。

（11）沼气灯点不亮或时明时暗。

造成原因：①沼气不纯，甲烷含量少，沼气压力不足。②沼气与空气配合不好。纱罩存放过久，受潮，质量差。③喷嘴堵塞。④喷嘴偏斜。⑤输气管内有积水。

处理方法：①增加发酵原料和菌种，提高甲烷含量，提高沼气压力。②调节沼气与空气配合比例。③纱罩不宜久放，选用优质纱罩。④疏通喷嘴孔。⑤调节喷嘴。⑥排除积水。

2. 沼气池的检查与维修

（1）检查沼气池漏水、漏气的方法。

①直接检查法：仔细观察沼气池内外有无裂缝、孔隙，导气管是否松动。②池内装水刻记法：打开活动盖，向池内加水至活动盖井口，待池壁吸足水后，池内水位有一定下降，再灌水至原来的位置，隔一昼夜后，如水位没有下降，说明沼气池没有漏水。如水位降至一定位置后不再继续下降，这时要标好水位线，在水位线以上部分认真寻找裂缝或孔隙，然后将水排除，进行修补。③水压法检查漏气：向池内灌水至活动盖口以下 70 ~ 80 厘米处，然后密封活动盖，将输气管接上压力表，继续向池内灌水，当压力表上的指针指向 4 度时，停止加水，观察压力表是否下降，以判断沼气池是否漏气。

（2）沼气池的维修方法。

①池体发生裂缝：要先将裂缝扩大成"V"字形，周围表面拉毛，将松动的灰土洗刷干净，在"V"形缝口内和拉毛的表面刷纯水泥浆，再用水泥砂浆填塞"V"形缝口内，缝深超过 1 厘米的要分 2 ~ 3 次填平，并将填补的砂浆压实、抹光，最后刷纯水泥浆 2 ~ 3 遍。

②粉刷层起壳、脱落：应先将翘壳部位铲掉，重新仔细搪糊、粉刷。

③气箱漏气，又找不出明显的裂缝：处理方法，应先将气箱洗刷干净，再用纯水泥浆或 1 : 1 的水泥砂浆粉刷处理，最好进行涂料密封处理。

④池底下沉或池底与池墙四周交接处有裂缝：应先把裂缝剔开一条宽2厘米、深3～5厘米的槽，并在池底和池墙沟内浇一层细石混凝土，使之连结成一个整体。

3. 沼气安全管理和使用

安全管理使用沼气，主要应抓好以下几个环节。

1. 安全发酵

（1）电石、各种剧毒农药刚喷洒了的作物茎叶、刚消过毒的畜禽粪便，都不能进入沼气池，以防沼气细菌受到破坏。如发现这种情况，应将池内发酵料液全部清除，并用清水将沼气池冲洗干净，然后重新加料。

（2）禁止把油枯、骨粉、棉籽饼和磷矿粉加入沼气池，以防产生对人体有严重危害的剧毒气体——磷化三氢。

2. 安全管理

（1）沼气池的进、出料口要加盖，防止人、畜掉进池内，造成伤亡。

（2）要经常观察压力表上的度数的变化，当池子产气旺盛，池内压力过大时，要及时用气或放气，以防胀坏气箱，冲开池盖。进、出料池内有沼气跑出时，应严禁烟火，防止引起火灾。

（3）加料入沼气池如数量较大，应打开开关，慢慢地加入。一次出料较多，压力表接近"0"时，应打开开关，以免产生负压，损坏池子。

3. 安全用气

（1）沼气池刚产气时，沼气中甲烷含量低，电子打火还不能点燃，要先点燃引火物，再扭开开关，先开小一点，待点燃后再全部打开。

（2）沼气灯、灶具和输气管，不能靠近柴草等易燃物品，以防失火。一旦发生火灾，应立即关闭开关，切断气源。

（3）禁止在沼气池导气管口和出料口或输气管口点火，以免引起回火，炸坏池子，危害生命财产。

（4）如果在室内闻到臭鸡蛋气味时，应迅速打开门窗，进行扇风、鼓风，将沼气排出室外。这时，千万不能使用火柴、油灯、蜡烛、打火机等明火，以防引起火灾。当臭鸡蛋气味完全消失后，才可使用明火。

4. 安全出料、检修

（1）下池出料、检修，一定要做好安全防护措施。揭开活动盖后，要先出掉池内部分料液，使进料口、出料口、活动盖三口都通风，并用鼓风的办法迅速排出池内沼气。然后用小动物（青蛙、鸡、鸭、兔等）放入池内，观察 10～15 分钟，如动物活动正常，方可入池，但必须继续鼓风。如动物出现异常反应，甚至昏迷，表明池内严重缺氧或有残存的毒性气体，这时，严禁人进入池内。每年大出料必须使用机具出料，人不下池，既方便，又安全。

（2）下池检修的人员，腋下要拴上牢固结实的安全绳，池外要有身强力壮的人看护。一旦下池人员有头晕、发闷等不舒适的感觉，看护人员要立即拉安全绳，将人救出池外。

（3）揭开活动盖时，不要在沼气池周围点火吸烟。进池出料、维修，只能用手电筒照明或用镜子反光照明，禁止使用明火。

（4）禁止向池内丢明火，烧余气，防止失火、烧伤或引起池子爆炸。

第二部分　畜牧篇

第一章　养鸡技术

养鸡这一行业不是那么容易赚钱，也不是靠钱多就能有利润的，应当依靠科学，合理管理，这样的养鸡场才会有好的发展。从政策方面来看，国家对规模化养殖场扶持力度也相当大，这样在减少鸡病传播，利于控制，避免行业的"一哄而上，一涌而下"等方面起到了推动性发展。同时随着人们对绿色食品的追求，农业再次被重视，规模化、现代化、技术化、科学化、健康化、绿色化养鸡是社会发展的必然趋势。

一、养鸡场场地的选择要点

建造一个鸡场，首先要考虑选址问题。而选址，又必须根据鸡场的饲养规模和饲养性质（饲养商品肉鸡、商品蛋鸡还是种鸡等）而定，场地选择是否得当，关系到卫生防疫、鸡只的生长以及饲养人员的工作效率，关系到养鸡的成败和效益。场地选择要考虑综合性因素，如面积、地势、土壤、朝向、交通、水源、电源、防疫条件、自然灾害及经济环境等，一般场地选择要遵循如下几项原则。

（1）符合养殖业规划布局的总体要求，建在规定的非禁养区内。

（2）符合生态环境保护和动物防疫要求。

（3）符合县土地利用总体规划和城乡发展规划。

（4）建在地势平坦、地势干燥、通风向阳、水源充足、水质良好、排污方便、交通便利、供电稳定、无污染、无疫源的地方，处于村庄常年主风向的下风向。

（5）距铁路、县级以上公路、城镇、居民区、学校、医院等公共场所 500 米以上。

（6）距生活饮用水源地、屠宰场、畜产品加工厂、畜禽交易市场 500 米以上，距离种畜禽场 1 000 米以上，距离动物诊疗场所 200 米以上，规模养殖场（小区）之间距离不少于 500 米。

（7）距离动物隔离场所、无害化处理场所 3 000 米以上。

二、应掌握鸡的生理特点

鸡属于鸟类，有其特殊的消化器官：由口腔、食道、嗉囊、腺胃、肌胃、小肠、大肠和泄殖腔组成。

口腔、食道、嗉囊：鸡的口腔没有牙齿，依靠坚硬的喙采食物。鸡的嗉囊为薄壁的腹侧囊状憩室，位于食道刚要进入胸口部之前，紧贴皮肤。

腺胃和肌胃：腺胃容积小，消化腺发达，能分泌大量的蛋白分解酶和盐酸。肌胃又叫砂囊，肌胃内有砂砾来研磨食物，不能分泌胃液。

小肠、大肠、泄殖腔：小肠和肌胃相连，是食物消化的主要场所。大肠较短，包括 1 对盲肠和一段短的直肠。鸡的盲肠呈细长分叉状，位于大肠和小肠连接处；结肠和直肠：主要吸收水分，末端开口于泄殖腔，排出粪便。

鸡的呼吸系统由鼻、喉、气管、支气管、肺、气囊组成。

鼻孔有膜质鼻盖，鼻腔狭窄，支气管分叉处狭窄；肺的体积较小，肺内支气管形成互相联通的管道，不论吸气或呼气，非内均可进行气体交换；喉无声带；气囊不具有气体交互作用，而是由于贮存气体，缺乏淋巴组织，气管较长较粗，在皮下伴随食道下行，至心基上方分两条支气管，分叉处形成发生器——鸣管，气管环数目很多，禽气管又是通过蒸发散热以调节体温的重要部位。

生长迅速：肉用仔鸡 7 周龄即可上市；性成熟早：130～150日龄即可开产；繁殖力强：一只母鸡年产蛋 300 枚左右，平均出雏率 70% 以上。

三、鸡常见病的防治

1. 中暑

鸡中暑又称热衰竭，是日射病（源于太阳光的直接照射）和热射病（源于环境温度过高、湿度过大，体热散发不出去）的总称，是酷暑季节鸡的常见病。本病以鸡急性死亡为特征。一般气温超过36℃时鸡可发生中暑，环境温度超过40℃，可发生大批死亡。

流行特点：本病发生急剧，死亡迅速，死亡量大，据有关资料显示，当外界温度达27℃时，成年鸡便开始喘息，当温度达到33℃时，肉鸡处于热应激状；当温度达到35℃时，持续10分钟，就有肉鸡死亡，死亡时间多集中在上午10时至16时，夜间死亡多因通风不畅引起。

主要临床症状是鸡表现呼吸急促，张口喘气，两翅张开，发出"咯咯"声；鸡冠、肉髯先充血鲜红，后发绀（蓝紫色），有的苍白；饮水量剧增，采食下降，重者不能站立，体温升高45～46℃，排绿色粪便，触诊腋下与胸腔部高热灼手，最后虚脱惊厥死亡，且多为肥胖大鸡，嗉囊内有大量的水。

剖检变化：心冠脂肪有点状出血，腹部脂肪油出血点，肝脏针尖状出血点，心外膜及腹腔器官表面有稀薄的血液，肺因呼吸衰竭颜色发深充血，水肿；剖检颅腔，大脑有出血点。

防治：

（1）降低饲养密度，减少面积鸡的饲养量，标准化鸡舍建议8只/平方米，散棚6只/平方米。

（2）加大风量，提高风速，保证良好的通风，开放式鸡舍，在温度升高后可用凉水喷雾，每2～4小时喷1次一般可降低4～7℃，封闭式鸡舍采用风机，湿帘系统降温。

（3）强化饲养管理，增强鸡的调节功能，可在饲料中加适量维生素C、维生素E、维生素K及生物素等抗应激药物，在饮水中加小苏打，按1%比例，同时，降低饮水温度，饮用深井水（深井水温8~10℃），勤换水，保证饮水充足清洁。

（4）及时救治。一旦发现鸡卧地不起并呈昏迷状态，应尽快将其移至阴凉通风处，用冷水喷雾使浸湿鸡体，并在鸡冠、翅翼部位放血，以免发生休克死亡。同时喂饮应激速安水溶液，成年鸡每只每次口服仁丹1粒，一般会迅速康复。

2. 传染性喉气管炎

鸡传染性喉气管炎是由疱疹病毒引起的一种急性呼吸道传染病。其特征是呼吸困难、咳嗽和咯出含有血液的渗出物。可引起死亡和产蛋率下降，各种年龄鸡均可感染，育成鸡和产蛋鸡多发。

流行特点：本病主要侵害鸡，各种年龄及品种均可感染，但以成年鸡（14周龄以上）症状最为特征，病鸡和康复后的带毒鸡是主要传染源。病毒存在于气管和上呼吸道分泌液中，通过咳出血液和黏液而经上呼吸道传播。鸡群拥挤、通风不良、饲养管理不好、缺乏维生素和寄生虫感染等，都可促进本病的发生和传播。秋、冬季节多发。发病突然，群内传播迅速，群间传播速度较慢，感染率高，但致死率较低。

临床症状：大部分鸡群先表现眼睛流泪，鼻腔流出半透明状渗出物，其后表表现为特征性的呼吸道症状，即呼吸时发生湿性罗音，咳嗽，有喘鸣音。病鸡蹲伏地面或栖架上。每次吸气时头和颈向前、向上、张口，呈尽力吸气的姿势，有喘鸣叫声。继而病鸡呼吸困难，呼吸时发出湿性罗音，咳嗽喘气，咳出带血的黏液，口腔检查时，可见喉部黏膜上有淡黄色凝固物附着，不易擦去。有时排绿色稀粪，产蛋量下降或停止。

病理变化：病变主要在喉头和气管，喉部黏膜肿胀，有出血斑，并覆盖含黏液分泌物，鼻孔蓄积黏性渗出物，气管黏膜出血，管腔中有数量不等的血液和带血丝的渗出物。上部气管较下部气管出血严重。

防制：对该病的预防要加强饲养管理，减少鸡群的密度，改善鸡舍通风条件，降低鸡舍内有害气体的含量，做到全进全出，严禁病鸡引入等，要做好消毒工作，可用百毒杀1：3 000倍稀释，每周一次饮水。同时要做好疫苗接种工作，对于发病初期，可紧急接种传染性喉气管炎活疫苗。同时全群使用化痰、抗菌消炎药物治疗，可快速控制病情。

3. 鸡球虫病

鸡球虫病是一种危害极大的肠道寄生性原虫病。本病多发生在气候温暖、降水较多的夏秋季节。各种鸡均可感染，以15～50日龄的雏鸡多发，死亡率可高达50%～80%，成年鸡因重复的小剂量感染而使这些鸡群建立了有效的主动免疫。故发病率、死亡率较低。

流行特点：本病主要发生于3月龄以内的雏鸡，15～45日龄最易感染，且发病率和死亡率均很高。11日龄以内的雏鸡很少发生，成年鸡多为带虫者。本病一年四季均可发生。

主要症状：病鸡拉带血稀粪便，贫血，精神沉郁，羽毛蓬松，头卷缩，食欲减退。成年鸡无临床症状，增重下降，产蛋不均匀，产蛋量下降。

剖检：病变主要在盲肠和小肠，可见肠炎，肠壁增厚，盲肠重大，出血严重，内含有血凝块，小肠肠壁内充满血液，粗度增加，长度减短。

防治：搞好鸡舍环境卫生，保持舍内干燥；1～3天清除场内粪便一次；定期对鸡舍清洗消毒。

药物预防：氨丙啉、复方敌菌净、球痢灵、氯苯胍、球必克等抗球虫药治疗，同时可配合青霉素、链霉素、盐霉素等抗菌药物，可促进肠道功能的恢复。

4. 鸡传染性支气管炎

鸡传染性支气管炎是由传染性支气管炎病毒引起鸡的一种急性高度接触性呼吸道传染病。其临诊特征是呼吸困难、发出罗音、咳嗽、张口呼吸、打喷嚏。

流行特点：本病无季节性，传播迅速。各种年龄的鸡都可发病，以雏鸡最为严重。主要传播方式是病鸡从呼吸道排出病毒，经空气飞沫传染给易感鸡。也可通过消化道传染。

临床症状：鸡群突然出现呼吸症状并迅速波及全群，表现饮食减少，咳嗽喷嚏喘气，呼吸困难。蛋鸡产蛋率明显下降，产软蛋，畸形蛋，蛋壳粗糙，蛋白稀薄如水。

剖检变化：病变主要在气管和支气管。气管与支气管交界处有黏性或干酪样渗出物堵塞，鼻腔和窦内有浆液性渗出物。幼鸡输卵管发育受阻，性成熟时不产蛋。产蛋母鸡腹腔出血，卵泡充血变形。可发现液状的卵黄物质。

防制措施：

（1）该病主要通过空气传播，经呼吸道感染，冷应激是发病诱因。根据这一流行特点，在低温季节，特别是突然降温及多风时，对雏鸡群和青年鸡群应加强护理，适当提高室温，带鸡喷雾消毒。一旦鸡群出现甩鼻、咳嗽、气喘等呼吸道疾病症状时，应及时投喂广谱抗菌药物，提高机体的抗病能力，但应注意此时不能应用容易损伤肾脏的药物。

（2）对地面平养的肉仔鸡，除以上措施外，还应加厚垫料，扩大饲养空间，酌情适时扩群，降低饲养密度。在注意保温的基础上，加强通风供氧，减少有害气体，还可用醋酸喷雾或加热熏蒸等方法，净化空气，增加湿度，减少粉尘类病原载体物的飞扬。

（3）搞好免疫接种是控制本病的关键。一般免疫程序为 7 日龄 21 日龄分别接种一次 H120 和 H94，35 日龄接种 H52。产蛋鸡定期用新城疫支气管二联苗饮水免疫，预防效果比较理想，同时鸡舍要注意通风换气，防止过挤，注意保温，加强饲养，补充维生素和矿物质饲料，增强鸡体抗病力。

（4）对症治疗发病鸡群，促进康复，减少损失。

5. 鸡新城疫

鸡新城疫又叫亚洲鸡瘟，俗称鸡瘟，是由鸡新城疫病毒引起的鸡的一种高度接触性、急性、烈性传染病。常呈现败血症经过，主要特征是呼吸困难，下痢，神经机能紊乱，黏膜和浆膜出血。

流行特点：本病一年四季都可发生，以春秋季多发，各种日龄的鸡均可发病，幼雏和中雏易感性最高，病鸡以及流行间歇期的带毒鸡是主要传染源，传播途径主要是呼吸道、消化道、鸡蛋，发病率和病死率可达90%以上。

临床症状：最急性型无特征症状突然死亡。多见于流行初期和雏鸡。

急性型：病程4~5天，病鸡体温升高达43~44℃，突然减食或不食，鸡冠和肉垂呈深红色或紫黑色，羽毛松乱，精神萎靡，垂头缩颈或翅膀下垂，倦怠嗜睡，嗉囊积液，呼吸困难，发出咯咯声，倒提时常有大量酸臭液体从口内流出，粪便稀薄，呈黄绿色或灰白色。有的鸡还出现翅、腿麻痹等神经症状。病的后期，体温下降，不久死亡。病程多为2~5天。

慢性型：病初症状与急性大致相同，不久可出现神经症状、腿或翅麻痹、跛行，头劲扭转，运动失调，反复发作，终于瘫痪或半瘫痪。产蛋鸡产蛋率下降及腹泻。

剖检变化：腺胃黏膜水肿，乳头间有出血点，肌胃角质层下出血，嗉囊充满酸臭味的稀薄渗出物，产蛋母鸡卵泡和输卵管充血，卵泡膜易破裂以致卵黄流入腹腔引起卵黄性腹膜炎。

防治：加强饲养管理，提高鸡的抗病力和对免疫的应答。严格隔离消毒，切断传播途径。大中型鸡场应执行"全进全出"制度，谢绝参观，加强检疫，防止动物进入易感鸡群，工作人员、车辆进出须经严格消毒处理。

定期给鸡群接种新城疫疫苗，一般按常规程序接种，均可控制好本病，但必须搞好饲养管理和卫生消毒工作，控制其他病的发生，才能使机体产生坚强的免疫力，免疫程序为 7 日龄、22 日龄、35 日龄各进行 1 次新城疫 IV 系疫苗免疫接种，60 日龄、120 日龄各注射新城疫 I 系疫苗 1 次，130 日龄注射 1 次新减二联油苗。

第二章　养羊技术

羊活泼，行动敏捷，喜欢游走，善于登高。喜欢群居，个体离群后会鸣叫不安。不吃脏饲料。对杂草、野菜、秸秆、树叶等均采食，不喜欢连续采食单一草料。爱干燥，怕潮湿，喜阴怕热，采食量大，生长快。根据羊的这一特性，应将羊舍建在地势高燥、排水良好，向阳的地方，另外还要合理布局羊舍，以免传染性疾病发生。

一、中毒

羊与其他动物一样，有时不能辨别有毒物质而误食，从而引起中毒。一旦发现羊中毒，首先要查明原因，及时进行救治。中毒病的一般治疗原则如下。

（1）排除毒物。中毒的初期可用胃导管洗胃，用温水反复冲洗，以排除胃内容物。如果中毒发生的时间较长，应及时灌服泻剂。常用盐类泻剂，如硫酸钠（芒硝）或硫酸镁（泻盐），剂量一般为50～100克。大多数有毒物质常经肾脏排泄，所以利尿对排毒有一定效果，可使用强心剂、利尿剂，内服或静脉注射均可。

（2）使用特效解毒药。确定有毒物质的性质，及时有针对性使用特效解毒药，如酸类中毒可服用碳酸氢钠、石灰水等碱性药物；碱类中毒常内服食用醋；亚硝酸盐中毒可用1%的美蓝溶液按每千克体重0.1毫升静脉注射；氰化物中毒可用1%的美蓝溶液按每千克体重1.0毫升静脉注射；有机磷农药中毒时可用解磷定、氯磷定、双复磷解毒。

（3）对症治疗。为了增强肝、肾的解毒能力，可大量输液；心力衰竭时可用强心剂（洋地黄类）；呼吸困难时可使用舒张支气管、兴奋呼吸中枢的药物（尼可刹米等）；病羊兴奋不安时，可使用镇静剂（巴比妥类药）。

二、食道梗塞

食道梗塞又称口噎，是指食物或异物阻塞于食道而不能咽下的一种急性疾病。

因饥饿或管理不善，致不经咀嚼即吞食马铃薯、胡萝卜、豆饼块等。堵塞后采食过程中突然停食，头颈伸直，口流涎。严重时饮水从鼻流出，不嗳气，不反刍，呼吸困难，瘤胃臌胀，如阻塞物在颈部食道，可从气管上方摸到。若救治不及时会窒息死亡。发生食道梗塞时，应尽早排除堵塞物。如果堵塞物在咽部，则可用手或镊子夹出；如果堵塞物在深部食道，则先用胃导管灌入 2% 普鲁卡因溶液 50 毫升，经 8~10 分钟后，再向食管内灌入液体石蜡油 50 毫升，然后用胃导管向下推送堵塞物，一旦将堵塞物送入瘤胃，即可解除梗塞。如颈部食道梗塞物不能移动取出，用手术切开食道取出。

三、前胃弛缓

前胃弛缓是反刍动物前胃兴奋性和收缩力量降低的疾病。临床特征为食欲、反刍、嗳气紊乱，胃蠕动减弱或停止，可继发酸中毒。前胃迟缓属于中兽医"脾虚慢草"的范围，是由于饲养不良，劳役过度，致使脾脏亏虚，水草迟细的一种疾病，是反刍动物常发病之一。患有前胃弛缓的病羊，食欲减退或不食，嗳气酸臭，经常空口磨牙、反刍无力、反刍次数减少或停止反刍，时间长后则逐渐消瘦，严重者表现贫血甚至死亡。

（1）促进反刍。可静脉注射 10% 氯化钠 20 毫升、10% 安纳咖 5 毫升、生理盐水 100 毫升。

（2）促进瘤胃蠕动。皮下注射硫酸新斯的明 2 毫升，每隔 6 小时注射 1 次，直到恢复瘤胃蠕动；也可内服吐酒石（酒石酸锑

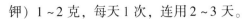

钾）1~2克，每天1次，连用2~3天。

（3）恢复瘤胃内微生物群系。可肌内注射反刍灵10毫升。

四、瘤胃臌气

羊吃了大量易发酵的饲草、饲料，如幼嫩多汁的青草，或霜冻的饲料、酒槽、霉败变质的饲料，或抢食精料过多时，均可导致瘤胃内容物大量产气。发病后可见病羊左肷部膨胀，腹壁紧张而有弹性，叩击时呈鼓音，病羊呼吸困难，呼吸次数增多，全身出汗，眼角膜潮红，个别发紫．羊表现不安、拱背、回头顾腹、咩叫、两后肢不时地踢肚。救治时以排除瘤胃内气体，制止瘤胃内容物进一步发酵产气为主。

（1）排气。病羊采取前高后低的站立姿势，用鱼石脂涂在椿木棒上横放在病羊口中，两边固定使嘴张开，有规律的压在胁腹部，以排除胃内气体。

（2）制止发酵。放气后，顺便注入0.5%的普鲁卡因青霉素80万~240万单位或酒精20~30毫升。

（3）导泻。石蜡油30~100毫升、鱼石脂3克、酒精10毫升，加水内服。

（4）输液。根据需要可选用等渗葡萄糖盐水500毫升、小苏打10毫升、安钠咖2毫升，混合静脉注射。

（5）土方液灌服。大蒜250克，去皮、捣碎，加食醋500克、白酒100克，并对水适量，一次灌服。

五、瘤胃积食

羊突然采食大量半湿不干的花生秧、地瓜秧等之后又缺乏饮水，可引起瘤胃积食；另外发生瓣胃阻塞、真胃阻塞和肠阻塞时，也可继发瘤胃积食。积食后的羊不反刍、不吃草，回头看腹，摇尾，后蹄踢腹，起卧不安，打滚，常呈右倒卧；左腹明显增大，触诊瘤胃内容物呈面团状有压痕，或充血坚实。病羊作排粪姿势，拱背，呼叫。听诊瘤胃蠕动极弱或消失。

治疗羊的瘤胃积食以排出瘤胃内容物、止酵防腐、促进瘤胃蠕动、解除酸中毒为宗旨，可采用以下几种方法。

（1）禁食疗法。禁食 1～2 天，不限制饮水，适当运动，同时在羊的左肷部用手掌按摩瘤胃，每次按摩 5～10 分钟，每天按摩 5～10 次，可以刺激瘤胃，使其恢复蠕动。

（2）促进反刍。静脉注射 10% 的高渗盐水 100～200 毫升，同时皮下注射硫酸新斯的明或毛果芸香碱拟胆碱药物，每只羊每次 12 毫升，1 天 2～3 次，以促进胃肠蠕动。直接取健康羊反刍液导入病羊胃内，促使其尽快反刍。

（3）强心补液缓解酸中毒。可用 5% 碳酸氢钠 100 毫升灌入输液瓶，另加 5% 葡萄糖 200 毫升，静脉一次注射；或用 10% 氯化钠溶液 500 毫升、10% 安钠咖注射液 10 毫升、5% 碳酸氢钠溶液 100 毫升，一次静脉注射。

（4）手术治疗。对于比较严重的病羊，即可切开瘤胃，取出瘤胃内容物，以缓解积食。

六、感冒

感冒是机体由于受风寒侵袭而引起的上呼吸道炎症为主的急性全身性疾病。以流涕，流泪，呼吸增快，温度不均为特征。一年四季均发，气候多变易发。

治疗时可选用以下几种药物：复方氨基比林 5～10 毫升、30% 安乃近 10 毫升、大青叶注射液 4～8 毫升、柴胡注射液 4～8 毫升、病毒唑注射液 2～4 毫升，肌内注射；病重继发感染的可用青霉素或链霉素 4 000 单位/千克体重、20 毫克/千克体重，0.9% 氯化钠生理盐水 300～1 000 毫升，配合清热解毒针 10～20 毫升，静脉滴，每天一次。

第三章　羊瘤胃臌气症状与治疗

羊瘤胃臌气一般是因采食了大量容易发酵的饲料，产生大量气体，造成瘤胃内气体排除困难，气体在瘤胃内迅速积聚，膈与胸腔受到压迫，引起羊呼吸与血液循环障碍甚至窒息死亡的一种疾病。如因羊过量食入幼嫩的豆苗、麦草、紫花苜蓿或喂大量多汁的饲草饲料，容易引发该病。

一、症状

腹围增大，左肷部凸起，触诊有弹性，叩诊为鼓音，听诊蠕动音亢进或减音，有时为金属音，低头拱背、呻吟、腹痛、回头顾腹、呼吸困难；起卧不安、出汗、不吃不喝、不反刍；结膜呈紫红色，眼球突出，脉快而弱，但体温正常，口吐白沫，虚乏无力，四肢颤抖，站立不稳。

二、治疗

1. 排气

病羊采取前高后低的站立姿势，用鱼石脂涂在短木棒上，横放在病羊口内两边固定，使嘴张开，有节奏地按摩和按压左肷部，排除胃内气体，严重时有窒息的危险，要立即瘤胃穿刺放气。部位：左侧肷部的髋结节至最后肋骨的中点处，局部剪毛消毒，用外科刀将皮肤切一小口，用羊的套管针，垂直刺入瘤胃，抽出针芯将气体排出，但不要一次排空，要间断排气，以防引起缺氧性休克。

2. 制酵

氧化镁，每千克体重用 0.5 ~ 0.8 克加入水溶解口服。消炎片，20 ~ 30 片（每片含二甲硅油 25 毫升及氢氧化铝 40 毫克）研末，加水溶解后 1 次口服。

3. 导泻

石蜡油 30 ~ 100 毫升，鱼石脂 3 克，酒精 10 毫升，加水内服。

4. 输液解毒

根据需要可选用等渗葡萄糖盐水 200 ~ 500 毫升，小苏打 10 毫升，安纳咖 2 毫升，混合静脉注射。

5. 土方

打算 250 克，去皮捣碎，加食醋 500 克，白酒 100 克，并对水适量，一次灌服、每日 1 次连用 2 ~ 3 天。

现提醒养殖户：放牧前要喂些干草，不过量给易发酵和产气的草料，特别是霉败变质的饲料。放牧时发现有羊臌气，应将其赶到青草较少的地方，以防引发此病。

第四章 狐狸养殖常见病防治技术

狐属食肉目犬科，是重要的毛皮兽。狐狸，具有长长的针毛和柔软纤细的下层绒毛，通常毛色呈浓艳的红褐色或高贵的白色。尾部蓬松，尾稍呈白色，耳部及腿部为黑色，耳朵很尖，长相和犬相似。狐是肉食性动物，主要以鼠类、鱼、蛙、蚌、虾、蟹、蚯蚓、鸟类及其卵、昆虫以及健康动物的尸体为食。在人工饲养条件下，以配食饲料为主，在重要饲养阶段，补饲一些动物肉杂碎如肠、胃、头、骨等作为饲料，即可基本满足狐的需要。

为提高狐皮质量和经济效益，养狐场应制定有效的卫生与防疫措施，减少或杜绝狐狸发病，必须在日常的饲养管理中，坚持防重于治的原则。

一、犬瘟热

犬瘟热是一种分布于世界各地主要发生于犬科、鼠科和浣熊等动物的疾病。有高度接触传染性，以复相热型、急性鼻卡他以及随后的支气管炎、卡他性肺炎、严重的胃肠炎和神经症状为特征。原发性病原为一种病毒，但自然病例所见很多病变是由于细菌性并发症引起的。

流行病学：犬瘟热病毒属副黏病毒科麻疹 病毒属，是一种单链 RNA 病毒。在室温下，该病毒相对不稳定，尤其对紫外线、干燥及 $50 \sim 60℃$ 以上的高温敏感。在冷冻条件下，该病毒可存活数周。多数常规消毒均可将其杀灭。

犬瘟热是对幼兽危害最严重的疾病，本病在狐、水貂等皮毛兽养殖场，可引起自然流行，造成严重损失。貂和貂鼠人工感染可发病。雪貂对犬瘟热病毒特别易感，自然发病的病死率常达 100%，因此常用雪貂作为本病的实验动物。人类或其他家畜对本病无易感性。

本病主要通过飞沫传播。在早期发热阶段，眼、鼻的浆性分泌物中含有大量病毒与病兽在同一室内的受传染。病兽的尿粪亦含有病毒，可通过污染物体传播本病。尚未发现本病可由节肢动物媒介传播。

症状：病初通常表现上呼吸道症状，眼、鼻流水样分泌物，倦怠，食欲缺乏，发热可达 39.5~41℃。分泌物在 24 小时内可变为脓性。初次体温升高持续约 2 天，然后下降至接近常温达 2~3 天，此时病畜似有好转，可吃食。第二次体温升高可持续数周，病情又恶化，废食，常出现呕吐和并发肺炎。严重病例可出现恶臭下痢，粪呈水样，混有黏液性血液。病畜体重迅速减轻，萎靡不振，也有神经症状为主，表现萎顿、肌痛、肌阵挛、共济失调、圈行、癫痫状惊厥和昏迷。病死率很高。

诊断：有浓稠的眼分泌物，流鼻涕，打喷嚏，脚掌发硬肿大，干裂，挠扒嘴，皮肤脱稍，拉稀，恶臭气味等可做初步诊断，确诊须经实验室诊断。

治疗：目前无特效治疗药，发病早期可应用抗血清。对症疗法，补液、镇静、抗细菌继发感染。

预防：疫苗接种，应用犬瘟热疫苗进行特异性免疫接种是预防本病的根本方法，仔狐断奶后首次免疫，6 个月再免疫一次，成年狐每年免疫一次。发病场应对所有的健康狐进行紧急接种，平时要注意消毒和隔离，严禁犬及其他动物进入，新购入的种狐应隔离观察 15 天，确实无病经接种疫苗后方能进场合群。

二、子宫内膜炎

本病多发在成年或青年狐交配后的 7~14 天，病狐精神极度不振，鼻镜干燥，不安易惊，体温升高，常从阴道排出浆液性或化脓性分泌物，有时混有血液。这时需要经腹壁触摸检查子宫，如果感觉子宫扩大，敏感，收缩缓慢，可以确诊。

治疗：0.1%的高锰酸钾液或0.1%的新洁尔灭溶液冲洗子宫，每天一次，连用2~4天。

可选用庆大霉素及甲硝唑合用，以对大肠杆菌及其他需氧菌和多种厌氧菌均有有效的治疗作用。可用庆大霉素20毫克，肌内注射，每8小时1次，加甲硝唑片0.1克，每日3次口服；病情严重者，可采取静脉途径给药，以迅速控制炎症，青霉素160万~240万单位加入生理盐水500毫升中每日一次静脉滴注。

三、乳房炎

乳房炎又名乳腺炎，是乳腺受到机械的、物理的、化学的、生物学的因素作用而引起的炎症。临床上乳房感染的部分肿胀发红，有热和痛。触之硬固，乳房上淋巴结肿大，产奶量减少。轻症者，初期乳汁变化不大，以后逐渐变成稀薄并带有絮状物，由少而多。重症者乳房肿胀很大，产奶量减少，体温升高，饮食大减甚至废绝，精神萎顿。拒绝仔狐吃奶。

治疗：

（1）炎症初期进行冷敷，制止渗出。2~3天后可行热敷，促进吸收，消散炎症。

（2）0.25%普鲁卡因2毫升；青霉素30万单位混合，乳房周围分多点注射，连用3~5天。

（3）青霉素160万单位；链霉素160万单位；生理盐水500毫升；一次静脉注射，每天1次，连用3次。

（4）对于化脓乳房炎要及时切开引流，排出积脓。

四、感冒

感冒是由于受寒冷的影响，机体的防御机能降低，引起以上呼吸道感染为主的一种急性热性病。如受贼风侵袭、被雨淋风吹、突然受凉、气候骤变或圈舍潮湿阴冷等均可引起。病狐精神沉郁，食欲减退，体温升高，流泪、流涕，结膜潮红。

治疗：本病治疗应以解热镇痛为主，可选用复方氨基比林、安乃近、安痛定等注射液，如果体温不下或症状未减轻可适当配合抗生素或磺胺类药物。

五、自咬症

自咬症是食肉动物的一种慢性疾病。表现高度兴奋，反复发作，周期长短不一。发作时咬住尾巴、臀部、后肢等，并发出尖叫声咬伤皮肤，撕裂肌内，造成流血、断尾。但每个自咬狐自咬的位置不变，总是一个地方。

治疗：盐酸氯丙嗪25毫克/只，内服，2次/天。

乳酸钙1克，复合维生素B 0.2克，葡萄糖粉1克，研碎混入饲料中喂病狐。

病狐咬伤的部位，用双氧水清理后，涂以消炎药即可。

继发感染的病狐，每千克体重5万单位青霉素，肌内注射，2次/日。

第五章　猪常见病预防与治疗

近年来鸡泽县的生猪、肉牛数量趋于缓慢上升趋势，基本上比较平稳，目前全县生猪存栏大约 10 万头，肉牛存栏 5 000 头左右，疫病的发生一直是养殖户最头疼的问题，往往因为饲养管理、对疫病没有及时进行正确的治疗等原因造成一定的经济损失，有的甚至血本无归。现就鸡泽县实际情况，经常发生的一些疫病做如下介绍。

一、猪瘟

猪瘟俗称"烂肠瘟"，国外称为猪霍乱，是一种由猪瘟病毒引起的具有高度传染性的疾病，急性以出血性败血症，慢性以纤维素坏死性肠炎为其特征，发病率与死亡率高，流行于世界各地，本病一年四季均可发生。

猪瘟的临床特性：猪瘟分为 3 种类型：最急性、急性和慢性。

最急性猪瘟，病猪无明显症状，突然死亡，病程一般为 1 天左右，可见体温高达 41～42℃，食欲减少或不食，一般无明显的病理变化，在临床上很难诊断。

急性猪瘟，这是常见的类型，体温升高 40.5～42℃，不食、少食、精神沉郁、被毛粗乱，喜喝脏水、喜卧、寒战怕冷、喜钻草窝，便秘和拉稀交替出现、粪便恶臭、带肠黏膜，眼结膜有小的出血点，鼻黏膜也常见发炎，耳后、腹部、四肢内侧皮毛薄的地方，出现大小不等的紫色斑点，指压不退色，公猪的包皮发炎、阴鞘积液，用手挤压时，有恶臭浑浊液体射出，有的病猪有神经症状，表现局部麻痹，运动失调，昏迷和惊厥等现象。

慢性猪瘟，多由急性转来，症状很不规则，体温时高时低，食欲时好时坏，便秘与腹泄交替发生，病猪消瘦，腹部缩起，精神委顿，行走不稳，病程长，死亡率低，症状较轻的仔猪康复后常发育成"僵猪"。

病理变化：皮下脂肪有出血或出血斑，淋巴肿大，呈暗紫色，切面周边出血，或红白相间，构成所谓大理石样，肾脏不肿大，色淡或土黄色，肾盂、肾乳头，甚至输尿管有针尖状出血点，脾脏不肿大，被膜上特别是边缘有小丘状出血，脾脏边缘有暗紫色的出血性梗死，喉头黏膜、会厌软骨、膀胱黏膜、心外膜、肺膜、肠浆膜等有出血点，病程长的，盲肠、结肠及回盲口黏膜发生纤维素性坏死性炎，通常称为纽扣状溃疡。

治疗：除早期应用抗猪瘟血清有一定疗效外，本病尚无有效药物治疗，抗猪瘟血清用量是每千克重 1~2 毫升，皮下、肌内或静脉注射，由于抗猪瘟血清成本高，治疗猪瘟用量较大，不经济，因此，除对价值较高的种猪外，较少应用。

二、猪丹毒

本病是由猪丹毒杆菌引起的猪的一种急性、败血性传染病，其特征为高热和皮肤上形成大小不等，形状不一的紫红色疹块，俗称"打火机"病。

猪丹毒的临床症状：猪只不食、体温高达42℃，皮肤薄的地方出现大小不等的红斑，指压红色暂时消退，亚急性的背、胸、腹侧及四肢皮肤上出现深红、黑紫色、大小不等的疹块，有的形状方形、圆形、菱形，手触疹块有热感，很像烙印，顾有"打火印"之称。特别是白猪比较容易看见，如及时治疗，疹块会结痂脱落而转归。

解剖变化：淋巴结急性肿大，有出血点，胃底部及小肠（主要是十二指肠和空肠前段）黏膜红肿，上覆盖粘液及血，大肠无明显变化，脾脏肿大，呈紫红色，肾脏肿大，呈不均匀的紫红色，切面皮质部呈红黄色，心内膜出血，心包积液，慢性的左心房、室瓣（二尖瓣）上出现典型的菜花样赘生物。

治疗：以杀灭猪丹毒杆菌，消除体内病变部位炎症为治疗原则。可用抗猪丹毒血清，病初应用，效果良好，仔猪 5～10 毫升，3～12 月龄猪 30～50 毫升，成年猪 50～70 毫升，皮下或静脉注射。

大剂量青霉素的治疗效果甚佳，尤其是在病初应用，效果更为可靠，当青霉素与血清同时应用，则疗效更佳，此外，土霉素、金霉素和四环素也有较好的治疗效果。

三、猪肺疫

本病的病原是猪巴氏杆菌病，俗称"锁喉风"或叫"肿脖子瘟"，是一种急性败血病，以咽喉和肺炎为主要症状，本病常年均可发病，没有明显的季节性。

临床症状：体温高到 41℃ 左右，初期干咳，食欲减少或不食，鼻孔流出浆性或脓性分泌物，呼吸困难，伸颈张口喘息，呈犬坐势呼吸，精神沉郁，可视黏膜发绀，皮肤薄的地方出现紫红斑，咽喉发炎，颈部肿大，叫声嘶哑。

解剖变化：肺部炎症明显，肺小叶间质水肿增宽，有不同时期的肝变期，支气管内充满分泌物，胸腔和心包内积有很多淡红色浑浊液体，胸部淋巴结肿大，出血。

治疗：以杀灭巴氏杆菌为主要原则，辅以宣肺，治疗药物，由于本病病原对有些药物产生耐药，在治疗上要灵活用药，抗生素选用的种类很多，可用 β－内酰胺类的，也可用氨基糖苷类：如硫酸阿米卡星，辅药用双黄连，中药可用麻杏石膏汤：麻黄去节 15 克（去节），杏仁 20 克，石膏 30 克，甘草 10 克，本病可治愈。

四、猪喘气病（支原体病）

本病主要是由支原体引发，是猪的一种慢性、接触性传染病，近几年来由于引种从外地带来，在我县很多地方都比较多见。

临床症状：主要以干咳气喘为主，特别是气候突变的情况下发病，本病对猪致死率低，主要影响猪只的生长，导致猪死亡主要是严重的肺部感染。

解剖变化：本病的主要病变在肺部和肺门及纵隔淋巴结，全肺显著膨大，有不同程度的水肿和气肿，在心叶、尖叶、中间叶及部分病例，隔叶呈现融合性支气管肺炎变化。

治疗：本病很难选择较理想的药物，对杀菌剂不敏感，如β-内酰胺类的头孢菌素、青霉素不敏感，只能用抑菌剂如大环内脂类的、红霉素、泰乐菌素、泰妙菌素、四环素、氟喹诺酮类的、恩诺沙星、恩氟沙星等，最好用中草药配合治疗效果较好。中药治疗，知母散：知母20克，栀子25克，紫菀15克，桔梗15克，杏仁15克，牛蒡子15克，瓜蒌根20克，百部15克，大腹子15克，粟壳25克，甘草10克，此方经笔者多次使用效果较为理想，多服几剂能根治。

五、仔猪黄白痢

仔猪黄白痢在母猪养殖中危害程度较大，很大程度上影响了仔猪生产，可以说由十严重的仔猪黄白痢使我县个别猪场损失严重。所以对本病要高度重视。

黄痢 是初生仔猪的急性、高发性、高度死亡率的传染病。

原因：本病发生的因素较多，但主要是大肠杆菌所致。

带菌母猪是主要传染源。在多年的临床实践中，归纳起来还有多种因素，一是母猪本身带菌，二是母猪自身脾胃消化功能较差，三是仔猪先天脾胃功能差，消化功能差，体内菌群乱，四是厩舍卫生差，五是母猪饲料营养标准不适。

症状：仔猪出生后数小时内出现拉黄痢，粪便大多呈黄色水样，或带粘液，内含凝乳小片，如不及时治疗，数小时导致仔猪脱水死亡，本病不需要进行解剖既能确诊。

治疗：本病治疗中又简单又复杂，既好治又难治，在实践中，一年四季都在发生与治疗，对不同的仔猪要根据不同的方法治疗，要灵活多变，在当今的市场上可以说有上百种治疗药物，但治疗效果不尽其然，首先要从母体着手，一是不用带菌严重的母体；二是在母猪产仔前用药，在仔猪出生前解决好脾胃功能，提高仔猪抗病能力，同时采取提前消灭病原。用参苓白术散加减给母猪在产仔前 10 天内服，产仔时也服用。党参 30 克，白术 20 克，白茯苓 20 克，山药 15 克，莲子肉 20 克，桔梗 20 克，薏苡仁 15 克，砂仁 20 克，白头翁 25 克，秦皮 20 克，马齿苋 20 克。

在仔猪出生时用庆大、维生素 C 加 5% 葡萄糖混匀少量服，以杀灭仔猪体内大肠杆菌。

如养殖户不具备条件的，一旦发生仔猪黄痢，要及时治疗，可采取下列方法：

方法一：硫酸庆大霉素注射液 3 毫克/千克，大黄腾素注射液 0.3 毫升/千克注射。内服庆大霉素碳酸铋胶囊 1 粒/头（本品为复方制剂，其组分为：每粒含硫酸庆大霉素（以庆大霉素）0.04 克（4 万单位）和碱式碳酸铋 0.6 克。健胃消食片 1 片/头。

方法二：乳酸环丙沙星注射每千克体重 2 毫克/千克。内服乳酸菌素片 1 片/头（本品每片含乳酸菌素 0.4 克。辅料为：硬脂酸镁、淀粉、蔗糖粉、可可粉、蛋白糖、滑石粉）。

方法三：氟苯尼考注射液 每千克体重 2 毫克/千克，内服庆大霉素碳酸铋胶囊 1 粒/头，乳酶生 5 片/头。

方法四：氨卡西林钠 0.08 克/千克，恩诺沙星 1 千克体重 3 毫克。

中药：白头翁 100 克，瞿麦 120 克，苍术 120 克，苦参 12 克，白芍 100 克，泽泻 100 克，秦皮 90 克，龙胆草 120 克，穿心莲 120 克，山药 100 克，山楂 120 克，神曲 150 克。母仔同服。

如仔猪脱水严重必须解决电解质平衡，补充体内失去的 K^+、

Na$^+$粒子。

方法是给补盐口服液：Nacl3. 5 克，Kl1. 5 克，NaHCO$_3$2. 5 克，葡萄糖 20 克，加冷开水 1 000毫升。

白痢 发病原因与黄痢基本一至，但仔猪发病在 7 天左右，仔猪拉灰白色粪便，致死率也较高，治疗方法与黄痢基本相同。

无论是白痢还是黄痢，在治疗方法上要灵活，要抓住治本，不能专治标，应首先解决脾胃功能，解决消化功能，提高仔猪自身抗病能力，再对症治疗方能取得较好的效果，多年来这一常见病使得兽医找不到最佳治疗方法，就是只考虑如何杀灭大肠杆菌而止痢，没有考虑健脾胃功能，解决好消化功能提高机体抗病能力，往往造成治标不治本，以至于不好治又难治。

六、仔猪水肿病

水肿病是溶血性大肠杆菌在气候突变或饲料的营养过高或突然改变饲料时，大肠杆菌大量繁殖引起。

临床症状：发病猪多为断奶仔猪，越是体胖，个子大，恳吃，多食的仔猪容易发病，主要症状为：眼睑、面、头水肿，后肢麻痹，运动共剂失调，惊厥，倒地嘶鸣，致死原因主要是侵害神经和脑内水肿压迫大脑而死亡。现在全球的专家对发病机理尚不十分清楚。主要解剖变化是胃壁及肠系膜水肿，胃的肌内层和黏膜层之间切开呈胶冻样。

治疗原则：以杀灭大肠杆菌、消炎利水解除神经症状为主。

方法：①氟苯尼考 1 千克体重 2 毫克，维生素 C 1 千克体重 5 毫克，地米 1 千克体重 0. 2 毫克；②速尿 0. 1 ~ 0. 2 毫升/千克；③甘露醇减轻颅内压，50 毫升/头，静脉推注；④多粘菌素 B$_1$ 千克体重 1 毫克。

七、仔猪副伤寒

本病是沙门氏菌引起的仔猪传染病，多见于 50 千克以下猪只发病，该病呈急性败血症，慢性以下痢、大肠坏死性炎症及肺炎。易继发多种病，本病以体温（41℃）、不食、精神萎靡，喜钻草窝，寒战，怕冷，眼结膜发红，初便秘后拉稀，表皮薄的地方有出血紫斑，呼吸困难，最后衰竭而死，本病与猪瘟症状很相似，很难区分，在解剖上，淋巴肿大，呈紫红色，以有大理石样变，胃肠黏膜红肿出血，变薄，肝脏有灰黄色小坏死，猪瘟脾不肿大，而副伤寒脾肿大。主要用于化验室诊断区分。

治疗：①氟苯尼考，地米，穿心莲；②恩诺沙星，维生素 C，地米；③泰妙菌素，氧氟沙星；④乳酸环丙沙星，维生素 C，穿心莲。

中药：白苦汤：白头翁 20 克，黄柏 15 克，黄芩 15 克，苦参 10 克，秦皮 15 克，赤芍 15 克，丹皮 10 克，地榆 10 克，甘草 10 克。

八、猪流行性腹泻

是由冠状病毒引起的猪肠道传染病，以腹泻、呕吐、脱水为主要症状，本病多在每年 11 月至翌年 2 月为发病高峰，本病季节性强，发病率高，死亡率低。

主要症状：食欲减退，肚腹胀满，有压痛感，时有呕吐，多俯卧，泻粪为灰白，渐带黄绿色，腥臭，体温初升后降，一旦腹泻通畅后会自然恢复健康，但多数患病猪需要治疗后方能转归。

治疗：以抗病毒、消炎、解痉为主。

（1）庆大针，板兰根，654－2（山莨菪碱），乳酸环丙沙星；（2）氨卡西林钠，穿心莲。如果是仔猪拉稀脱水，用补盐口服液：5 克葡萄糖＋5 克 NaCl＋5 克 NaHCO$_3$＋恩诺沙星＋维生素 C。

中药疗法：根据随症求医，可知本病是由于外感寒邪由表及里或直伤脾胃所致，故以温中和胃，利水止泻，但本病不宜过早止泻，否则止泻而不止，需适当让病猪泻通无腹胀后杀灭病毒再止泻才能止而不泻。本病采用三香温脾和胃散：丁香 20 克，木香 10 克，藿香 30 克，青皮 10 克，陈皮 15 克，生姜 25 克，红茶叶 25 克，官桂 15 克，木通 20 克，茯苓 20 克，车前子 15 克，用燥温健脾，行气导滞之功效的，如食欲振加神曲 50 克，山楂 50 克，如泻痢而粪便失禁加乌梅，石榴皮各 15 克，初期腹痛加香附 20 克，呕吐加姜，半夏 15 克。

第六章 牛常见病诊断与治疗

一、牛瘤胃鼓气

本病是过量采食发酵的饲料，误食毒草或过食不易消化的油渣、豆类、变质的豆渣引起。饲养方式突变，如饲牛由吃干枯草转为吃青草之际也易发本病。

症状：采食后不久发病，腹围急剧膨大，左肷部显著突出，腹疼不安，回顾腹部，摇尾踢腹，严重的病牛高度呼吸困难，张口呼吸，黏膜发绀，血管努张，眼球突出，常见窒息或心脏衰竭而死。

治疗：治疗本病要看鼓气的程度如何，如鼓气初期，不需外科手术放气，可灌服制止发酵的药物，如来苏尔，鱼石脂加酒精，加松节油，或用酸菜水，加白糖加醋，排除瘤胃内容物，内服油类泻剂：如石蜡油500～1 000毫升，硫酸钠500～800克，对泡沫性鼓气可选用二甲基硅油片，聚甲基硅油片，如果是继发性鼓气，必须寻其病因，给予中药治疗：大承气汤：大黄100克，芒硝200克，枳实50克，厚朴50克，青木香80克，木通50克，吴萸200克，神曲150克，山楂150克，麦芽150克，滑石50克。如鼓气特别严重时必须先治其标后治本，也就是先将瘤胃中的气体放出，以免造成鼓气压迫心脏死亡。方法是用套管针从左肷窝刺入，并慢慢将瘤胃内气体放出，如没有套管针，可用小竹筒放气，但放气后要用防腐消毒剂从放气管中注入，以免造成感染，放气只能治标，要使瘤胃不再产气，还需用药，以上的处方可以适用。

二、创伤性网胃腹膜炎

是由于金属异物（针、钉、细铁丝等尖锐金属物）混杂于饲料内，随饲料被采食落入网胃，刺损网胃壁导致前胃弛缓，瘤胃反复臌气，消化紊乱，并因穿透网胃刺伤膈和腹膜，引起急性弥漫性或慢性局限性腹膜炎，乃至继发创伤性心包炎。

病因：主要是饲草、饲料内混入尖锐的异物如铁钉、缝针、细铁丝、发针、玻璃碎片等，被牛误食落入网胃内，由于网胃收缩力强，尖锐异物刺伤胃壁，或可刺伤横膈膜、心脏、肺、肝、脾等器官，造成病理损害和炎症。

症状：发病突然，病初食欲减少或废绝，呈现瘤胃收缩力减弱，反刍减少或消失，瘤胃臌气，胃肠蠕动显著减弱等前胃弛缓症状。病情严重时，病牛不愿走动，走路小心，站立时肘头外展，肘肌纤维性震颤，当强迫其下坡，表现痛苦、呻吟。

治疗：创伤性网胃腹膜炎，如无并发病，采取手术疗法施行瘤胃切开术，取出异物，疗效很好，保守疗法：加强护理，将病牛立于斜坡上，使牛保持前躯高后躯低的姿势，应用青霉素300IU 和链霉素 3 克肌内注射，每天 2 次，连用 3~5 天，或用磺胺二甲基嘧啶，按每千克体重 0.15 克，内服，每天一次，连用 3~5 天，效果较好。

预防：注意清除饲草、饲料内的金属物或其他尖锐异物。可采用金属异物探测器，对牛进行定期的检查，必要时，可应用金属异物摘除器，从网胃中吸取异物。

三、牛出败（牛巴氏杆菌病），又叫牛出血性败血症

本病是一种急性、全身性感染传染病，病的特征突然发病，高热和肺炎，有时表现为急性肠炎和内脏的广泛出血，多见于水牛，体温40℃以上，肌内震颤，呼吸、脉搏显著加快，不食，反刍停止，鼻镜干，特别是有浆液性或黏液脓性鼻涕，带暗红色。

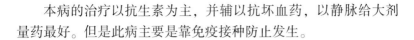

本病的治疗以抗生素为主，并辅以抗坏血药，以静脉给大剂量药最好。但是此病主要是靠免疫接种防止发生。

四、子宫脱出症

近几年来，我们经常遇到牛产后子宫脱出症，如不及时治疗会造成母牛出血或感染死亡。

本病的主要病因是母牛年老、体弱、营养不良、胎儿过大，宫肌缺乏紧张性，更主要的是气血虚弱造成。

治疗：以手术复位最佳，首先用高锰酸钾清洗脱出的子宫，水温保持39℃，清洗干净后用少量白矾粉搓，起收敛作用，如子宫脱出时间长一些，如发生水肿时，要用针刺的方法放水，在复位前，要在脱出的子宫上涂清油增加滑度便于复位，在复位时，先从边缘往内送，并且要两人配合，子宫复位到一半时是最难的，这时会有较大的阻力，在这个时候，要用拳头用力正推子宫的中部方可复位，子宫从阴道进去后用手摸一下是否扭转，确定复位正常后，用抗生素从阴道放入，必要时对外阴进行缝合，待康复后拆线。

由于子宫脱出症是气血不足而造成的，所以，对发生过本病的母牛，要给予补气补血，最好用补中益气汤：党参20克，黄芪25克，白术20克，熟地30克，白芍25克，当归30克，甘草25克。

五、胎衣不下的病因及防治

胎衣不下是牛产后的最常见病，一般母牛产后经过12小时胎衣未全部排出即称为胎衣不下，胎衣不下不但可引起子宫内膜炎，还会引起子宫复旧延迟和子宫脱出，从而导致不孕，致使很多母牛被淘汰，现将牛胎衣不下的发病原因和防治措施简单介绍如下。

发病原因：牛胎衣不下的病因极其复杂，与多种生理因素和营养因素有关，一是日粮中钙和磷的含量过多，导致体内钙磷代谢失调，影响吸收，造成产后低血钙导致胎衣不下。二是日粮中蛋白水平低或过高都会导致胎衣不下。三是日粮中维生素或个别微量元素缺乏，如维生素 E、维生素 A、硒等。四是气血不足，气虚导致子宫无力。五是遗传因素，血液激素比例不正常。产后催产素释放不足，影响子宫收缩。六是胎儿过大，发生难产，子宫持久扩张，产后收缩无力，导致胎儿不下。

预防措施：

（1）临产前 2~3 周，日粮中适当提高蛋白质水平，降低钙的水平，产前 1 周对年老体弱及有过胎衣不下的病牛注射一次维生素 D_3。

（2）在日粮中添加维生素和微量元素。

（3）党参 50 克、黄芪 50 克、熟地 40 克，白术 40 克、当归 40 克、川芎 40 克、益母草 50 克、甘草 120 克、研细开水冲服。

治疗措施：

（1）用垂体后叶素 50~100 单位肌内注射，或用缩宫素 100 单位肌内注射。

（2）手术剥衣。采用上述方法无效的病例，可以考虑进行手术剥离，方法是：剥衣前，先用温水灌肠，排出直肠中积粪和用手掏粪，用绳固定牛尾，再用 0.3% 高锰酸钾洗涤和清毒外阴部，向子宫内注入 10% 氯化钠 500 毫升，剥衣前术者要修剪手指甲，涂抹润化剂。左手握住外露胎衣，右手顺阴道伸入子宫，寻找子宫叶，先用手指找出胎儿盘的边缘，然后将食指或母指伸入胎儿盘和母体胎盘之间，把它们分开，剥离子宫角尖端的胎衣比较困难，这时手轻拉胎衣，再将手伸向前下方迅速抓住尚未脱离的胎盘，即可顺利地剥离胎衣，剥衣完毕后，先用 0.1% 高锰酸钾冲洗并注入甲硝唑 50~100 毫升，以防子宫感染，必要时每天 1 次，连用 3 天。

六、牛前胃驰缓

前胃驰缓就是养殖户常说的"牛食欲减退"，这种病表现为：前胃神经兴奋性降低，收缩力减弱，食物在前胃不能正常消化和向后移动，因而腐败分解，产生有毒物质，最终引起消化机能障碍和全身机能紊乱的一种疾病。

病因：前胃驰缓发病原因主要有两个方面，一是原发性病因，二是继发性病因。

所谓原发性病因，主要是由于饲料本身所引起的，比如说：饲喂的饲料品质不良，饲喂发霉变质的饲料，长期饲喂含粗纤维多而不易消化的草料，例如，干玉米秸秆，或者一些半干不湿的糟渣类饲料，糟渣类饲料虽然营养丰富，但是极容易腐败变质，牛吃了甚至会中毒死亡，另外，饲草的突然改变也可能引发前胃驰缓，例如，饲料由原来的苜蓿突然变成玉米秸秆这类难以消化的饲草，从而引起前胃迟缓。

继发性的病因主要是由于一些疾病连带而引起的像瘤胃积食、瓣胃阻塞，饱食后使役过度，创伤性网胃心包炎等均能引起前胃驰缓。

在多年临床实践中，笔者发现，得了前胃迟缓的牛，首先表现出来的症状就是牛的反刍缓慢，反刍次数减少或停止，病牛食欲减退，甚至拒食，听诊的时候瘤胃蠕动减弱，嗳气减少，同时伴随着肠蠕动音减弱，排粪减少，常常会出现便秘或腹泻。进行触压听诊瘤胃时，牛时时伴有持续痛感，可以感觉到牛胃内充满了液态或半液态状的内容物。如果前胃驰缓得不到及时治疗，病牛会极度衰弱，卧地不起，头匍于地面体温降到正常温度以下，低于38℃。

牛前胃驰缓病的发生，多因饲养管理不当而引起，因此，在预防方面应重视科学饲养，饲喂优质饲料，禁止饲喂霉败变质的草料。要根据日粮标准合理饲喂，禁止突然变更饲料种类或者任意添加饲料，适当运动可以增加牛的新陈代谢速度，加速体内能量循环，从而有效减少前胃驰缓的发病率。

治疗：治疗原则是消除病因，恢复牛瘤胃的蠕动能力，可以从4个方面对病牛进行多方位的配合治疗。①改善饲养管理，首先要快速改善饲养管理，将病牛放入单独圈舍，先停食1~2天，但不限制饮水，以后则少量多次饲喂易消化的优质饲草。②投放瘤胃兴奋药：如酒石酸锑钾，每千克体重0.1克，溶于200~300毫升水中给病牛内服，每天喂一次，4天一疗程。内服吗叮啉每千克体重0.1毫克；注射新斯地明（皮下），按0.2毫升/千克一日2次，3天一疗程，要取得良好的效果，还可采取静脉给药。

（1）10%葡萄糖氯化纳500毫升、10%安钠咖30毫升、10%葡萄糖氯化钠500毫升、维生素 B_1 0.1毫克/体重（千克）+维生素 B_6 1毫克/千克+维生素C 1.5毫克/千克、10%葡萄糖氯化钠300毫升、碳酸氢钠0.25克/体重（千克）。

（2）酒石酸锑钾0.1毫克/千克、番木鳖0.01毫克/千克、干姜10克、龙胆10克、研成细末内服，每天1次，3天1疗程。

预防：禁喂霉败变质饲料，合理搭配日粮，制定合理的饲养管理制度，避免应激因素刺激。

七．牛瘤胃积食

牛瘤胃积食也叫急性瘤胃扩张，瘤胃积食就是牛吃的食物消化不了，致使食物大量积压在瘤胃里，使瘤胃在短时间内异常膨大起来，从而造成病牛在消化系统方面严重失调，重者甚至有生命危险。

牛瘤胃积食的病因较多，在临床上，瘤胃积食最主要的原因就是变换饲料的时候饲喂的精料过量，有的养殖户为了让牛快速长膘，在更换饲料的时候，尤其是由粗饲料换为精饲料的时候，没有配合严格的饲料供给量，突然间不限量地增加精料，精料饲喂得过多就会引起瘤胃积食，另外，过量采食如豆类谷物等易膨胀的饲料或因饲草存储的时间过长，发霉变质，酸度过大，突然间采食了这种饲草，还有牛只体质变弱，消化力不强，运动量不够，采食大量饲料后，饮水不足，都会引起瘤胃积食。

治疗原则：应及时清除瘤胃内容物，恢复瘤胃蠕动，解除酸中毒，常采取的治疗方法有：按摩疗法、缓泻疗法、促蠕动疗法、脱水补液等。

（1）按摩疗法就是在牛的左肷部用手按摩瘤胃，按摩力度要适当大一些，力度小了达不到按摩的效果。每次按摩 5 ~ 10 分钟，每 40 分钟一次，可结合灌服大量的温水。

（2）缓泻疗法，通过药物快速消除瘤胃的内容物而减轻胃部的压力，采用硫酸镁或硫酸钠 500 ~ 1 000 克加水 1 000 毫升，液体石蜡油或植物油（如菜油）1 000 ~ 1 500 毫升给牛直接灌服，加速排出瘤胃内容物。

（3）促蠕动疗法。通过药物刺激，短时间内使病牛的瘤胃蠕动变得兴奋起来。

10% 氯化钠 300 ~ 500 毫升静脉注射，同时配合用新斯的明 20 ~ 60 毫升肌内注射。

中药疗法：大黄 30 克、厚朴 30 克、枳实 30 克、芒硝 80 克、陈皮 30 克、神曲 50 克、山楂 50 克、麦芽 60 克，水煮内服。

（4）脱水补液法：如病牛体弱脱水，必须给予调整机体的电解质平衡，主要内服补盐口服液，氯化钠 3.5 克，氯化钾 1.5 克，碳酸二氢钠 2.5 克，葡萄糖 20 克，加冷开水至 1 000 毫升，脱水严重者应采取静脉补液，从而调节酸碱平衡和电解质平衡。

八、牛瓣胃阻塞

我们知道牛有四个胃，其中，瓣胃前通网胃，后接皱胃，主要功能是阻留食物中的粗糙部分并继续加以磨细，将较稀的部分输送到皱胃进行消化吸收。

瓣胃阻塞也就是养殖户平时所讲的"百叶干"，此病是由于前胃运动机能发生障碍，瓣胃收缩力量减弱，进入瓣胃的食物不能进行消化和运转，导致瓣胃扩张内容物干硬而发生阻塞。

瓣胃阻塞四季均有发生，但一般多发生于冬季，此病在前胃疾病中所占比重较小，但由于在发病初期诊断比较困难，治疗效果不是那么明显，所以是一种较严重的胃疾病，生产中不能忽视。

发病原因：造成瓣胃阻塞最主要原因是长期饲喂细碎粉状的饲料，如麸皮、糠皮，这样一些细小的粉末黏附在牛瓣胃的百叶上面，就会造成："百叶干"。或者是吃了混有泥沙和不卫生的劣质饲料，加之饮水不足等。

牛瓣胃阻塞发病初期，最明显的症状为：病牛排便滞后于正常时间，粪便干涩且颜色发暗，形状为球状或算盘珠，非常的干，外面包裹着一层黏膜，病情严重者排粪停止。

防治措施：针对此病，养殖户应坚持防大于治，要加强饲养管理，减少饲喂质量粗糙、质地较硬的粗饲料，饲喂方式上要避免长期单独饲喂精料，如麸皮、糠粉、酒糟粉、饼粕等，同时保证充足的饮水和适度劳役。

西医疗法：

（1）每头牛可以使用400～500毫升胡麻油，1 500～2 000毫升石蜡油，500～1 000克硫酸镁加5～8升水一次性灌服。

（2）200～300毫升石蜡油、加3 000～5 000毫升、10%硫酸镁溶液，一次注入到瓣胃内；或用利多卡因2克，呋喃西林3克，硫酸镁400克，丙三醇200毫升，加3 000毫升水溶解后，注入瓣胃内。

为了兴奋胃肠蠕动采用肌内注射新斯的明，一般剂量为20～50毫升。中医疗法，注重胃部机能的调理与修复，以滋阴降火，增液润下为原则。

中药疗法

（1）芒硝120克，滑石、大戟、当归、白术、大黄各60克，

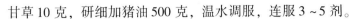

甘草 10 克，研细加猪油 500 克，温水调服，连服 3 ~ 5 剂。

（2）玄参 100 克，生地 80 克，麦冬 90 克，大黄 100 克，杏仁 100 克，当归 80 克，芒硝 120 克，火麻仁 100 克，煎水去渣内服。

九、牛子宫内膜炎

本病主要导致母牛长期不孕，症状为排尿努责，阴道分泌物由灰褐色变为灰白色，由稀变浓，量由多变少，有臭味，卧地后常见阴道内流出分泌物，患慢性子宫内膜炎的牛发情不规律，怀孕后流产率高，直肠检查子宫时发现子宫角张大，子宫壁肥厚，收缩反应微弱。

原因：引起子宫内膜炎的致病菌较多，主要有链球菌、大肠杆菌和葡萄球菌等，还有因人工授精配种操作技术不规范，消毒不严，造成感染病菌，难产和胎衣不下处理不当等引起。

预防与治疗：首先是加强饲养管理，人工授精时必须严格遵守操作规程，特别是严把消毒关，在分娩接产及难产助产时，必须注意消毒。

清宫治疗法：用 0.9% 的生理盐水将 1% 的盐酸环丙沙星稀释成 0.5% 的溶液，每次灌子宫 100 ~ 150 毫升，半小时后肌注100 ~ 200 单位缩宫素，连续用药 3 ~ 4 天，或用青霉素钠盐 5 克与 0.9% 生理盐水 250 毫升稀释后注入子宫腔，第 2 天用甲哨唑溶液 250 毫升灌入子宫，交替使用 3 次即可。还可以用盐酸佐氧氟沙星溶液 200 毫升灌入子宫，每天一次，连用 4 天。

十、牛便血

热毒郁结肠胃，热盛迫血妄行，遂成便血（实热性），长期饲管不良，中气亏损，脾虚不能统摄血液也可引起便血（脾虚性）。

实热性：发病较急，患牛鼻镜干燥，食欲、反刍减少或停止。尿少、色黄，大便干燥或稀，粪便带血或单纯下血，口干舌红、体温升高，心跳稍快。

脾虚性：发病较慢，病牛消瘦，精神倦怠。便血，色暗红，口舌淡白，体温正常。

治疗：肌注黄连素 100～300 毫克等，止血剂。

十一、寄生虫病

牛最常见的寄生虫分别有疥癣，混睛虫，新蛔虫。如果治疗不及时，会严重影响牛的健康。

牛疥癣：又名疥疮，螨病，是由疥螨或痒螨寄生于皮肤上，皮肤瘙痒，被毛脱落皮肤增厚的一种皮肤病。

病因：螨虫在夏季多接触牛体而寄生，中医角度讲是由于内体虚弱，外邪侵入。

治疗：首先要加强饲养管理，厩舍卫生，定期消毒，用火焰消毒最好。饲草饲料精粗搭配合理，营养要丰富，保证牛的健康体况，外邪难以侵入，用药：精制敌百虫片溶于水中抹患处，双甲咪外抹患处，土办法有：①红糖 120 克，烟筋 100 克，煎汁调涂；②废机油涂；③硫黄 30 克，雄黄、冰片研细调猪油涂等。

混睛虫：马丝状丝虫的幼虫寄生于牛眼前房的一种眼病。一般虫体多侵害一只眼睛，病初结膜充血，羞明流泪，眼房液稍混浊，能见到白细线虫游动，最后视力障碍或眼睛生翳膜导致失明。

治疗：开关穴针刺法，开关穴位于瞳孔下缘至黑眼下缘的中心，先将小宽针磨锋利（针尖角不宜过小，应在 75℃左右），用白线缠好，露出部分针尖（0.3 厘米），患畜站立保定，以手撑开患牛眼睑，看清虫体在前房游走时，对准穴位轻手急针，针尖斜向瞳孔直刺，最好针刺向虫体头部，此时虫体立即会被前房液冲出，此法不做更多介绍，非专业人员，难解决。

十二、中毒

1. 亚硝酸盐中毒

亚硝酸盐能导致多种动物中毒，而且是一种常见的中毒现象，其主要原因是，由于多种植物中含有大量的硝酸盐，在适当温度下在细菌转化酶的作用下，转化为有毒的亚硝酸盐引起动物吃后中毒，其机理是，亚硝酸盐进入动物血液后，与血液中血红蛋白结合生成高铁血红蛋白，使血红蛋白不能与氧结合，而失去运输氧的能力，导致缺氧，特别是脑、心严重缺氧，中枢神经麻痹，造成窒息死亡。

动物发生亚硝酸盐中毒的主要症状是：动物（特别是猪）吃食后，20 分钟左右倒地呕吐、流涎，走路摇摆，心跳增快，呼吸增快，可视黏膜变紫，皮肤及四肢发凉，体温下降，四肢麻痹，抽搐，游泳型挣扎，腹胀，解剖内容物有一股难闻的酸臭味。

治疗：首先必须注意小白菜，兰瓜叶、牛皮菜中硝酸盐含量较高，用于喂猪时，最好喂鲜的，不要闷煮。因为这些植物一般在 50～60℃厌氧的情况下 3 小时左右就会有大量硝酸盐转化为亚硝酸盐。如果发生中毒，首先在耳尖、尾尖给动物放血，迅速用首选药为甲苯胺兰 5 毫克/千克或用镁兰 1%（1 克加 10 毫升酒精），0.1～0.2 毫升/千克体重，同时注射维生素 C 0.2 克/千克体重，在无药的情况下，可用蓝墨水灌服。总的治疗原则是通过氧化还原反应原理。

2. 黄曲霉素中毒

由于黄曲霉大量存在于霉玉米中，而农村的大量霉玉米主要用于喂动物，故最易引起中毒，同时不易发现。

黄曲霉毒素是一种很强烈的肝性毒素，主要以损害肝脏，同时伴有血管通透性的严重破坏和中枢神经的损害。

症状：不食，精神萎顿，后驱衰竭，走路蹒跚，可视黏膜苍白，粪便干燥，直肠出血，有时呈现站立或头抵墙，转圈等神经症状。

防治：①不喂霉烂玉米，或轻微时用石灰水泡后再用；②本病无特效药，主要以乌洛托品抗炎，内服绿豆浆，注射维生素 C。

3. 尿素中毒

农村有时不注意，会把用剩的尿素随便放置，牛喜食尿素，食入量大就会中毒。

治疗：醋加红糖内服，主要原理是尿素吃后会产生 N，含碱比较重，所以用酸去中和从而减轻中毒。

4. 牛食物性酸中毒

如青贮饲料容易引起酸化，特别是秸秆类，在生产中会经常出现，这种现象多有发生，但养殖户不知道是什么原因，长时间喂青贮玉米秸秆，牛会越来越瘦，还会拉稀，有的会出现死亡，养殖户有的也知道是青贮饲料的问题，但不知道是酸中毒，更不知道如何解决，当然，我们有很多的专业人员不加强学习的人也是找不出原因，更提不出指导办法的，青贮玉米饲料 pH 值达到 4 的，可以说是强酸，这种饲草不但起不到育肥牛的作用，而且会导致牛慢性酸中毒死亡，只要找出问题，提出解决问题的办法，效果就大不一样了，这其实不难解决，只要学过化学的人都知道酸碱中和，在饲料中加适当的碱就很好地解决了这个问题。

第七章　家兔的几种传染病症状及防治方法

随着家兔规模化养殖业的快速发展，在养殖的过程会有易发病发生，对养兔业发展带来不利影响，疫病工作做不好，家兔健康受到影响，只有掌握好先进精细技术才能有利于家兔的生长，下面我推广家兔几种症状及防治方法，供大家参考。

一、兔瘟

兔瘟是由病毒引起的一种急性、高度接触性、呼吸系统出血、肝坏死、实质肝脏水肿、瘀血及出血性变化。（可高达95%以上），断奶幼兔有一定的抵抗力，哺乳期仔兔基本不发病。可通过消化道、皮肤等多种途径传染，潜伏期48～72小时。

（1）临床症状。可分为3种类型。最急性型：突然发病，迅速死亡，几乎无明显症状。死前多有短暂兴奋，如尖叫、挣扎、抽搐、狂奔等。有的死前还在吃食，突然抽搐几下即刻死亡。这种类型病例常发生在流行初期。急性型：精神不振，被毛粗乱，迅速消瘦。体温升高至41℃以上，食欲减退或废绝，饮欲增加。死前突然兴奋，尖叫几声便倒地死亡。以上2种类型多发生于青年兔和成年兔，患兔死前肛门松弛，流出少量淡黄色的黏性稀便。慢性型：多见于流行后期或断奶后的幼兔。体温升高，精神萎顿，食欲不振，被毛杂乱无光泽，最后消瘦，衰弱而死，耐过病兔生长迟缓，发育较差，粪便排毒至少一个月之久。

（2）病理变化。病死兔出现全身败血症变化，各脏器都有不同程度的出血、充血和水肿。肺高度水肿，有大小不等的出血斑点，切面流出多量红色泡沫状液体。喉头、气管黏膜淤血或弥漫性出血，以气管环最明显；肝脏肿胀变性，呈土黄色，或淤血呈紫红色，有出血斑；肾肿大呈紫红色，常与淡色变性区相杂而呈花斑状，有的见有针尖状出血；脑和脑膜血管淤血，脑下垂体和松果体有血凝块；胸腺出血。

（3）预防。加强兔群日常饲养管理工作，提高兔群抗病力，推广兔瘟的监测技术，进行早期监测，一旦发生兔瘟，对病兔立即注射高免血清，每只3毫升，可获得15的保护期，10天后，再注射兔瘟疫苗。小兔断乳后，每只皮下注射1毫升，5~7天产生免疫力，免疫期4~6个月，成年兔一年注射2~3次，每次注射1~2毫升，对有疫病的兔场，隔离病兔，死兔深埋，笼具兔舍及环境彻底消毒，严禁内外人员来往，防传播，对全场进行彻底消毒，加强饲养管理，促进机体健康。

二、传染性口腔炎

本病是由病毒引起的一种急性传染病，多因饲料发霉变质，营养缺乏饲料喂量不足，饲喂方法不当等所致，通常称为"流涎病"。

（1）临床症状。主要侵害1~3月龄的幼兔。发病初期口腔黏膜出现潮红，随后口腔黏膜出现潮红出血，多处出现粟粒大至豌豆大的水泡，水泡内充满含纤维素的清澈液体，破溃后形成烂斑，大量流涎，使下颌、肉髯、颈、胸部和前爪沾湿。患兔精神不振，采食困难，食欲减退，停止采食，消化不良，出现腹泻，体温升高至40~41℃，精神沉郁，营养不良，逐渐消瘦，若治疗不及时，多因机体衰竭死亡。个别兔体温升高和出现腹泻。病程2~10天不等，死亡率50%以上。

（2）防治。口腔炎主要是通过消化道感染，饲养不当、饲喂霉烂饲料、口腔受到损伤都为诱因，多发生在春秋两季。因此，应有针对性地采取预防措施。应做到供给饲料富含营养物质，每天按时饲喂，喂量足够，少给勤添，供给清洁的饮水，不喂发霉变质的饲料，要求饲料不粗硬，搞好环境卫生，定期对兔舍进行消毒。坚持自繁自养，对外地引进的种兔要严格隔离，不从疫源引进种兔。平时注意兔舍卫生消毒，加强饲养管理。发现个别患兔，立即隔离治疗。可用2%硼酸水、2%的明矾水或1%的盐水冲洗口腔，然后口腔撒布中药黄芩粉、冰硼散；或明矾7份，混合后口腔撒布，每天3次，半小时内不饮水。对于重症患兔，可同时内服磺胺类药物，按每千克体重0.2克，每天一次，连用数月，并采取对症支持疗法。

三、巴氏杆菌病

本病是由多杀性巴氏杆菌引起的一种传染病。家兔较常见，无季节性，该病菌是条件性致病菌，即30%～70%的健康家兔的鼻腔黏膜和扁桃体内带有这种病菌，平时不发病，以冷热交替，气温骤变，闷热湿润多雨季节发生较多。

（1）病因。气温突然变化，忽高忽低；兔舍空气污浊、潮湿，通风不良；兔群拥挤，长途运输；饲料质量差，饲养管理不当；其他疾病或任何应激，均可导致家兔的抗病力下降，病菌大量繁殖并毒力增强，引起发病。一年四季均可发病，以春秋季节多发，呈散发或地方性流行。

（2）主要类型鼻炎型。患兔鼻腔里流出鼻液，起初呈浆液性，以后逐渐变为黏液性以至脓性。患兔常打喷嚏、咳嗽和鼻塞音异常，用前爪挠抓鼻孔。使该处被毛湿润并缠结。时间较长时，鼻液变得更加浓稠，形成结痂，堵塞鼻孔，出现呼吸困难。由于患兔经常挠擦鼻部，可将病菌带入眼内、皮下，引起结膜炎和皮下脓肿等。鼻炎型的病程较长，数月乃至1年以上。但其传染性强，对兔群的威胁较大。同时，由于病情容易恶化，可诱发其他病型而死亡。

肺炎型：最初表现食欲不振和精神沉郁，病兔肺本质病变很厉害呼吸困难的表现。继而体温升高，有时出现腹泻和关节炎。有的突然死亡，也有的病程拖延1～2周。病变可波及肺的任何部位，眼观有实变（肝变）、肺气肿、脓肿和小的灰色结节性病灶，肺实质可见出血，胸膜表面覆盖纤维素。

败血症：该型可由其他病型继发，也可单独发生，与鼻炎、肺炎联结发生的败血症最为多见。病兔精神不振，食欲废绝，呼吸急促，体温升高至41℃以上，鼻腔流出浆液性或脓性分泌物，有时伴有腹泻。死前体温下降，四肢抽搐，病程短的24小时死亡，稍长的3~5天，最急性病兔常常见不到临床症状突然倒地死亡。病理变化可见，病程短的无明显肉眼可见变化。病程长者呼吸道黏膜充血、出血，并有较多血色泡沫。肺严重充血、出血、水肿；肝脏变性，有较多坏死灶；脾脏和淋巴结肿大出血，心内外膜有出血点；胸、腹腔内有淡黄色积液。有些病例肺有脓肿，胸腔、腹腔、肋膜及肺的表面有纤维素附着。

中耳炎型：又称歪头疯、斜颈病，是病菌由中耳扩散至内耳和脑部的结果。严重病例向着头倾斜的方向翻滚，直至被物体阻挡为止。患兔饮食困难，体重减轻，可能涌现脱水现象，但短期内很少死亡。病理变化可见，在一侧或两侧鼓室内有白色奶油状渗出物；如感染扩散到脑膜和脑组织，可出现化脓性脑膜炎。

结膜炎型：临床表现为流泪、结膜充血发红、眼睑肿胀和分泌物将上下眼睑粘住。此外，还有子宫炎、睾丸炎、脓肿和肠炎等。

（3）防治。兔场坚持自繁自养，从外地引种要严格检疫；平时加强饲养管理，严禁畜禽出入，改善卫生条件，特别是注意通风换气，用10%~20%的石灰乳或2%~3%的烧碱液定期消毒；预防时可用，巴氏杆菌灭活菌苗，每只注射1毫升，7天产生免疫力，免疫期4~6个月，每年注射2~3次；对有显然呼吸症状的病兔，可用氯霉素等抗菌药物滴鼻，每次3~4滴，1日两次有显著疗效。治疗可用青霉素、链霉素混合肌内注射，每千克体重各0.05~0.2克，配合等量的小苏打片服用，每天2次，连续3~5天；磺胺嘧啶片每千克体重0.1~0.2克肌内注射，每天2

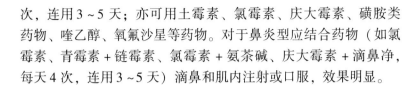

次，连用 3 ~ 5 天；亦可用土霉素、氯霉素、庆大霉素、磺胺类药物、喹乙醇、氧氟沙星等药物。对于鼻炎型应结合药物（如氯霉素、青霉素＋链霉素、氯霉素＋氨茶碱、庆大霉素＋滴鼻净，每天 4 次，连用 3 ~ 5 天）滴鼻和肌内注射或口服，效果明显。

四、魏氏梭菌病

是由 A 型魏氏梭菌及其毒素所致家兔的一种以剧烈腹泻为主的全身性疾病，一年四季均可发生，以春秋冬三季多发。急性、致死性肠毒血症。

（1）病因。魏氏梭菌广泛存在于土壤、污水、粪便、低质饲料及人畜肠道内。当卫生条件差，饲养管理不良，饲料突然改变、搭配不当、粗纤维不足，使家兔肠道内环境发生改变，肠道正常菌群破坏，一些有害菌大量繁殖，并产生毒素，使兔子中毒死亡。感染途径为消化道、皮肤和黏膜损伤等，一年四季均可发生，以春、秋、冬 3 季多发。各年龄兔均可发病，以幼兔和青年兔发病率最高。

（2）临床症状。急性病例突然发作，急剧腹泻，很快死亡。病初排灰褐色软便，随后出现水泻，粪便黄绿、黑褐或腐油色，水样呈胶冻样，具有特殊的腥臭味，污染臀部及后腿，病兔体温一般偏低萎顿拒食，消瘦脱水，大多出现水泻的当天或次日死亡，少数可拖一周，极个别的拖一个月最终死亡。多数病例从出现变形粪便到死亡约 10 个小时。

（3）诊断要点。突然剧烈水样腹泻，急性死亡；胃内充满食物，胃黏膜脱落，多处有出血斑和溃疡斑；小肠充气和充满胶陈样液体；盲肠浆膜和黏膜有弥漫性充血或条纹状出血，内充满褐色内容物和酸臭气体；肝脏质脆，胆囊肿大，心脏表面血管怒张呈树枝状充血；膀胱有少量茶褐色尿液。

（4）防治。平时加强卫生消毒和饲养管理，注意饲料合理搭配，特别是粗纤维一定不可缺少；搞好饮食卫生，禁喂发霉变质的饲料，特别是劣质鱼粉。定期注射家兔 A 型魏氏梭菌苗，仔兔断乳后即可注射，以后每年注射 2～3 次。一旦出现精神沉郁，食欲废绝的，不能进行治疗，直接淘汰并深埋，对精神稍差，尚有食欲的病兔，立即隔离，全群投药（如金霉素、红霉素、卡那霉素、喹乙醇、环丙沙星等），并紧急预防注射。对于患兔，应采取抗菌消炎、补液解毒和帮助消化同时进行。采用口腔灌注青霉素每只 20 万单位，链霉素每只 20 万单位，葡萄糖和生理盐水每只 20～50 毫升，肌内注射维生素 C 1 毫升，每天 2 次，连续3～5 天，对治疗有较好效果。

五、葡萄球菌病

本病是由金黄色葡萄球菌引起的以化脓性炎症为特征的疾病。葡萄球菌广泛存在于自然界中，空气、水、地表、尘土以及人、畜。

（1）主要类型。乳房炎型：常见于母兔产后最初几天。急性病例，患兔体温升高，乳房肿大，呈紫红色，灼热和疼痛，乳汁中混有脓液和血液；慢性病例，乳房局部形成大小不一的硬块，患兔拒绝哺乳，后渐转为青紫色，表皮温度下降，有部分兔因败血症死亡。

脚皮炎型：由于笼底板不平，硬有毛刺或铁丝、钉帽突出或因垫草潮湿，脚部皮肤泡软以及足底负重过大引起。兔子后肢足底部开始出现脱毛，红肿，继而形成脓肿、破溃，最终成为大小不一的溃疡面。

脓肿型：多发生于兔体的皮下、肌内及任何器官。皮下脓肿多由外伤引起，脓肿开始较硬、红肿、局部温度升高后逐渐柔软，有波动感，局部坏死溃疡，成熟后自行破溃；内脏器官脓肿可使其机能受到影响，多发生全身感染而成为脓毒败血症，迅速死亡。

仔兔肠炎型：又称仔兔黄尿症，是由于仔兔吸吮了患乳房炎母兔的乳汁后引起的急性肠炎，所造成中毒的缘故，排出黄色水便。患兔肛门四周及后躯被毛潮湿、发黄、腥臭，身软如泥，呈昏迷状态，2～3天死亡。

（2）防治。发生葡萄球菌病多是兔场由于卫生不良和机械损伤引起。因此，应搞好环境卫生，消除舍内，特别是笼内的一切锋利物，防止家兔之间的互相咬斗。预防乳房炎可在母兔产仔后每天喂服1片（分2次）复方新诺明，连续3天。产后最初几天可减少精料的喂量，防止乳腺分泌过盛；脚皮炎型应在选种上下功夫，选脚毛丰厚的留种。笼底踏板材料对于脚皮炎有直接关系，平整的竹板比铁丝网效果好。对于大型品种，可在笼内放一块大小适中的木板，对于缓解本病有较好效果。母兔乳房炎开始红肿可用冷敷，以减轻炎症发生，若表皮温度不高，可改为热敷，在发病区可用青霉素肌内注射，每天2次，每次10万单位。严重患兔可用2%普鲁卡因2毫升，加注射用水8毫升，稀释10万～20万单位的青霉素，做乳房密封皮下注射；已形成脓肿的，可切开排脓，用双氧水冲洗，最后涂一些抗菌消炎药物；脚皮炎型可消除患部污物，用消毒药水清洗，同时结合抗菌药物外用。严重者，可肌内注射青霉素；对于黄尿体质较好的患兔可皮下注射青霉素、链霉素，可往口腔滴注氯霉素或庆大霉素，每天2次。直至康复。

六、大肠杆菌病

是由一定血清型的致病性大肠杆菌及其毒素引起的一种肠道传染病。一年四季均可发生，各年龄兔都易感，主要对断乳至4月龄仔兔。

（1）临床症状。排出黄棕色水样稀粪。急性病例一般1～2天死亡，亚急性1周左右死亡。体温正常或偏低，腹部膨胀，敲之有击鼓声，晃之有流水声。患兔四肢发冷、磨牙、流涎。剖检可见，胃膨大充满液体和气体，胃黏膜有出血点，十二指肠充满气体和染有胆汁的黏液，空肠、回肠、盲肠充满半透明胶冻样液体，并混有气泡。结肠扩张，有透明的胶黏液，肠道黏膜和浆膜充血。胆囊扩张，黏膜水肿，肝脏、心脏有小点坏死病灶。

（2）预防。本病与饲料和卫生有直接关系。应合理搭配饲料，保证一定的粗纤维，控制能量和蛋白水平不可太高；饲料不可突然改变，应有 7 天左右的适应期；加强饮食卫生和环境卫生，消除蚊子、苍蝇和老鼠对饲料和饮水的污染；对于断乳前后的小兔的饲料应逐渐更换，不能突然改变投喂的饲料配方，要加强饲养管理，搞好兔舍卫生，定期消毒，减少应激因素，定期免疫，可用兔大肠杆菌多价灭活疫苗或多联苗进行免疫预防。

（3）治疗。螺旋霉素，每天每千克体重 20 毫克，肌内注射；氟哌酸口服剂，每千克体重 30 克，内服，每日 2 次，连服 2 ~ 3 天，2% 氟哌酸注射液，每千克体重 20 毫克，肌内注射每日两次，连用 2 ~ 3 天，肌内注射；庆大霉素，每千克体重 1 ~ 1.5 毫克，肌内注射，每天 3 次；硫酸卡那霉素，每千克体重 5 毫克，肌内注射，每天 3 次；氯霉素，每千克体重 40 毫克，加水适量喂服，每日一次，连用两天，为了提高治疗效果，应与补液同时进行。

七、球虫病

是一种常见的且危害严重的寄生虫病，病兔死亡率高达 80%。对幼兔危害极其严重的一种常见的体内寄生虫病。各品种的家兔都易感，尤以断乳至 2 月龄的幼兔发病率和死亡率最高，成年兔感染为隐性，一般均可耐过，但不能产生免疫力，而成为长期带虫者和传染源。一年四季均可发生，多发生于温暖、潮湿多雨季节。

（1）临床症状。及解剖特点家兔球虫病可分为肠型、肝型和混合型。病初小兔食欲不振，精神沉郁，消化机能不正常，腹泻和便秘交替发生，消瘦，腹胀，肚皮发青，食欲减退，突然倒地，四肢抽动，头向后仰，惨叫而死；或四肢痉挛，麻痹，衰竭而死。肠球虫病死兔的小肠呈淡灰色，蚓突浆膜下许多白色硬结。肝型患兔肝肿大，表面及内部有大小不等的灰白色或淡黄色病灶，内有奶油样黏稠物。腹腔积液。对粪便或肠内容物用饱和盐水漂浮法，病程一周到数月，最后衰竭而死。

（2）预防。该病主要是通过口腔感染，带虫兔及病兔是传染源，温暖潮湿是发病的必备条件。因此，关键在于早防。实行母仔分养，定时哺乳，减少母仔接触机会；加强兔场的清洁卫生，每天清除兔笼及运动场地积粪，并进行堆积发酵；要分群隔离饲养，对幼兔和成年兔分开饲养，因成兔有一定的抵抗力，母兔在给仔兔哺乳前，在其乳头上涂擦医用碘酊，既可直接起到消毒灭虫作用，又可使仔兔在吃乳时获得一定的碘，而对于球虫产生抑制效果；在发病季节，要定期消毒灭菌，笼舍可用火焰或20%的新鲜石灰水或5%的漂白粉溶液消毒杀菌，食槽、饮水器可用高温煮沸灭球虫卵。饲料中经常拌入一些药物，如氯苯胍、敌菌净、克球粉、痢特灵及磺胺类药物。可选用几种药物（如氯苯胍、敌菌净、克球粉、盐霉素、磺胺类药物等）交替投喂。

（3）治疗。氯苯胍，预防量以0.015%浓度拌入饲料中（即20千克精料拌入3克），治疗量20千克精饲料拌入6克，断奶仔兔连喂一个月。球痢灵，每千克体重50毫克，连用5天；盐霉素，每千克饲料50毫克，连用1个月；痢特灵，每天每千克体重20毫克，连用3~5天；敌菌净，每天每只40毫克，喂5天停3天；球虫灵，按0.1%的比例拌入饲料中，让兔自由觅食，连喂2~3个星期，能有效预防和治疗兔球虫病。此外，洋葱、大蒜及其他一些中药对球虫病也有较好的防治作用。防治球虫病应采取合理的使用兽药，不可单独和长期使用一种药物；药物剂量要足，搅拌要匀，严格按疗程用药。

八、疥癣病

又称兔螨病，是由寄生于兔体表的疥螨或痒螨引起的一种外寄生虫，该病侵袭面广，发病率高，是冬春季节养兔的主要病害。该病具有传染性，若治疗不及时，病兔可因逐渐消瘦和虚弱而亡，危害十分严重。

（1）临床症状。根据寄生部位不同，分为身癣（脚癣）和耳癣。身癣：由疥螨和背肛疥螨引起。先由脚、嘴及鼻子周围发病，出现剧痒和疼痛，病兔不安。局部脱毛，有液体渗出，形成干涸的黄白色结痂，皮肤增厚和龟裂等，常导致细菌感染而病情加重。患兔代谢紊乱，采食和休息受到影响，逐渐消瘦、贫血，最终死亡。耳癣：有痒螨引起。主要寄生在外耳道，以口器穿刺皮肤，不仅吸收其营养，还分泌毒素，使之奇痒。患部发炎，流出渗出液，干涸后形成黄褐色结痂。严重时结痂堵塞整个耳道。患兔不安，不断摇头甩耳，采食和休息受到影响，逐渐消瘦而死亡。

（2）预防。本病关键在于早期控制。兔舍要经常打扫，定期消毒，并保持干燥，透光及通风良好，新购种兔必须严格检疫，确认无病后才能合群饲养，经常检查兔群，一旦发现病兔。要及时隔离治疗，并对病兔笼用具及污染的环境彻底消毒。每半月用1%~2%敌百虫溶液，对兔子的四肢下部浸入药液半分钟，取出后甩一下即可。健康兔群每年1~2次，曾经发病的兔场每年不少于3次。连续2~3年即可控制本病。

（3）治疗。治疗的药物和方法很多，如2%的敌百虫酒精溶液滴患处，每隔7天1次，直至痊愈；对耳疥癣可用碘甘油（碘酊3份，甘油7份）或硫黄油剂（硫黄松节油和植物油等量混合剂）滴入耳内，每日一次，连用3天。杀虫脒，配成0.15%的水溶液药浴或喷洒患部；辛硫磷，配成0.1%的水溶液，涂擦患部；蝇毒磷（16%的蝇毒磷乳油加水70倍）药液涂擦患处。治疗疥癣应掌握以下原则：①用药之前先除掉痂皮，可滴几滴煤油或柴油，使其自然掉痂；②用药同时消毒兔舍、兔笼、用具和运动场等患兔所能接触的地方；③用药以后每隔7～10天重复用药1次，以杀死刚刚孵化出来的幼虫。

九、异食癣

一些家兔除了正常的采食以外，还出现咬食其他物体，如食仔、食毛、食土等，这些现象多为营养代谢病，称之为异食癣。

（1）主要类型及病因。食仔癣是母兔产仔后，将其仔兔部分或全部吃掉。以初产母兔最多，多发生在产后3天以内。其主要原因如下。

①营养缺乏，尤其是蛋白质和钙磷不足，产后容易出现食仔。

②母兔在产前和产后没有得到足够的饮水，舔食胎衣和胎盘，口渴而黏腻，此时如果没有提前备有饮水，有可能将仔兔吃掉。

③产仔期间和产后，母兔精神高度紧张，如果此时受到噪音、震动或动物等的惊吓，造成精神紊乱，多出现吃仔、咬仔、踏仔或弃仔（不再给仔兔哺乳）等现象。

④产仔期间周围环境或垫草有不良气味（如老鼠尿味、发霉味、香水味等），造成母兔的疑惑，从而将仔兔当仇敌吃掉。

⑤母兔一旦吃仔，尝到了吃仔的味道，可能在以后产仔时旧病复发，形成恶癣。

食毛症在多数情况下，患兔没有其他异常现象，开始仅见到个别家兔被毛不完整，会误认为是脱毛症，后来缺毛面积越来越大，有的整个被毛都被吃掉。仔细观察方知是吃毛。吃毛分自吃和它吃，以它吃为主。在群养时，当一只兔子吃毛，诱发其他家兔都来效仿，而往往是都集中先吃同一只兔。有的将兔毛吃光后连皮肤也撕破吃掉。笔者研究认为，吃毛的主要原因是饲料中所含硫氨基酸不足，忽冷忽热的气候是诱发因素，以断乳至3月龄的生长兔最易发病。

食足癖即家兔将自己的脚部皮肉吃掉。对几十只食足患兔进行了调查，发现绝大多数患有腿、脚部骨折、脚皮炎和脚癣等。这时，由于腿部或脚部肌内、血管、皮肤和神经受到一定损伤，造成代谢系乱，使血液循环障碍，代谢产物不能及时排出，脚部末端炎性水肿，刺激家兔痛痒难忍而发生食足。

食土癖是在散养时，发现家兔舔食地上土，特别是喜食墙根土和墙上的碱屑。调查发现，凡是出现食上的兔场，饲料中均缺乏食盐、钙、磷及微量元素，故认为是因矿物质缺乏所致。

食木癖表现为家兔啃食笼舍内的木制或竹制的门窗和器具等。据调查研究及查阅有关资料后认为，这主要是饲料中的粗纤维含量不足，饲料的硬度不够，使家兔不断生长的门齿得不到应有的磨损所致。

（2）防治。异食癖是由多种原因所致的代谢疾病。有的是一种或少数几种原因引起，有的是多种因素所致。应根据具体情况认真分析，查出病因，采取相应措施。一般来说，预防食仔癖，应保证营养、提供充足的饮水、保持环境安静和防止异味刺激等。母兔在没有达到配种年龄和配种体重时，不要提前交配。对于有食仔经历的母兔，应实行人工催产，并在人工看护下哺乳。一般来说，经过1周的时间，不会再发生食仔现象。对于有食毛癖的家兔，应及时将患兔隔离，减少密度，并在饲料中补充0.1%~0.2%含硫氨基酸，添加石膏粉0.5%，硫磺1.5%，补充微量元素等。一般经过1周左右，即可停止食毛。食足癖，常发生于成年兔，关键在于预防。应在脚踏板上下工夫。保证板条平整，间隙适中，防止兔脚卡在间隙里造成骨折。还应积极预防脚皮炎和脚癣。对于食土家兔，按营养需要，在日粮中添加一定量的矿物质元素，生长兔每千克日粮中要求含钙1%、磷0.5%，食盐0.5%以及铜、铁、镁、锌矿物质元素，很快即可停止。对于食木家兔，在配合饲料中应有足够的粗纤维，提倡有条件的兔场使用颗粒饲料。平时在兔笼的草架里放些嫩树枝或剪掉的果树枝，以满足需要，既可预防异食，又可提供营养。

现提醒养殖户平时应注意以下几点：①杜绝带有病原人群进入兔场。②加强卫生消毒，增加家兔机体的抵抗能力。③坚持以预防为主，防重于治的原则，做到早发现早治疗。

第八章 浅谈生猪腹泻的防治技术

引起仔猪腹泻的原因很多，但腹泻的发病源并不一定消化道，菌性腹泻病毒性腹泻、以及维生素缺乏、矿物质缺乏。机体胃肠道 pH 值过高等因素都可导致生猪腹泻。

一、流行病学

生猪腹泻主要由病毒（冠状、轮状、伪狂犬病毒等）引起的一种急性，高度接触性肠道传染病，病毒和带毒猪是主要传染源，各年龄段均易感，但日龄越小，发病率越高，死亡率也越高，寒冷季节多发，尤其是 12 月至翌年 4 月，是高发期，呈地方性流行。但细菌（大肠杆菌、稳施梭菌性肠炎、猪痢疾杆菌、内劳森氏菌等）。细菌的过度繁殖，有益菌的生长被过度抑制，从而打破机体微生物的平衡，导致机体发生病变，多发生于饲养管理不当。

二、发病机理

造成腹泻的原因大体上可分为非病原性因素以及病性因素两种。

三、临床病状

病猪的潜伏期很短，多为 1～3 天。随后波及整个猪群，以腹泻、呕吐、脱水及新生仔猪的迅速死亡为特征。哺乳仔猪体温升高，精神沉郁，有的呕吐，急剧腹泻，粪便呈黄色、绿色或白色，夹有未消化的凝乳块，气味恶臭；病猪极度口渴，到处找水喝，脱水，眼球下陷，极度消瘦，死亡率高。哺乳母猪与仔猪一起发病。体温升高，患病后乳房收缩，泌乳减少或完全停止，有些怀孕母猪流产，幼龄猪、育肥猪食欲不振或废绝，精神沉郁，个别猪有呕吐现象，并出现水样腹泻，持续 3～6 天，耐过猪会逐渐恢复正常，40 日龄以上的幼猪和育肥猪，母猪很少死亡。

四、病理变化

病死仔猪胃内充满凝乳块，胃底黏膜充血，出血，小肠壁变薄，充血膨大，肠内充满白色至黄色液体，肠管呈半透明状肠绒毛显著萎缩，淋巴结水肿。

根据临床症状、剖检变化、流行病学调查以及实验室的鉴别诊断，可作出确定诊断。

五、防治措施

（1）搞好环境卫生和消毒。坚持封闭饲养，实行"全进全出"的管理模式，定期消毒，及时清理污粪，防止疫病散播。在猪舍清理干净后，进行喷洒或熏蒸消毒，空栏 3～5 天后，方可引入新猪群。

（2）做好防寒保暖，防暑降温工作。要加强通风换气，保证猪舍清洁干燥，保持合理的饲养密度，提供充足的清洁饮水，合理搭配日粮，严禁饲喂霉变饲料。断奶初期仔猪应少喂多添的饲喂方式，不宜过饱，使其逐渐过渡到自由采食。

（3）制定科学合理的免疫计划。及时做好全圈猪的免疫工作，提高生猪整体健康水平。

（4）采用对症治疗的措施。发现病猪及时隔离，并对健康猪群实施免疫或药物预防。增加饮水，并对猪舍、环境、用具等进行全面消毒。

腹泻的仔猪可口服补液盐补充液体，同时还应在饲料中添加止泻药物（如痢特灵、泻毒散等）止泻。

对较严重的病猪，应强心补液、纠正酸中毒。将生理盐水、低分子右旋糖酐和5%碳酸氢钠溶液按2：1：1比例进行混合性输液为宜。在500毫升的输液中加入10%氯化钾溶液10毫升以补充钾。患畜尿液的酸碱反应已变碱性时，可将5%碳酸氢钠溶液自混合性输液中撤除。

第九章　规模化猪场的建设

随着养猪生产向规范化、集约化的发展，猪场对猪的日常管理逐渐提高，其重要性也更加体现出来，科学管理受到养猪户的普遍重视。可见搞好规模化猪场的建设何等重要。

一、猪场场址选择

场址选择应根据猪场的性质、规模和任务，考虑场地的地形、地势、水源、土壤、当地气候等自然条件同时应考虑饲料及能源供应、交通运输、产品销售、与周围工厂、居民点及其他畜牧场的距离、当地农业生产、猪场粪污处理等社会条件，进行全面调查，综合分析后再作决定。

（一）地形地势

猪场地形要求开阔整齐，地势较高、干燥、背风向阳、有足够面积的地方。猪场生产区面积一般可按繁殖母猪每头 45~50 平方米或上市商品育肥猪每头 3~4 平方米考虑，建场土地面积依猪场的任务、性质、规模和场地的具体情况而定。

（二）水源水质

要求水量充足，水质良好，便于取用和进行卫生防护，水量必须满足场内所有用水要求。

（三）周围环境

交通方便，供电稳定，有利于防疫。一般来说，猪场距铁路、国家一、二级公路应不少于 300~500 米，距三级公路应不少于 150~200 米，距四级公路不少于 50~100 米。与居民点间的距离，一般猪场应不少于 300~500 米，禁止在旅游区及工业污染严重的地区建设。

二、猪场场地规划和建筑物布局

场地选定后，须根据有利防疫、改善场区小气候、方便饲养管理、节约用地等原则，考虑当地气候、风向、场地的地形地势、猪场各种建筑物和设施的尺寸及功能关系，规划全场的道路、排水系统、场区绿化等，安排各功能区的位置及每种建筑物和设施的朝向、位置。

场地规划

1. 场地分区

猪场一般可分为 4 个功能区，即生产区、生产管理区、隔离区、生活区。为便于防疫和安全生产，应根据当地全年主风向和场址地势，顺序安排以上各区。

生产区入口处应设有消毒间或消毒池，以便进入生产区的人员和车辆进出严格消毒。兽医室设在生产区内，以便于兽医对病猪治疗，通常设在下风口。猪舍排列应按种公猪、妊娠猪、母猪、育肥猪，育肥猪应接近出猪台。

生产管理区与日常的饲养工作密不可分，应与生产区相邻。

隔离区应设在下风口、地势较低的地方，以免影响生产猪群。

生活区是管理人员生活的地方，一般设在生产区的上风口。

2. 场内道路和排水

道路对生产活动，卫生防疫以及工作效率起着重要的作用。场内道路应分净道、污道，互不交叉。

场内道路要求防水防滑，生产区不宜设直通场外的道路，而生产管理区和隔离区应分别设置通向场外的道路，以利于卫生防疫。

3. 场区绿化

绿化可以美化环境，更重要的是可以吸尘灭菌、降低噪声、净化空气、防疫隔离、防暑防寒。

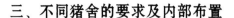

三、不同猪舍的要求及内部布置

不同性别、不同饲养和生理阶段的猪对环境及设备的要求也不同，设计猪舍内部结构时应根据猪只的生理特点和生活习性合理布置猪栏、走道，组织饲料、粪便运送路线，选用适宜的生产工艺和饲养管理方式，充分发挥猪只的生产潜力，同时提高饲养管理工作者的劳动效率。

（一）公猪舍

公猪舍多采用带运动场的单列式，单圈饲养，给公猪设运动场，保证其充足的运动，可防止公猪过肥，对其健康和提高精液品质、延长公猪使用年限等均有好处。公猪栏要求比母猪和肥猪栏宽，隔栏高度为 1.2 ~ 1.4 米面积一般为 7 ~ 9 平方米。

（二）空怀、妊娠母猪舍

空怀、妊娠母猪舍可为单列式（可带运动场）、双列式、多列式等几种，空怀、妊娠母猪可群养也可单养。

栏体多采用单体栏，单体栏设计如下：栏长 2 米，栏宽 0.65 米，栏高 1 米。栏的地面布局为：栏体头部外侧为砖结构料水槽，1.3 米的水泥地面，0.6 米的漏粪栅，粪栅下面是清粪斜坡与 0.3 米宽的粪尿沟相联。限位栏按照宽度分为 60 厘米和 65 厘米两种，其中，60 厘米为初产母猪用，65 厘米为经产母猪用。

（三）分娩舍及分娩栏

分娩舍采用双列式，每栋设计 24 个栏位，猪舍长 24 米，跨度 8 米。分娩栏长度一般为 2 ~ 2.2 米，宽 1.7 ~ 2.0 米；母猪限位栏的宽度为 0.65 米，高 1.0 米。

1. 猪舍采光

分娩舍采光通常采用自然采光方式。

（1）窗户位置根据窗口的入射角、透光角的要求，并考虑纵墙高度等来确定。

（2）窗的形状采用"方形窗"居中。

2. 猪舍的通风

排除猪舍中多余的水汽，降低舍内湿度，防止围护结构内表面结露，同时可排除空气中的尘埃、微生物、有毒有害气体（如 NH_3、H_2S、CO_2 等），改善猪舍空气的卫生状况。

（1）自然通风。自然通风的动力是靠自然界风力造成的风压和舍内外温差形成的热压，使空气流动，进行舍内外空气交换。

（2）机械通风。一种为负压通风，即用轴流式风机将舍内污浊空气抽出，使舍内气压低于舍外，则舍外空气由进风口流入，从而达到通风换气的目的。另一种是正压通风，即将舍外空气用离心式或轴流式风机通过风管压人舍内，使舍内空气压力高于舍外，在舍内外压力差作用下，舍内空气由排气口排出。

①横向通风。风机可设在屋顶风管内，两纵墙上设进风口；或风机设在两纵墙上，屋顶风管进风；也可在两纵墙一侧设风机，另一侧设进风口。

②纵向通风。风机设在猪舍山墙上或靠近该山墙的两纵墙上，进风口则设在另一端山墙上或远离风机的纵墙上。

（四）仔猪保育栏

刚断奶的转入仔猪保育栏的仔猪，生活上是一个大的转变，由依赖母猪生活过渡到完全独立生活，对环境的适应能力差，对疾病的抵抗力较弱，而这段时间又是仔猪生长最强烈的时期，因此，保育栏一定要为小猪提供一个清洁、干燥、温暖、空气新鲜的生长环境。

（五）生长猪栏与肉猪栏

规模化猪场的生长猪栏和肉猪栏均采用大栏饲养，其结构类似，只是面积大小稍有差异，有的猪场为了减少猪群转群麻烦，给猪带来应激，常把这两个阶段并为一个阶段，采用一种形式的栏，生长猪栏与肉猪栏采用实体、栅栏和综合 3 种结构。

（六）漏缝地板

规模化猪场为了保持栏内的清洁卫生，改善环境条件，减少人工清扫，普遍采用粪尿沟上敷设漏缝地板。

四、防疫严格，管理规范

（1）养殖场生产管理、防疫消毒、档案管理等制度健全，饲养管理操作规程合理。

（2）养殖档案齐全，填写规范，记录完整，保存完好。

（3）推行自繁自养，全进全出模式。

（4）畜禽出售、出栏存检疫，病死畜禽无害化处理。

五、废污利用，排放达标

（1）污水、粪便集中处理，符合 GB 18596 规定。

（2）粪污无害化处理采用沼气，达标排放或综合利用模式。

六、证照齐全，积极申报

（1）养殖场有动物防疫合格证，养殖代码证。

（2）办理营业执照。

（3）用地符合规划，手续齐全。

第十章　熊蜂在农业生产上的使用

一、熊蜂

熊蜂与蜜蜂同属于社会性昆虫。职能有分工，分雌蜂、雄蜂和工蜂。犹如一个团队，有生小孩的、有照顾小孩的、有打扫卫生的、有警卫员、有干活的。

熊蜂的适温范围非常广，简而言之：春、夏、秋、冬均可放养。

熊蜂的信息交流不发达，因此它能专心地在温室内采集授粉，埋头苦干。

熊蜂在作物间不规律的穿梭访花，具有良好的交叉授粉效果。

熊蜂体格大、绒毛多、声震大，能够强劲的把花粉震出，传递花粉多，访花、授粉率非常高。

熊蜂觅食时间长，从太阳升起到落下，不间断的去访花，平均一只熊蜂访花3 000朵/天。

而蜜蜂个头小（授粉率相对低）；适温范围窄（不能周年使用）；信息交流发达（不能埋头苦干）；不能对有些作物采花，如：番茄等（番茄等没有花蜜）。

二、熊蜂授粉的优点

（1）替代点花。省工省时。

（2）果形周正。无凸尖、无棱皮、无空心，一级果率高。

（3）提高产量。籽多水多，纯天然，营养丰富。番茄至少增产5%～10%、椒类增产20%以上、茄类增产20%以上、豆类增产60%以上等。

（4）减少灰霉病。能够有效的预防灰霉病的发生。

三、纯天然熊蜂授粉与化学激素点花果实的不同

在消费市场，消费者越来越重视食品安全，现在我就拿番茄为例简单教给大家怎样去区分纯天然熊蜂授粉与化学激素点花的果实？

（1）熊蜂授粉番茄果面圆润、果型好、无畸形，化学激素点花则反之；

（2）熊蜂授粉番茄切开后，无空心、籽多水多、营养丰富，化学激素点花的番茄则空心、无籽水少、营养状况不言而喻。

四、熊蜂放养方法

熊蜂使用非常简单，分为2种情况。

（1）日常使用。将蜂箱平放，启开盒盖，将也进也出的小口打开，盖上盒盖，熊蜂就会进进出出的劳动了。

（2）打农药时：将也进也出的小口关闭，将只进不出的小口打开，回收4个小时后，关闭只进不出的小口，搬出，即可打药了。

五、熊蜂放养注意事项

（1）放蜂前的准备。

①放蜂前20天内禁用高毒、高残留、高内吸的农药，诸如：吡虫啉、菊酯类药物等，建议您去当地经销商处寻购"熊蜂伴侣"农药。

②为防止熊蜂从棚室外逃，应在放风口安装防虫网，推荐使用孔径大于2毫米的防虫网，有利于通风降温。

（2）入棚时间。

①作物中花开到3%～5%就可以释放熊蜂了。

②蜂群进棚一般选择在傍晚，放置好后要让其安静30～60

分钟，再打开巢门。

（3）放置地点。由于棚内温度的原因，蜂箱在春、夏、秋、冬放置方法各异。

①夏季、秋前高温时：选择通风最好、最凉快的位置；挖坑70～80厘米，将一能充分容纳蜂箱的小水缸放于土坑中，缸边要高于地平面10厘米，防止浇地时水流入缸中；将一10～15厘米的小板凳放于缸底，板凳4个腿套上4个小碗，碗中加入水，目的防止蚂蚁爬入，将蜂箱平放于板凳上；在缸口四周竖立4根30～40厘米的小棍当作支架，将大于缸口的泡沫板铺于支架上，泡沫板起到防晒、隔热、防湿等的作用。

此法的目的就是降低蜂箱的温度，蜂箱离地面位置越低，越凉快；实践证明，此法能非常有效的避免高温。

②冬季、春前低温时：在棚内后墙中央，离地面1.4米左右的地方设置一个支架，将蜂箱平放于支架上；蜂箱上方0.5米处，放置泡沫板一张，起到防晒、防湿等的作用。

此法的目的就是提高蜂箱的温度，棚内后墙受阳光直射，吸热，蜂箱则暖和；实践证明此法非常有效的避免低温。

③春后、秋后温度适宜时：将0.4米左右高的板凳放于两排植株中央，通风口的下方，板凳4个腿套上4个小碗，碗中加入水，目的防止蚂蚁爬入，将蜂箱平放于板凳上；蜂箱上方0.5米处，放置泡沫板一张，起到防晒、防湿等的作用。

此法能够保证蜂箱温度适宜，幼虫凉爽舒适。

（4）温湿度范围。

①此时"温度范围"是指的"蜂箱"的适宜温度范围，控制在0～35℃，适宜的温度是5～28℃。夏季挖坑放置，温度计测量蜂箱温度一般在30℃以下；冬季后墙放置，蜂箱温度一般在5℃以上（注：只要蜂箱温度适宜，蜂群就去干活，因为蜂群采花粉的目的是饲喂幼虫，只要幼虫在蜂箱中舒逸，成蜂必须去采花粉饲喂幼虫）。

②相对湿度控制在 50% ~ 90% 范围：简而言之，人入棚后，常人感觉棚内湿度不大即可。湿度如果太大，不仅不利于熊蜂授粉，而且作物还易受到病原菌等的侵染。

温湿度过高还会造成作物花芽分化不好，畸形花多，花粉少。在此情况下，激素点花与熊蜂授粉皆会受到一定影响。

保证熊蜂能够成功的关键：一是蜂；二是药。

蜂的选择。授粉质量的好坏直接决定坐果率，而授粉的质量完全由熊蜂的质量来决定，为了保证高的访花率，笔者推荐进口的熊蜂——荷兰科伯特熊蜂，科伯特熊蜂销量占全世界份额的 70% 以上，质量稳定并且周年供应，是最有保证的蜂。

使用农药一定要注意隔离期。杀菌剂、叶面肥、植物调节剂等，大体上施药后 24 小时即可放蜂；

杀虫剂等建议最好使用科伯特推荐使用的"熊蜂伴侣"农药，另可根据科伯特提供给经销商的农药单，并正确选择隔离时间。

六、熊蜂的放养日常管理

按照正确的放置放养、注意事项，日常管理工作就简单多了。主要是注意观察访花标记。熊蜂访花后，会在花柱上形成褐色的标记，随着时间推移，颜色由浅变深，秋冬季节棚内 70% 以上的花带有此标记则授粉正常；春夏季节 80% 以上的花带有此标记则授粉正常。

第三部分　农机、农经
综合篇

第一章 拖拉机维护保养及故障排除

一、拖拉机维护与保养

拖拉机在工作一定时间后，由于运转、摩擦、震动及负荷的变化，不可避免地要产生各部连接件的松动，零件的磨损、腐蚀、疲劳、老化以及杂物堵塞现象，结果会使机车马力下降，耗油增加，工效降低，各部件失调，甚至损坏。为使机车经常处于良好的技术状态，延长其使用寿命，就必须及时地对机车各零部件进行检查、清洗、润滑、紧固、调整或更换某些零件等一系列技术维护措施。

1. 定期检查前轮定位和转向装置的技术状态

定期对前轮定位、前轮轴承间隙、转向装置进行检查调整，是减轻轮胎磨损，减少行走部件变形损坏的重要措施。应按照各型拖拉机的要求数值进行检查，必要时予以调整。尤其是对前轮前束、前轮轴承间隙、转向节主轴固定螺母和横拉杆固定螺母处更要特别注意。

2. 严格按操作规程作业

起步要平稳，在田间和不平的道路上应低速行驶，不要高速超越田埂、沟渠及高速急转弯，运输作业时保持中速行车，尽可能避免紧急制动，要根据负荷大小选择合适的挡位，不要经常使拖拉机超负荷作业。

3. 保持正常轮胎气压和履带张紧度

气压过高，缓冲作用减弱，拖拉机振动加剧，容易损坏机件和引起驾驶员疲劳；田间作业时气压大，附着性能变坏，会增大下陷量和滚动阻力，过高的气压遇到冲击时甚至会引起内胎爆裂。气压过低，轮胎变形大，增加了行驶阻力，且使轮胎发热，加速老化和损坏。轮胎气压应随季节、气温及作业条件等情况适当选择。履带拖拉机的履带过紧过松都会使履带板、履带销和轮子加速磨损，严重时会出现脱轨、卡轨，造成机件损坏。

必须重视日常检查保养，保持各部位清洁。经常检查轮毂螺栓、螺母及开口销等零件的紧固情况，保持紧固可靠。每班向摇摆轴套管、前轮轴及转向节等处加注润滑脂；经常检查托带轮、引导轮、支重轮等处油位，必要时添加润滑油，并按要求定期清洗和换油。及时清除泥土和油污。保持行走部件清洁，尤其要注意不要使轮胎受汽油、柴油、机油及酸碱物污染，以防腐蚀老化。在拆装轮胎时，不要用锋利尖锐工具，以防损坏轮胎，安装时要注意轮胎花纹方向。从上往下看，轮胎花纹的"人"字或"八"字的字顶必须朝向拖拉机前进方向。定期将左右轮胎、驱动轮、拐轴和履带等对称配置的零部件换边使用，以延长使用寿命。

二、常见故障的排除

1. 高压油管磨损漏油

拖拉机高压油管两端的凸头与喷油器、出油阀接连处出现磨损漏油现象，可从废气缸垫上剪下一圆形铜皮，中间扎一小孔磨滑，垫在凸坑之间便可解燃眉之急。

2. 突发性供油不足

拖拉机运行中出现供油不足，排出空气更换柱塞、喷油嘴后仍不见效，那就是喷油器的喷油针顶杆内小钢球偏磨使喷油不能雾化所致。此时应换一粒小钢球，如没有也可用自行车飞轮钢球代替。

3. 方向盘震抖、前轮摆头

出现方向盘震抖和前轮摇头现象，主要是前轮定位不当，主销后倾角过小所致。在没有仪器检测的情况下，应试着在钢板弹簧与前轴支座平面后端加塞楔形铁片，使前轴后转，再加大主销后倾角，试运行后即可恢复正常。

4. 变速后自由跳挡

拖拉机运行中，变速后出现自由跳挡现象，主要是拨叉轴槽磨损、拨叉弹簧变弱、连杆接头部分间隙过大所致。此时应采用修复定位槽、更换拨叉弹簧、缩小连杆接头间隙，挂挡到位后便可确保正常变速。

5. 机油泵性能差

为解决大修或检修后的机车初次启动机油泵泵不上来油的问题，应将机油滤清器或出油管卸掉，然后用注油器从机体出油孔注满机油，即刻上好滤清器或通向机油指示器的机油管，启动后，机油就会泵上来。

6. 液压油管疲劳折损

液压油管由于油压变化频繁和油温高，致使管壁张驰频繁，极易出现疲劳折损酿成事故。为有效延长液压油管的使用寿命，最好是用细铁丝烧成弹簧放入油管内作支撑。

7. 液压制动机车制动失效

要认真检查制动总泵和分泵，是否按时更换刹车油，彻底排除制动管路的空气，并要查看刹车踏板是否符合科学高度。气压制动的机车要检查调整最大制动工作气压，检查制动皮碗及软管是否发生异常变化。

8. 柴油机烧机油冒蓝烟

柴油机烧机油冒蓝烟，除了检查缸套活塞组是否磨损、活塞环弹力是否减弱、油底壳机油是否添加过量、空气滤清器油面是否过高等原因后仍未解决问题，应注意检查气门杆与气门导管的配合间隙是过大这一潜在的病因。

9. 水垢多引起发动机温度过高

发动机冷却泵水垢多会导致发动机温度过高，加速零件磨损，降低功率，烧耗润滑泵的机油。最科学的土办法是：挑选两个大丝瓜瓢，除去皮和籽，清洗净后放入水箱内，定期更换便可除水垢。而水箱水则不宜经常换，换勤了会增加水垢的形成。

10. 内胎慢撒气

橡胶内胎慢撒气时，应将内胎空气尽量放尽，用硬纸做个漏斗插入气门嘴，取两汤勺滑石粉灌入内胎，完毕后装上气门芯按标准充好气。滑石粉在胎内散开后呈弥漫状黏附在胎壁上，可有效阻止微小气孔缓慢撒气，效果很好。

以上只是一些应急措施，要想全面解决问题还要到修理厂认真修理。

第二章 小麦联合收割机维护保养与常见故障排除

小麦联合收割机是将收割机、脱粒机、行走装置用中间输送装置连接为一体的现代化农业机械。其结构比较复杂,使用要求高。只有正确使用和操作,才能充分发挥其效能,确保作业质量和延长其使用寿命。近几年来,随着农村经济的不断发展,小麦联合收割机的社会保有量也逐年大幅度增加,已成为小麦收获的重要机械,但由于部分机手不能正确使用和操作,致使小麦联合收割机没能发挥出最大效能,降低了作业质量,缩短了使用寿命。因此,正确使用联合收割机尤为重要。小麦联合收割机的维护保养与常见故障的排除方法简述如下。

一、联合收割机使用的环境要求

(1)小麦联合收割机一般适用于面积较大且地势比较平坦的地块的小麦收获。

(2)小麦联合收割机适用于同品种且成熟度一致的小麦收获。因为只有品种相同,小麦成熟才均匀。

(3)根据小麦生物学特性,在同一棵小麦的主茎和分蘖上,甚至在同穗上,麦粒成熟具有不均匀性。若收获较早,则有部分麦粒尚未成熟而影响产量;若收获较迟,则成熟较早的麦粒易于自然落粒或由于拨禾轮击打麦穗造成掉粒损失。因此,联合收获机收获小麦一般选在蜡熟末期。

二、收割机入库前的清理、清洗

(1)收割机入库前应对整机进行清理和清洗。将收割机内、外各部的泥土、碎草、麦芒、籽粒、油渍等清理干净,用水泵

（水枪）把整机彻底冲洗干净，经晾晒干后方叫入库。

（2）入库后应用木方将收割机垫起。使前后轮胎离开地面，并将轮胎气压放掉 1/3，这样可防止轮胎老化。把收割台降下放在垫木上，使液压油缸卸压，处在无负荷状态。

三、收割机入库后的保养与保管

（1）把蓄电池取下来，检查电解液液面高度。并根据电池的电量情况，有必要时充电 4~6 小时，以后每隔一两个月充电一次，充电后将蓄电池放在干燥通风的库房内保管。

（2）把收割机上所有三角带卸下来，并检查磨损情况。如能继续使用的，清擦干净，涂上滑石粉，挂在库房墙上进行保管。把收割机上所有传动链条拆卸下来，用柴油清洗干净，然后放入机油中浸泡一天，取出后淋干油再涂上黄油，用塑料布包好放在干燥库房内保管。

（3）检查各运动部分的零件。发现有过度磨损、变形或损坏的零件，要及时修理更换或在下一年度作业前修理或更换。

（4）按照收割机润滑图表要求，对整机进行一次彻底润滑。并把切割器涂上废机油，以防止刀杆、刀片锈蚀。

（5）在保管期间每隔一两个月要将液压分配器操纵手柄上、下扳动数次，以防止锈蚀卡死。

（6）把安全离合器上的弹簧拧松。使弹簧卸压减少弹簧疲劳。

四、对发动机进行高层保养

收割机的作业条件是极其恶劣的，几乎是在高尘土环境下作业，所以收割机入库后对发动机保养极为重要。

（1）入库后应放掉发动机水箱和机体内的水。以防止冬季库房内温度过低冻坏水箱和机体。

（2）清洗机油滤芯、柴油滤芯、空气滤芯和输油泵、滤网及燃油箱等。检查喷油器压力和雾化情况，必要时进行调整；检查机油滤清器限压阀的开启压力，必要时调整限压阀；检查进、排气门间隙，必要时调整。发动机油底壳内机油应一个年度更换一次。检查水泵运行情况，应在轴承处加注黄油。对发动机各部检查保养后，用塑料布将空气滤清器、排气管口、燃油箱、机油加油口等处包扎好，并向缸体内注入适量清洁的机油，转动曲轴数圈。在下一个年度作业前，还应向缸体内注入适量清洁的机油，转动曲轴数圈后，再起动发动机，如收割机已使用多年，发动机工作在 500 小时以上时，应对发动机进行一次全面检查，除上述内容外，还应检查主轴瓦、连杆轴瓦间隙及螺栓紧固情况；检查活塞环与缸套间隙和气门密封情况，必要时进行修理更换。在这里请营机户注意一下，根据我们多年的使用经验，一般新车使用一个季节后可作上述各项保养，下个年度可继续使用。但收割机用过两年以后，必须将整机拆卸进行检查调整，更换磨损过度、变形、损坏的零件。像新疆 2 号联合收割机这样的所有轴承都是封闭的机具，不能够加注黄油，就应将其拆卸下来，用柴油进行清洗后再用黄油浸煮，待油冷却凝固后，取出轴承重新组装，这样可以保证收割机作业质量，延长其使用寿命，使收割机发挥最大的使用效能。

五、秸秆夹粒多原因

小麦过于成熟，加之秸秆过于干燥；收割机脱粒部件瓦筛开度大。

排除技巧：①缩小脱粒瓦筛间隙，上筛开度保持不大于 2/3，下筛开度一般不小于 1/3；②收割机割到地头就迅速升起割台，大油门送脱槽内剩余麦子。

六、穗头脱不净原因

麦穗青头多；收割机脱粒部件的纹杆与凹板之间的脱粒间隙

过大，转速低。

排除技巧：①控制收割机在田块的割幅宽度在 2/3 以内；②调整脱粒机脱粒间隙，降低滚筒转速，增大凹板间隙，对磨损严重的零件应及时更换；③张紧动力机连动脱粒部件的轮带。

七、拨禾轮打落籽粒多的原因

拨禾转速太快，禾位置太高而打击穗头，或拨禾轮位置太靠前，增加了麦穗的打击次数。排除技巧：适当降低拨禾轮转速，适当后移拨禾轮。

八、自动喂入困难原因

拨禾轮位置离割台喂入搅龙太远，中间段的搅龙叶片与底板间的距离太大；喂入链与伸缩齿尖距离不符；作物倒伏或潮湿。排除技巧：①在弹齿不碰割刀的前提下，应尽量后移拨禾轮；②修复割台喂入搅龙叶片，使叶片离底板高度不大于 10 毫米；③喂入链与伸缩齿尖的距离保持在 10~15 厘米之间；④割台喂入搅龙安全离合器的弹簧长度应合适，以当喂入阻力过大时能及时分离为宜。

九、割刀口堵塞原因

田间杂草过多，割茬太低。排除技巧：①适当提高割茬；②将动刀片与定刀片的前端间隙调到 1~1.5 毫米；③如为嵌入石块、钢丝等硬物引起的，应停车并熄灭发动机，清除夹入物；④如发现螺栓及刀杆变形应及时校直或更换。

十、输送槽堵塞原因

输送带张紧度不够或有偏跑现象；输送槽杂物较多；谷物茎秆潮湿。

排除技巧：①清理堵塞物，张紧传送带；②当确认是皮带磨损而造成传递动力不够时，应及时更换；③如麦秆过潮，应减少割幅宽度或待麦秆晾干后再收割。

十一、脱粒滚筒堵塞原因

传动带过松或喂入不均匀；作物茎秆湿。排除技巧：①张紧传送带，控制割台喂入量；②选择成熟干燥的小麦先收割或提高割茬；③作业开始时，严禁通过猛轰油门来控制行驶速度。

十二、小麦联合收割机的使用

（1）小麦联合收割机使用前的准备。按照使用说明书的要求检查调整联合收割机各组成装置，使之达到可靠状态。特别要以负荷大、转速高及振动大的装置为重点。发动机技术状态的检查，包括油压、油温、水温是否正常，发动机声音燃油消耗是否正常等；收割台的检查与调整，包括拨禾轮的转速和高度，割刀行程和切割间隙，搅龙与底面间隙及搅龙转速大小是否符合要求；脱粒装置的检查，主要是滚筒转速凹板间隙应符合要求，转速较高，间隙较小，但不得造成籽粒破碎和滚筒堵塞现象；分离装置和清选装置的检查，逐镐器的检查应以拧紧后曲轴转动灵活为宜，轴流滚筒式分离装置主要是看滚筒转动是否轻便、灵活、可靠。润滑点最好按顺序编号，标写在明处，逐号润滑，以防遗漏。检查各零部件有无松动、损坏，特别要以易磨损零件为重点，必要时更换。焊接件是否有裂痕，紧固件是否牢固，转动部件运动是否灵活可靠，操纵装置是否灵活、准确、可靠，特别是液压操纵机构，使用时须准确无误。

（2）经重新安装、保养或修理后的小麦联合收获机。要认真做好试运转，试运转过程中要认真检查各机构的运转、传动、操作、调整等情况，发现问题及时解决。正式收割前，选择有代表性的地块进行试割。试割中，可以实际检查并解决试运转中未曾发现的问题。

（3）备足备好常用零配件和易损零配件。

十三、田间准备工作

（1）收割前踏查待作业地块的大小形状、小麦产量和品种、自然高度、种植密度、成熟度及倒伏情况等。

（2）选择机组行走路线，根据作物地形情况，确定收割方案。

（3）清除田间障碍物，必要的要做好明显标记。

（4）用牵引式联合收割机收割，要预先割出边道，地块较长还要割出卸粮道。

十四、小麦联合收割机的作业要点

（1）正确选择作业速度。小麦联合收割机前进速度的选择主要应考虑小麦产量、自然高度、干湿程度、地面情况、发动机负荷、驾驶员技术水平等因素。一般小麦每亩产量在 300～400 千克时，可以选择Ⅱ挡作业，前进速度为 3.5～8 千米/小时；小麦每亩产量在 500 千克左右时，应选择Ⅰ挡作业，前进速度为 2～4 千米/小时。

（2）选择大油门作业。正常收割时，应始终用大油门，不允许用降低油门的方法来降低行驶速度，以免造成作业质量下降或堵塞。如遇到沟坎等障碍物或倒伏作物需降低前进速度时，可通过无级变速手柄前进速度适当降低，若仍达不到要求，可踩离合器摘挡停车，待滚筒中小麦脱粒完毕时再减小油门挂低挡减速前进。减小油门换挡速度要快，一定要保证再收割时收割机加速到规定转速。

（3）收割幅宽大小要适当。通常情况下联合收获机应满幅作业，但喂入量不能超过规定的许可值，在作业时不能有漏割现象，割幅掌握在割台宽度的 90% 为好，但当小麦产量过高或湿度过大时，以最低挡作业仍超载时，就应减小割幅，一般割幅减少

到 80% 时即可满足要求。

（4）倒伏作物的收获。加载扶倒器，扶倒器应装在护刀器的前部，工作时可将倒伏的茎秆挑起、扶直。作业时收割机要尽量直线行驶，避免左右扭摆，以防扶倒器碾压更多的小麦植株造成损失。在收割倒伏小麦时，应将拨禾轮的位置向前、向下调整，使弹齿在最低位置时，尽量靠近地面，但不能接触地面，以便抓起秸秆。拨禾轮弹齿一般有 4 个位置，即向前倾斜 15°角，垂直向下和向后倾度 15°角，可根据倒伏情况调整向后倾 15°或 30°角，从而使弹齿能从地面抓起作物，并送入收割台。在收割倒伏作物时，应卸下拨禾轮压板。如果拨禾轮及弹齿调整合适，可减少损失 3.2%。

（5）选择正确的作业行走方法。作业时的行走方法有 3 种：①顺时针向心回转法；②反时针向心回转法；③梭形收割法。在具体作业时，应根据地块实际情况灵活选用。总的原则是：一要卸粮方便、快捷。二要尽量减少机车空行。

（6）作业时应尽量保持直线行驶。允许微量纠正方向。在转弯时一定要停止收割，采用倒车法转弯或兜圈法直角转弯，不可图快边割边转弯，否则收割机分禾器会将未割的麦子压倒，造成漏割损失。

第三章 合作社存货核算

一、合作社存货的概念与确认条件

存货是指企业在日常活动中持有以备出售的产成品或商品、处在生产过程中的在产品、在生产过程或提供劳务过程中耗用的材料、物料等。具体来讲，根据《农民专业合作社财务会计制度》规定，农民专业合作社的存货包括种子、化肥、燃料、农药、原材料、机械零配件、低值易耗品、在产品、农产品、工业产成品、受托代销商品、受托代购商品、委托代销商品和委托加工物资等内容。

存货必须在符合定义的前提下，同时满足下列两个条件，才能确认。一是与该存货有关的经济利益很可能流入企业。资产最重要的特征是预期会给企业带来经济利益。如果某一项目预期不能给企业带来经济利益，就不能确认为企业的资产。存货是企业的一项重要的流动资产，因此，对存货的确认，关键是判断其是否很可能给企业带来经济利益或其所包含的经济利益是否很可能流入企业。通常，拥有存货的所有权是与该存货有关的经济利益很可能流入本企业的一个重要标志。一般情况下，根据销售合同已经售出（取得现金或收取现金的权利），所有权已经转移的存货，因其所含经济利益已不能流入本企业，因而不能再作为企业的存货进行核算，即使存货尚未运离企业。企业在判断与该存货有关的经济利益能否流入企业时，通常应结合考虑存货所有权的归属，而不应当仅仅看其存放的地点等。

二是该存货的成本能够可靠的计量。成本或者价值能够可靠地计量是资产确认的一项基本条件。存货作为企业资产的组成部分，要予以确认也必须能够对其成本进行可靠地计量。存货的成

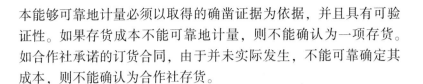

本能够可靠地计量必须以取得的确凿证据为依据，并且具有可验证性。如果存货成本不能可靠地计量，则不能确认为一项存货。如合作社承诺的订货合同，由于并未实际发生，不能可靠确定其成本，则不能确认为合作社存货。

二、存货的初始计量

合作社取得存货应当按照成本进行计量。存货成本包括采购成本、加工成本和使存货达到目前场所和状态所发生的其他成本三个组成部分。企业存货的取得主要是通过外购和自制两个途径。

（一）外购存货的成本

合作社外购存货主要包括原材料和商品。外购存货的成本即存货的采购成本，指合作社物资从采购到入库前所发生的全部支出，包括购买价款、相关税费、运输费、装卸费、保险费以及其他可归属于存货采购成本的费用。

（二）加工取得存货的成本

合作社通过进一步加工取得的存货，主要包括产成品、在产品、半成品、委托加工物资等，其成本由采购成本、加工成本构成。某些存货还包括使存货达到目前场所和状态所发生的其他成本，如可直接认定的产品设计费用等。通过进一步加工取得的存货的成本中采购成本是由所使用和消耗的原材料采购成本转移而来的，因此，计量加工取得的存货成本，重点是要确定存货的加工成本。存货的加工成本由直接人工和制造费用构成，其实质合作社在进一步加工存货的过程中追加发生的生产成本，因此，不包括直接由材料存货转移业的价值。

（三）通过提供劳务及其他方式取得的存货

通过提供劳务取得的存货，其成本按从事劳务提供人员的直接人工和其他直接费用以及可归属于该存货的间接费用确定。投资者投入的存货，应当按照投资合同或协议约定的价值确定，但合同或协议约定价值不公允的除外。在投资合同或协议约定的价值不公允的情况下，按照该项存货的公允价值作为其入账价值。盘盈存货应按其重置成本作为入账价值，并通过"待处理财产损溢"科目进行会计处理，按管理权限报经批准后，冲减当期管理费用。

在确定存货成本的过程中，应当注意，下列费用不应当计入存货成本，而应当在其发生时计入当期损益：非正常消耗的直接材料、直接人工及制造费用，应计入当期损益，不得计入存货成本。仓储费用，指企业在采购入库后发生的贮存费用，应计入当期损益。但是，在生产过程中为达到下一个生产阶段所必需的仓储费用则应计入存货成本。不能归属于使存货达到目前场所和状态的其他支出，不符合存货的定义和确认条件，应在发生时计入当期损益，不得计入存货成本。

三、存货的期末计量

存货在资产负债表日，应当按照成本与可变现净值孰低计量。当存货成本低于可变现净值时，存货按成本计量；当存货成本高于可变现净值时，存货按可变现净值计量，同时按照成本高于可变现净值的差额计提存货跌价准备，计入当期损益。

2013 年末，某产品账面余额 50 万元，可变现净值 40 万元，需计提 10 万元存货跌价准备，则账务处理是：

借：资产减值损失　　　10 万元
贷：存货跌价准备　　　10 万元

（1）如果持有的存货没有销售合同。其可变现净值应当以产成品或商品的市场销售价格作为计算基础。

2013 年 12 月 31 日，甲合作社持有 A 产品的账面成本为 30 000 元，数量为 100 千克，单位成本为 300 元/千克（假定本文所举产品都是免税产品）。

2013 年 12 月 31 日，甲产品的市场销售价格为 320 元/千克。

甲合作社没有签订有关甲产品的销售合同，因此，在这种情况下，计算甲产品的可变现净值应以 32 000（320×100）元作为计算基础。

（2）为执行销售合同或者劳务合同而持有的存货。通常应当以产成品或商品的合同价格作为其可变现净值的计算基础。如果企业与购买方签订了销售合同（或劳务合同，下同），并且销售合同订购的数量等于合作社持有存货的数量，在这种情况下，在确定与该项销售合同直接相关存货的可变现净值时，应当以销售合同价格作为其可变现净值的计算基础。也就是说，如果合作社就其产成品或商品签订了销售合同，则该批产成品或商品的可变现净值应当以合同价格作为计算基础；如果企业销售合同所规定的标的物还没有生产出来，但持有专门用于该标的物生产的原材料，其可变现净值也应当以合同价格作为计算基础。

2013 年 8 月 1 日，甲合作社与乙公司签订了一份不可撤销的销售合同，双方约定，2014 年 1 月 25 日，甲合作社应按 350 元/千克的价格向乙公司提供 B 产品 100 千克。

2013 年 12 月 31 日，甲合作社 B 产品的成本是 32 000 元，数量为 100 千克，单位成本为 32 元/千克。

2013 年 12 月 31 日，B 产品的市场销售价格为 340 元/千克。假定不考虑相关税费和销售费用。

根据甲合作社与乙公司签订的销售合同规定，该批乙产品的销售价格已由销售合同约定，并且其库存数量等于销售合同约定的数量，因此，在这种情况下，计算乙产品的可变现净值应以销售合同约定的价格 35 000（350×100）元作为计算基础。

（3）如果合作社持有存货的数量多于销售合同订购数量。超出部分的存货可变现净值应当以产品的市场销售价格作为计算基础。

（4）如果合作社持有存货的数量少于销售合同订购数量。实际持有与该销售合同相关的存货应以销售合同所规定的价格作为可变现净值的计算基础。

第四章 事业单位财会内部控制制度

在谈论这个话题之前，我们首先要明确两个概念。第一，什么是事业单位？所谓的事业单位主要指的是以社会公益为目的，由国家机关或其他组织利用国有资产依法举办的，从事教育、科技、文化、体育、卫生等公共服务活动的各种社会服务组织。但由于我国的事业单位数量多、开支大，事业单位的经营水平将直接影响政府财政资金的使用效率，而一个组织内部控制水平的高低决定着整体经营效率的高低，因此，必须加强事业单位内部控制理念，提高内部控制意识。

第二，什么是内部控制制度？事业单位内部控制制度是事业单位为了保证各项经济业务活动的有效进行、保护资产的安全完整和有效运用、控制各种风险、提高事业单位管理水平和效益、实现事业单位管理目标而实施的一系列控制方法、措施和程序。内部控制制度是现代管理理论的重要组成部分，是在实践中逐步产生、发展和完善起来的。内部控制制度是所有组织和机构正常运转的制度基础。随着市场经济的迅速发展，现在预算决算都采用功能分类，并实行国家集中支付制度，在这种要求下，事业单位做好内控措施，加强事前、事中控制成为关键。

下面，将从以下三方面谈谈事业单位内部控制制度。

一、财会内部控制制度失效的具体表现

（一）财会内控意识淡薄，基础管理薄弱

行政事业单位会计大多是从其他非会计岗位转岗而来，部分会计人员连从业资格证都没有，直接影响会计工作的质量。具体操作中，印鉴票据分管制度、重要空白凭证保管使用制度及会计人员分工中的"内部牵制"原则等得不到真正的落实；会计凭证

填制缺乏合理有效的原始凭证支持。

（二）费用开支过大，控制不严

由于部门预算编制达不到零基预算要求，不够细化、准确，经常有年度预算调整变动情况发生，各项实际支出也并非严格按照预算安排支出，缺乏预算的刚性约束。同时，单位一般都是按照收入规模花钱，缺乏对资金支出合理性的分析，缺少成本效益核算，致使各项费用重复浪费、开支金额庞大。

（三）资产不实，资产管理混乱

一是固定资产入账不及时；二是低值易耗品和固定资产划分不清；三是所有权和使用权不清，缺乏有效的财务管理制度，定期的资产盘点工作没有按规定执行，时常出现有账无物，有物无账的混乱状态。

二、建立和完善财会内部控制制度的原则

（一）合法合规性原则

内部控制制度应符合国家有关 法律 法规和本单位的实际情况，确保国家的法律法规和单位的内部规章制度能在本单位有效施行。

（二）全面性原则

内部控制制度应涵盖单位内部各个部门及各个岗位的每项经济业务、并针对业务处理过程中的关键控制点，将内部控制落实到决策、执行、监督、反馈等各个环节。

（三）岗位责任制原则

内部控制制度应保证单位内部机构、岗位及其职责权限的合理设置和分工，坚持不相容职务相互分离，确保不同科室和岗位之间权责分明、相互制约、相互监督。

（四）适时性原则

内部控制制度是一个动态的过程，它随内外环境的变化而变

化，制度不是僵死的教条，与业务相关的法律法规已修订，单位的工作范围发生变化等情况，都会引起制度的改变，单位应根据这些变化，与时俱进地对制度进行修订和完善，使之更好地发挥监督和控制作用。

三、完善单位财会内部控制制度的对策

（一）抓制度建设，完善财会内部控制制度

我国《中华人民共和国会计法》（以下简称《会计法》）第十七条规定：各单位应当建立健全本单位内部会计监督制度。各单位应当依照《会计法》和《内部会计控制规范—基本规范》有关要求，坚持预防为主，找准失控环节，明确自控重点，建立和完善内部会计制度，如对主要业务的控制必须经过授权、审批、执行、记录、检查等控制程序，对不相容职务必须进行分离，明确岗位职责和授权；建立重大资金支出联审联签和财务公开制度；加强对单位资产的管理，包括购置、配置、使用、出租、处置各个环节，形成科学有效的职责分工和制衡机制，防止因权力过于集中或会计监督核算体系不健全，为设立"小金库"创造条件。

（二）优化财会内控环境，增强内部控制意识

单位内部会计控制制度建立和执行是否有效，单位负责人的责任意识和各岗位人员的素质品德是关键。因此，各单位要把内部控制制度建设作为党风廉政建设的一项重要工作来抓，不能流于形式，要为内部控制的建立和实施提供强有力的组织机构保障和工作机制保障。提高各层次管理人员对内部会计控制制度建设重要性的认识，明确各岗位的责任和要求，建立一个以自我控制、自检、自律为主的内部控制机制，避免领导、管理或财务人员因为思想认识不到位，将"小金库"的潜规则凌驾于国家的法律法规之上，以身试法。

（三）加强财务监管，强化会计的监督职能

各单位应当严格依照《会计法》的有关规定，建立明确的岗位责任制，按照会计制度规范会计行为，完善相应的财务管理制度，建立健全各类明细账和备查账，夯实会计基础工作。加强对实体财务和监管，尤其是对物资采购、资金收付、财务保管等关键环节加强监管控制。加强财务人员职业道德教育，强化会计的监督职能。因此，建议单位明确赋予财务人员对可疑或违规事项有相应的检查权、知情权、调查权、建议权以及处理权的权责，并对财务人员给予支持和保护。

（四）完善单位财会预算管理制度，发挥预算控制的作用

编制科学、合理、细化预算，强化预算的刚性约束，防止随意追加预算以及超预算扩大预算范围等；加强对预算外收入的管理，将预算外资金纳入预算控制体系，从根本上解决预算内和预算外资金"两张皮"的问题。进一步深化"收支两条线"的管理制度使"收缴分离"。生产经营性企业、股分制公司应全面推行生产经营预算，财务预算，在控制内部成本费用的同时，通过预算控制压缩收入不入账和虚增开支暗箱操作的空间。

总之，内部控制制度是现代管理制度的关键构成部分，在财产安全、经营管理、经营风险、经营方针、经营质量、经营目标等方面的影响是不可替代的，行政事业单位内部控制的根本目的是保证行政事业单位各项财政资金的安全运行，提高资金的利用效率，保证行政事业单位管理依法运行、防止资产流失、财务报告和会计信息完整真实。

第五章　政府补助与会计处理

一、政府补助的概念

根据政府补助准则的规定，政府补助是指企业从政府无偿取得货币性资产或非货币性资产，但不包括政府作为企业所有者投入的资本。政府如以企业所有者身份向企业投入资本，将拥有企业相应的所有权，分享企业利润。在这种情况下，政府与企业之间的关系是投资者与被投资者的关系，属于互惠交易。这与其他单位与个人对企业的投资在性质上是一致的。企业在进行政府补助会计处理时，首先需要根据政府补助准则（关于政府补助的定义）来判断企业从政府取得的经济支持是否属于政府补助准则规范的政府补助。

政府补助准则规范的政府补助主要有如下特征：一是无偿性。无偿性是政府补助的基本特征。政府并不因此享有企业的所有权，企业将来也不需要偿还。政府补助通常附有一定的条件，这与政府补助的无偿性并无矛盾，并不表明该项补助有偿，而是企业经法定程序申请取得政府补助后，应当按照政府规定的用途使用该项补助。二是直接取得资产。政府补助是企业从政府直接取得的资产，包括货币性和非货币性资产。例如，企业取得的财政拨款，先征后返、即征即退等方式返还的税款，行政划拨的土地使用权等。

二、政府补助的分类

根据政府补助准则规定，政府补助应当划分为与资产相关的政府补助和与收益相关的政府补助。

与资产相关的政府补助是指企业取得的、用于购建或以其他方式形成长期资产的政府补助。这类补助通常以银行转账的方式拨付，如政府拨付的用于企业购买无形资产的财政拨款、政府对企业用于建造固定资产的相关货款给予的财政贴息等。在很少的情况下，这类补助也可能表现为政府向企业无偿划拨长期非货币性资产。

与收益相关的政府补助是指除与资产相关的政府补助之外的政府补助。这为补助一般以银行转账的方式拨付，应当在实际收到款项时按照到账金额确认和计量。

三、政府补助的会计处理

从理论上讲，政府补助有两种会计处理方法：收益法与资本法。所谓收益法是将政府补助计入当期收益或递延收益；所谓资本法是将政府补助计入所有者权益。收益法又有两种具体方法：总额法与净额法。总额法是在确认政府补助时，将其全额确认为收益，而不是作为相关资产账面余额或者费用的扣减。净额法是将政府补助确认为对相关资产账面余额或者所补偿费用的扣减。政府补助准则要求采用的是收益法中的总额法，以便更真实、完整地反映政府补助的相关信息。

（一）与收益相关的政府补助

与收益相关的政府补助应当在其补偿的相关费用或损失发生的期间计入当期损益，即用于补偿企业以后期间费用或损失的，在取得时先确认为递延收益，然后在确认相关费用的期间计入当期营业外收入；用于补偿企业已发生费用或损失的取得时直接计入当期营业外收入。企业在日常活动中按照固定的定额标准取得的政府补助，应当按照应收金额计量，借记"其他应收款"科目，贷记"营业外收入"（或"递延收益"）科目。不确定的或者在非日常活动中取得的政府补助，应当按照实际收到的金额计量，借记"银行存款"等科目，贷记"营业外收入"（或"递延收益"）科目。涉及按期分摊递延收益的，借记"递延收益"科目，贷记"营业外收入"科目。

20××年，为稳定市场猪肉价格，根据国家有关规定，财政部门按能繁母猪头数给予养殖户每头 100 元的补贴，6 月 30 日核清 A 规模养猪场有能繁母猪 100 头，财政部门于下月初支付补贴。7 月 10 日某甲规模养猪场收到补贴款 10 000 元。

某甲规模养猪场的账务处理如下。

20××年 7 月 1 日，确认应收的财政补贴款：

借：其他应收款　　　　10 000 元。

贷：营业外收入　　　　10 000 元。

20××年 7 月 10 日，实际收到财政补贴款：

借：银行存款　　　　　10 000 元。

贷：其他应收款　　　　10 000 元。

企业取得针对综合性项目的政府补助，需要将其分解为与资产相关的部分和与收益相关的部分，分别进行会计处理；难以区分的，将政府补助整体归类为与收益相关的政府补助，视情况不同计入当期损益，或者在项目期内分期确认为当期收益。

（二）与资产相关的政府补助

企业取得与资产相关的政府补助，不能全额确认为当期收益，应当随着相关资产的使用逐渐计入以后各期的收益。也就是说，这类补助应当先确认为递延收益，然后自相关资产可供使用时起，在该项资产使用寿命内平均分配，计入当期营业外收入。

与资产相关的政府补助通常为货币性资产形式，企业应当在实际收到款项时，按照到账的实际金额，借记"银行存款"等科目，贷记"递延收益"科目。将政府补助用于购建长期资产时，相关长期资产的购建与企业正常的资产购建或研发处理一致，通过"在建工程""研发支出"等科目归集，完成后转为固定资产或无形资产。自相关长期资产可供使用时起，在相关资产计提折旧或摊销时，按照长期资产的预计使用期限，将递延收益平均分摊转入当期损益，借记"递延收益"科目，贷记"营业外收入"科目。相关资产在使用寿命结束时或结束前被处置（出售、转让、报废等），尚未分摊的递延收益余额应当一次性转入资产处置当期的收益，不再予以递延。

20××年5月，某甲规模养猪场需购置一台环保消毒设备，预计价款为600 000元，因资金不足，根据国家有关规定向相关部门提出补助360 000元的申请。20××年6月1日，政府批准了某甲规模养猪场的申请并拨付款。养猪场360 000元财政拨款（同时到账）。20××年6月30日，某甲养猪场购入不需安装的环保消毒设备，实际成本为597 600元，使用寿命10年，采用直线法计提折旧（假设无残值）。

某甲规模养猪场的账务处理如下：

20××年6月1日实际收到财政拨款，确认政府补助：

借：银行存款　　　360 000元。

贷：递延收益　　　360 000元。

20××年6月30日购入设备：

借：固定资产　　　597 600元。

贷：银行存款　　　597 600元。

自20××年7月起每个资产负责表日（月末）计提折旧，同时分摊递延收益：

计提折旧：

借：管理费用　　　4 980元。

贷：累计折旧　　　4 980元。

分摊递延收益（月末）：

借：递延收益　　　　3 000元。

贷：营业外收入　　　3 000元。

在很少的情况下，与资产相关的政府补助也可能表现为政府向企业无偿划拨长期非货币性资产，应当在实际取得资产并办妥相关受让手续时按照其公允价值确认和计量，如该资产相关凭证上注明的价值与公允价值差异不大的，应当以有关凭证中注明的价值作为公允价值；如没有注明价值或者注明价值与公允价值差异较大、但有活跃市场的，应当根据有确凿证据表明的同类或类似资产市场价格作为公允价值。公允价值不能可靠取得的，按照名义金额（1 元）计量。

第六章　新型职业农民培养及有关 "三农" 知识问答

一、新型职业农民

1. 什么是新型职业农民

新型职业农民，是指适应现代农业发展和新农村建设需要，以农业为职业、具有一定专业技能、收入主要来自农业的现代农业从业者。

2014 年 7 月，农业部发布了新型职业农民标识，作为全国新型职业农民的统一标识，并公布其寓意。

2. 新型职业农民分为哪几种类型

依据我国农村基本经营制度和农业社会化分工，新型职业农民分为生产经营型、专业技能型、社会服务型 3 种类型。

（1）生产经营型职业农民。是指以农业为职业、占有一定的资源、具有一定的专业技能、有一定资金投入能力、收入主要来自农业的新型经营主体，主要是专业大户、家庭农场主、农民合作社带头人等。

（2）专业技能型职业农民。是指在农民合作社、家庭农场、专业大户、农业企业等新型生产经营主体中较为稳定地从事农业劳动作业，并以此为主要收入来源，具有一定专业技能的新型农业劳动者，主要是农业工人、农业雇员等。

（3）社会服务型职业农民。是指在社会化服务组织中或个体直接从事农业产前、产中、产后服务，并以此为主要收入来源，具有相应服务能力的新型农业社会化服务人员，主要是农村信息员、农产品经纪人、农机服务人员、统防统治植保员、村级动物防疫员等农业社会化服务人员。

3. 为什么要培训新型职业农民

培训新型职业农民是确保国家粮食安全和重要农产品有效供给的需要。我国虽然成功解决了 13 亿人口的吃饭问题，但要把饭碗牢牢端在自己手里，仍然面临很大压力，主要农产品供求仍然处于"总量基本平衡、结构性紧缺"的状况。今后中国提高农业综合生产能力，让十几亿中国人吃饱吃好、吃得安全放心，最根本的还得依靠农民，特别是要依靠高素质的新型职业农民。

培训新型职业农民是推进现代农业转型升级的需要。当前我国正处于改造传统农业、发展现代农业的关键时期。农业生产经营方式正从单一农户、种养为主、手工劳动为主，向主体多元、领域拓宽、广泛采用农业机械和现代科技转变，现代农业已发展成为一二三产业高度融合的产业体系。发展现代农业，必然要有与之相适应的新型职业农民。只有培养一大批具有较强市场意识、懂经营、会管理、有技术的新型农民，现代农业发展才能呈现另一番天地。

培训新型职业农民是构建新型农业经营体系的需要。今后"谁来种地"成为一个重大而紧迫的课题。确保农业发展"后继有人"，关键是要构建新型农业经营体系，发展专业大户、家庭农场、农民合作社、产业化龙头企业和农业社会化服务组织等新型农业经营主体。新型职业农民是家庭经营的基石、合作组织的骨干、社会化服务组织的中坚力量，也是新型农业经营主体的重要组成。只有把新型职业农民培育作为关乎长远、关乎根本的大事来抓，通过技术培训、政策扶持等措施，留住一批拥有较高素质的青壮年农民从事农业，吸引一批农民工返乡创业，发展现代农业，才能发展壮大新型农业经营主体，不断增强农业农村发展活力。

4. 新型职业农民"三位一体"培训制度是指什么

新型职业农民"三位一体"培训制度是指教育培训、认定管理、政策扶持相互衔接配套的制度体系。培训新型职业农民，教

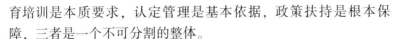

育培训是本质要求，认定管理是基本依据，政策扶持是根本保障，三者是一个不可分割的整体。

5. 新型职业农民"培育"内容有哪些

新型职业农民"培育"是大概念，其出发点着眼于农民的个人成长发展，包括教育培训，认定管理、政策扶持等环节和过程。"培养"的内容是通过教育培训提高农民的专业技能和综合素质，通过认定管理和政策扶持实现对高素质农民的精准支持，使农民愿意务农并得到实惠，从而"培养"造就一支新型职业农民队伍，确保宝贵的农业资源由高素质的农民利用经营管理。

"培养"是提高农民的务农技能和经营水平、解决生产经营中遇到的具体问题的重要途径。"培养"既包括一般的普及性培训、简单的"一事一训"，也包括系统性的农业培训（即职业培训）。"培训"是"培养"的一个重要环节，是教育培训的一个重要方面。

6. 新型职业农民教育培训的主要路径是什么

新型职业农民教育培训主要有3条路径。

（1）务农农民教育培训。务农农民是现实的农业生产经营主体。依照生产经营型按产业、专业技能型按工种、社会服务型按岗位分类培训的要求，在尊重农民意愿、顺应务农农民学习规律的基础上，采取"就地就近"和"农学结合"等灵活方式开展农民职业教育和职业培训。

（2）农业职业后继者培养。通过相关政策支持中高等农业职业院校深化教育教学改革，定向招录农村有志青年特别是专业大户、家庭农场主、合作社领办人的子女（"农二代"）学习农业；吸引农业院校特别是中高等农业职业院校毕业生回乡务农创业，培养爱学农务农的农业职业后继者。

（3）认定后的新型职业农民经常性培训。重点针对生产经营型职业农民，着眼帮助其适应农业产业政策调整、农业科技进步、农产品市场变化和提高农业生产经营水平，逐步建立与干部继续教育、工人岗位培训相类似的经常性培训制度。

7. 为什么要开展新型职业农民认定管理？

认定管理是培养新型职业农民的中枢环节，是新型职业农民培养的重要制度，是判断农民是否符合新型职业农民条件、具有新型职业农民资格和对新型职业农民进行信息采集、信息运用和年度审核等的过程。只有公平公正地认定好、科学合理地管理好新型职业农民，才能有效区分谁是新型职业农民，才能名正言顺地对他们进行支持和扶持，才能充分发挥他们在现代农业发展中的支撑作用和示范带动作用。否则就会找不到或找不准支持和扶持的对象，就不能树立典型和发挥典型的示范带动作用。

8. 新型职业农民认定应遵循哪些原则

新型职业农民认定管理是一项政策性很强的工作，必须遵循以下三项原则。

一是政府统筹原则。把新型职业农民队伍建设和教育培训、认定管理、政策扶持等制度建设纳入当地农业农村经济发展规划和现代农业建设规划，按照"政府统筹、农业部门主管、受委托机构承办"的原则规范实施。原则上由县级政府发布认定管理办法并作为认定主体。

二是农民自愿原则。充分尊重农民意愿，不得强制也不能限制符合条件的农民参加认定，主要通过宣传引导、培养失去和政策牵引，让农民在得实惠中增强主动性和积极性。

三是动态管理原则。建立退出机制，对严重违规违法、擅自改变土地用途、出现重大农产品质量安全事件、破坏农业生态环境以及生产经营水平低下的，应按规定及程序予以退出。

9. 认定后的新型职业农民可享受哪些扶持政策？

认定后的新型职业农民，根据不同类型和从事的产业，可享受不同的扶持政策。扶持政策一般由县级政府结合本地经济和产业发展实际制定。由于各地经济发展水平和产业发展状况不同，不同地域的新型职业农民享受的扶持政策会存在较大差异。

生产经营型职业农民一般可优先、优惠享受非普惠制的生产性补贴和技术服务；优先获得流转土地经营权并获得租金补贴；获得信用贷款或优先获得贷款并享受贴息；优先承担农业基础设施建设项目；优先参加农业政策性保险和获得保费补贴；享受与城镇职工同等的养老、医疗、失业、工伤等社会保障待遇等。

10. 当前新型职业农民培养工程的主要任务是什么？

2014年新型职业农民培养工程主要有三项任务。

一是建立培养制度。实行教育培训、认定管理和政策扶持"三位一体"培育，强化生产经营型、专业技能型和社会服务型"三类协同"培训，对符合条件者颁发新型职业农民证书，并配套创设相关政策予以扶持。

二是开展示范培养。在全国遴选2个示范省（覆盖不少于1/2的农业县）、14个示范市（覆盖不少于2/3的农业县）和300个示范县，作为新型职业农民培育重点示范区，发挥示范带动作用。其他地区可结合实际积极探索，大力推动新型职业农民培育工作。

三是建立健全培训体系。充分发挥各级农业广播电视学校（农民科技教育培训中心）的作用，统筹利用好农业职业院校、农技推广服务机构、农业高校、科研院所等公益性教育培训资源，并积极开发农民合作社、农业企业、农业园区等社会化教育培训资源。

11. 新型职业农民培养工程的创新体现在哪些方面？

新型职业农民培养工程的创新的主要体现在以下4个方面。

一是机制创新。突出需求导向，在农民自愿基础上，开展全产业链培养和后续跟踪服务，及时记录新型职业农民接受教育培训情况，对考核合格者进行统一认定。对认定后新型职业农民进行有效管理和政策扶持。

二是模式创新。实行"分段式、重实训、参与式"培育模式，根据农业生产周期和农时季节分段安排课程，强化分类指导，对生产经营型、专业技能型和社会服务型分产业分类开展培训。注重实践技能操作，大力推行农民田间学校、送教下乡等培训模式，提高参与性、互动性和实践性。

三是内容创新。农业部制定培训规范，指导各地加强教材建设，使培训内容更加科学和规范。项目县在开展农民需求调研基础上，制定针对性强的培育计划。培育机构按照农民特点和学习规律设置课程，教学实践活动形式多样，注重针对性、实用性和规范性，并做好后续跟踪服务。

四是手段创新。适应现代远程在线教育发展趋势，开通新型职业农民网络课堂，充分利用现代化、信息化手段开展新型职业农民在线教育培训、移动互联服务、在线信息技术咨询、全程跟踪管理与考核评价等。

二、强农惠农富农政策

1. 种粮直补政策

2014 年，中央财政继续实行种粮农民直接补贴，补贴资金原则上要求发放从事粮食生产的农民。2014 年中央财政向各省（自治区、直辖市）拨付种粮直补资金 151 亿元。

2. 农资综合补贴政策

2014 年，中央财政继续实行种粮农民农资综合补贴，遵循"价补统筹、动态调整、只增不减"的原则及时安排和增加补贴资金。2014 年中央财政向各省（自治区、直辖市）拨付种粮农民农资综合补贴资金 1 077 亿元。

3. 良种补贴政策

近年，农作物良种补贴政策对水稻、小麦、玉米、棉花、东北和内蒙古的大豆，长江流域 10 个省（直辖市）和河南信阳、陕西汉中和安康地区的冬油菜，藏区青稞实行全覆盖，并对马铃薯和花生在主产区开展试点。2014 年中央财政安排良种补贴资金达 216.81 亿元。小麦、玉米、大豆、油菜、青稞每亩补贴 10 元。

其中，新疆维吾尔自治区（以下简称新疆）地区的小麦良种每亩补贴 15 元；水稻、棉花每亩补贴 15 元；马铃薯一二级种薯每亩补贴 100 元；花生良种繁育每亩补贴 50 元、大田生产每亩补贴 10 元。

4. 农机购置补贴政策

2014 年，农机购置补贴范围继续覆盖全国所有农牧业县（场），补贴对象为纳入实施范围并符合补贴条件的农牧渔民、农场（林场）职工、农民合作社和从事农机作业的农业生产经营组织。补贴机具种类涵盖 12 类 48 个小类 175 个品目，在此基础上各地自行增加不超过 30 个其他品目。2014 年中央财政安排农机购置补贴资金 228.65 亿元。

中央财政农机购置补贴资金实行定额补贴，即同一种类、同一档次农业机械在省域内实行统一的补贴标准。一般机具单机补贴限额不超过 5 万元；100 马力以上大型拖拉机、高性能青饲料收获机、大型免耕播种机、大型联合收割机、水稻大型浸种催芽程控设备单机补贴限额可提高到 15 万元；200 马力以上拖拉机单机补贴限额可提高到 25 万元；甘蔗收获机单机补贴限额可提高到 20 万元，广西壮族自治区可提高到 25 万元；大型棉花采摘机单机补贴限额可提高到 30 万元，新疆和新疆生产建设兵团可提高到 40 万元。不允许对省内外企业生产的同类产品实行差别对待。同时在部分地区开展农机深松整地作业补助试点工作。

5. 小麦、水稻最低收购价政策

例如 2014 年生产的小麦（三等）最低收购价提高到每 50 千克 118 元，比 2013 年提高 6 元，提价幅度为 5.4%；2014 年生产的早籼稻（三等，下同）、中晚籼稻和粳稻最低收购价格分别提高到每 50 千克 135 元、138 元和 155 元，比 2013 年分别提高 3 元、3 元和 5 元，提价幅度分别为 2.3%、2.2% 和 3.3%。而 2015 年，国家继续在小麦主产区实行最低收购政策，最低收购价保持 2014 年水平不变。继续执行玉米、油菜籽、食糖临时收储政策。

6. 农产品目标价格政策

例如，2014年，国家继续坚持市场定价原则，探索推进农产品价格形成机制与政府补贴脱钩的改革，逐步建立农产品目标价格制度，在市场价格过高时补贴低收入消费者，在市场价格低于目标价格时按差价补贴生产者，切实保证农民收益。2014年，启动东北和内蒙古自治区（以下简称内蒙古）大豆、新疆棉花目标价格补贴试点，探索粮食、生猪等农产品品目标价格保险试点，开展粮食生产规模经营主体营销贷款试点。

7. 畜牧良种补贴政策

在2013年投入畜牧良种补贴资金达12亿元，主要用于对项目省的养殖场（户）购买优质种猪（牛）精液或者种公羊、牦牛种公牛给予价格补贴。生猪良种补贴标准为每头能繁母猪40元；奶牛良种补贴标准为荷斯坦牛、娟姗牛、奶水牛每头能繁母牛30元，其他品种每头能繁母牛20元；肉牛良种补贴标准为每头能繁母牛10元；羊良种补贴标准为每只种公羊800元；牦牛种公牛补贴标准为每头种公牛2 000元。这些年国家继续实施畜牧良种补贴政策。

8. 畜牧标准化规模养殖扶持政策

从2007年开始，中央财政每年安排亿元在全国范围内支持生猪标准化规模养殖场（小区）建设。在2012年，中央财政新增1亿元支持内蒙古、四川、西藏自治区（以下简称西藏）、甘肃、青海、宁夏回族自治区（以下简称宁夏）、新疆以及新疆生产建设兵团肉牛肉羊标准化规模养殖场（小区）开展标准化改扩建。支持资金主要用于养殖场（小区）水电路改造、粪污处理、防疫、挤奶、质量检测等配套设施建设等。这些年国家继续支持畜禽标准化规模养殖。

9. 动物防疫补贴政策

我国动物防疫补助政策主要包括以下4个方面。

一是重大动物疫病强制免疫补助政策。国家对高致病性禽流感、口蹄疫、高致病性猪蓝耳病、猪瘟、小反刍兽疫（限西藏、新疆生产建设兵团）等重大动物疫病实行强制免疫政策；强制免疫疫苗由省级政府组织招标采购，兽医部门逐级免费放给养殖场（户）；疫苗经费由中央财政和地方财政共同按比例分担，养殖场（户）无须支付强制免疫疫苗费用。

二是畜禽疫病扑杀补助政策。国家对高致病性禽流感、口蹄疫、高致病性猪蓝耳病、小反刍兽疫发病动物及同群动物和布鲁氏菌病、结核病阳性奶牛实施强制扑杀；对因重大动物疫病扑杀畜禽给养殖者造成的损失予以补助，补助经费由中央财政和地方财政共同承担。

三是基层动物防疫工作补助政策。补助经费主要用于对村级防疫员承担的为畜禽实施强制免疫等基层动物防疫工作经费的劳务补助。例如，2013 年中央财政投入 7.8 亿元补助经费。

四是养殖环节病死猪无害化处理补助政策。国家对年出栏生猪 50 头以上，对养殖环节病死猪进行无害化处理的生猪规模化养殖场（小区），给予每头 80 元的无害化处理费用补助，补助经费中中央和地方财政共同承担。这些年中央财政继续实施动物防疫补助政策。

10. 草原生态保护补助奖励政策

从 2011 年起，国家在内蒙古、新疆、西藏、青海、四川、甘肃、宁夏和云南等 8 个主要草原牧区省（自治区）和新疆生产建设兵团，全面建立草原生态保护补助奖励机制。内容主要包括：实施禁牧补助，对生存环境非常恶劣、草场严重退化、不宜放牧的草原，实行禁牧封育，中央财政按照每亩每年 6 元的测算标准对牧民给予补助，初步确定 5 年为一个补助周期；实施草畜平衡奖励，对禁牧区域以外的可利用草原，在核定合理载畜量的基础上，中央财政对未超载的牧民按照每亩每年 1.5 元的测算标准给予草畜平衡奖励；给予牧民（每年每亩 10 元）和每户牧民每年 500 元的生产资料综合补贴。近年，国家继续在 13 省（自治区）实施草原生态保护补助奖励政策。

11. 渔业油价补助政策

渔业油价补助是党中央、国务院出台的一项重要的支渔政策，也是目前国家对渔业最大的一项扶持政策。根据《渔业成品油价格补助专项资金管理暂行办法》规定，渔业油价补助对象包括：符合条件且依法从事国内海洋捕捞、远洋渔业、内陆捕捞及水产养殖并使用机动渔船的渔民和渔业企业。国家近年继续实施这项补贴政策。

12. 以船为家渔民上岸安居工程政策

2013 年开始，中央对以船为家渔民上岸安居给予补助，无房户、D 级危房户和临时房户户均补助 2 万元，C 级危房户和既有房屋不属于危房但在房面积狭小户户均补助 7 500 元。以船为家渔民上岸安居工程实施期限为 2013—2015 年。

13. 农产品产地初加工支持政策

2013 年，中央财政安排 5 亿元转移支付资金，采取"先建后补"方式，按照不超过单个设施平均建设造价 30% 的标准实行全国统一定额补助，扶持农户和农民专业合作社建设马铃薯贮藏窖、果蔬贮藏库和烘干房等三大类 19 种规格的农产品产地初加工设施。实施区域为河北、内蒙古、辽宁、吉林、福建、河南、河南、四川、云南、陕西、甘肃、宁夏、新疆 13 个省（自治区）和新疆生产建设兵团的 197 个县（市、区、旗、团场）。国家近几年，继续组织实施农产品产地初加工补助项目。

14. 生鲜农产品流通环节税费减免政策

2013 年 1 月下发的《国务院办公厅关于印发降低流通费用提高流通效率综合工作方案的通知》要求，继续对鲜活农产品实施从生产到消费的全环节低税收政策，将免征蔬菜流通环节增值税政策扩大到部分鲜活肉蛋产品。国家近几年继续实行生鲜农产品流通环节税费减免政策。

15. 农村沼气建设政策

2014 年，因地制宜发展户用沼气和规模化沼气。在尊重农民意愿和需求的前提下，优先在丘陵地区、老少边穷和集中供气无法覆盖的地区，发展户用沼气。支持为农户供气的大中型沼气工程建设，鼓励农民合作社、村委会和企业承担建设沼气工程。

16. 农业人口转移市民化政策

十八届三中全会明确提出要推进农业转移人口市民化，逐步把符合条件的农业转移人口转为城镇居民。政策措施主要包括三个方面：

一是加快户籍制度改革。建立城乡统一的户口登记制度，促进有能力在城镇合法稳定就业和生活的常住人口有序实现市民化。全国放开建制镇和小城市落户限制，有序实现市民化。有序放开中等城市落户限制，合理确定大城市落户条件，严格控制特大城市人口规模。鼓励各地从实际出发制定相关政策，解决好辖区内农业转移人口在本地城镇的落户问题。

二是扩大城镇基本公共服务覆盖范围。全面实行流动人口居住证制度，逐步推进居住证持有人享有与居住地居民相同的基本公共服务，保障农民工同工同酬。稳步推进城镇基本公共服务常住人口全覆盖，把进城落户农民完全纳入城镇住房和社会保障体系，在农村参加的养老保险和医疗保险规范接入城镇社保体系。

三是保障农业转移人口在农村的合法权益。现阶段，农民工落户城镇，是否放弃宅基地和承包的耕地、林地、草地，必须完全尊重农民本人的意愿，不得强制收回或变相强制收回。国家鼓励土地承包经营权在公开市场上流转，保障农民集体经济组织成员权利，保障农户宅基地用益特权。

17. 农业保险支持政策

目前，中央财政提供农业保险保费补贴的品种有玉米、水稻、小麦、棉花、马铃薯、油料作物、糖料作物、能繁母猪、奶牛、育肥猪、天然橡胶、森林、青稞、藏系羊、牦牛，共计

15 类。

2014 年，国家进一步加大农业保险支持力度提高中央和省级财政对主要粮食作物保险的保费补助比例，逐步减少或取消产粮大县县级保费补贴，不断提高稻谷、小麦、玉米三大粮食品种保险的覆盖面和风险保障水平；鼓励保险机构开展特色优势农产品保险，有条件的地方提供保费补贴，中央财政通过以奖代补等方式予以支持；扩大畜产品及森林保险范围和覆盖区域；鼓励开展多种形式的互助合作保险。

18. 农村、农垦危房改造政策

2014 年国家继续加大农村危房发行力度，计划完成农村危房改造任务 260 万户左右。

这些年国家继续实施农垦危房改造项目，按照东、中、西部垦区每户补助 6 500 元、7 500 元、9 000 元的标准，改造农垦危房 24 万户；同时按照中央投资每户 1 200 元的补助标准，支持建设农垦危房改造供暖、供水等配套基础设施建设。

19. 中央扶持新型农业经营主体政策措施

针对专业大户。中央明确，新增农业补贴资金向专业大户等新型生产经营主体倾斜。为缓解专业大户贷款难问题，2013 年中国农业银行发布了《中国农业银行专业大户（家庭农场）贷款管理办法（试行）》，将单户贷款最高额度，提高到了 1 000 万元；贷款期限最长可达 5 年；创新了农机具抵押、农副产品抵押、林权抵押、农村新型产权抵押、"公司 + 农户"担保、专业合作社担保等担保方式，还允许对符合条件的客户发放信用贷款。

针对家庭农场。2014 年中央"一号文件"明确指出"按照自愿原则开展家庭农场登记"。农业部在《关于促进家庭农场发展的指导意见》提出，支持有条件的家庭农场建设试验示范基地，担任农业科技示范户，参与实施农业技术推广项目。引导和鼓励各类农业社会化服务组织开展面向家庭农场的代耕代种代收、病虫害统防统治、肥料统配统施、集中育苗育秧、灌溉排水、贮藏保鲜等经营性社会化服务。要求各地要加大对家庭农场经营者的培训力度，鼓励中高等学校特别是农业职业院校毕业生、新型农民和农村实用人才、务工经商返乡人员等兴办家庭农场。将家庭农场经营者纳入新型职业农民、农村实用人才等培育计划。完善农业职业教育制度，鼓励家庭农场经营者通过多种形式参加中高等职业教育提高学历层次，取得职业资格证书或农民技术职称。在金融方面，中国人民银行《关于做好家庭农场等新型农业经营主体金融服务的指导意见》，简化了审贷流程，延长了贷款期限。

针对合作社。允许财政项目资金直接投向符合条件的合作社，允许财政补助形成的资产转交合作社持有和管护，有关部门要建立规范透明的管理制度。推进财政支持农民合作社创新试点，引导发展农民专业合作社联合社。推进国家示范社创建，正式施行《国家农民专业合作社示范社评定及监测暂行办法》，评定对象重点向生产经营重要农产品和提供农资、农机、植保、灌排等服务的农民专业合作社倾斜。每两年评定一次国家示范社。

针对农业龙头企业。鼓励发展混合所有制农业产业化龙头企业，推动集群发展，密切与农户、农民合作社的利益联结关系。为科学引导工商资本进入农业，农业部将农业领域划分为"红、黄、蓝、绿"四大区域。"绿区"主要涵盖农田水利、农业科研能力条件建设、农产品市场流通、农业信息化、农产品质量安全监管等基础设施建设和用于农业生产的"四荒地"开发，是国家鼓励扶持工商资本进入的领域，承担部分公益性职能。商业性研发和生产销售，承担部分公益性职能。商业性研发和生产销售、设施农业、畜水产品标准化规模化养殖、全程农业机械化服务、农产品检测、加工、贮藏、物流、销售等属于"蓝区"，"蓝区"是国家引导工商资本进入的领域，市场化程度较高。"黄区"是国家强化对工资资本监管的领域，涉及农民较多，属土地密集型产业。"红区"是国家限制工商资本进入的领域，具有高污染、高消耗的特点。

20. 支持设施农业发展用地政策

2014 年 9 月，国土资源部、农业部《关于进一步支持设施农业健康发展的通知》提出积极支持设施农业发展用地，明确设施农业用地按农用地管理。生产设施、附属设施和配套设施用地直接用于或者服务于农业生产，其性质属于农用地，按农用地管理，不需办理农用地转用审批手续。生产结束后，经营者应按要求进行土地复垦，占用耕地的应复垦为耕地。非农建设占用设施农用地的，应依法办理农用地转用审批手续，农业设施兴建之前为耕地的，非农建设单位还应依法履行耕地占补平衡义务。

设施农业发展用地要合理控制附属设施和配套设施用地规模。进行工厂化作物栽培的，附属设施用地规模原则上控制在项目用地规模 5% 以内，但最多不超过 10 亩；规模化畜禽养殖的附属设施用地规模原则上控制在项目用地规模 7% 以内（其中，规模化养牛、养羊的附属设施用地规模比例控制在 10% 以内），但最多不超过 15 亩；水产养殖的附属设施用地原则上控制在项目用地规模 7% 以内，但最多不超过 10 亩。

规模化粮食生产要根据需要合理确定配套设施用地规模。南方从事规模化粮食化粮食生产种植面积 500 亩、北方 1 000 亩以内的，配套设施用地控制在 3 亩以内；超过上述种植面积规模的，配套设施用地可适当扩大，但最多不得超过 10 亩。

三、农村土地管理

1. 稳定完善农村土地承包关系

党的十八届三中全会作出的《中共中央关于全面深化改革若干重大问题的决定》和 2014 年中央"一号文件"指出："稳定农村土地承包关系并保持长久不变，在坚持和完善最严格的耕地保护制度前提下，赋予农民对承包地占有、使用、收益、流转及承包经营权抵押、担保权能。"以家庭承包经营为基础、统分结合的双层经营体制，是适应社会主义市场经济体制、符合农业生产特点的农村基本经营制度，是党的农村政策的基石。家庭承包经营与统一经营是双层经营体制的两个层次，家庭承包经营是双层经营体制的两个层次，家庭承包经营是双层经营体制的基础，也是农村基本经营制度的基础，其核心是稳定和完善土地承包关系。2014年11月，中办、国办印发的《关于引导农村土地经营权有序流转发展适度规模经营的意见》提出："坚持农村土地集体所有，实现所有权、承包权、经营权三权分置，引导土地经营培育新型经济主体，发展多种形式的适应规模经营，巩固和完善农村基经营制作。"

2. 土地承包经营权确权登记颁证

农村土地承包经营权是一种用益物权，按照我国法律，对物权要通过登记明确权属加强保护。农村土地承包经营权确权登记颁证就是依据法律规定，由县级以上地方人民政府将农户承包土地的地块、面积、空间位置等信息及其变动情况记载于登记簿，颁发土地承包经营权证书，以进一步明确农民对承包土地的各项权益。农村土地承包经营权确权登记颁证工作，不是推倒重来，而是对现有土地承包关系的进一步完善，要以已经签订的土地承包合同和已经颁发的土地承包经营权证书为基础，查清承包地块的面积、四至等情况，建立健全土地承包经营权登记簿，不得借机违法调整和收回农户承包地。

2013年中央"一号文件"提出："健全农村土地承包经营权登记制度，强化农村耕地、林地等各类土地承包经营权的物权保护。用5年时间基本完成农村土地承包经营权确权登记颁证工作，妥善解决农户承包地块面积不准、四至不清等问题。"2014年中央一号文件提出："切实加强组领导，抓紧抓实农村土地承包经营权确权登记颁证工作，充分依靠农民群众自主协商解决工作中遇到的矛盾和问题，可以确权确地，也可以确权确股不确地，确权登记颁证工作经费纳入地方财政预算，中央财政给予补助。"中办、国办印发的《关于引导农村土地经营权有序流转发展农业适应规模经营的意见》指出："在工人中，各地要保持承包关系稳定，以现有承包台账、合同、证书为依据确认承包归属；坚持依法规范操作，严格执行政策，按照规定内容和程序开展工作；充分调动农民群众积极性，依靠村民民主协商，自主解决矛盾纠纷；从实际出发，以农村集体土地所有权确权为基础，以第二次全国土地调查成果为依据，采用符合标准规范、农民群众认可的技术方法；坚持分级负责，强化县乡两级的责任，建立健全党委和政府统一领导、部门密切协作、群众广泛参与的工作机制；科学制定工作方案，明确时间表和路线图，确保工作质量。"

农业部在《关于切实做好 2014 年农业农村经济工作意见》中提出，抓紧抓实农村土地承包经营权确权登记颁证工作，进一步扩大试点范围，选择 2 个省开展整省试点，其他省份至少选择 1 个整县开展试点。经研究，四川、山东、安徽三个省被确定为整省试点，其他省份的 27 个县（市、区）被确定为整县试点。

3. 放活土地经营权

2014 年中央一号文件指出："在落实农村土地集体所有权的基础上，稳定农户承包权、放活土地经营权，允许承包土地的经营权向金融机构抵押融资。"中办、国办印发的《关于引导农村土地经营权有序流转发展农业适应规模经营的意见》指出："坚持农村土地集体所有权，稳定农户承包权，放活土地经营权，以家庭承包经营为基础，推进家庭经营、集体经营、合作经营、企业经营等多种经营方式共同发展。"

放活土地经营权，前提是坚持农村土地集体所有、家庭承包经营的基本制度不动摇。放活土地经营权，除了在坚持依法自愿有偿原则的基础上推进土地有序流转和适度规模经营，还要赋予承包经营权抵押、担保权能。

党的十八届三中全会作出的《中共中央关于全面深化改革若干重大问题的决定》指出，"鼓励承包经营权在公开市场上向专业大户、家庭农场、农民合作社、农业企业流转，发展多种形式规模经营。"

中办、国办《关于引导农村土地经营权有序流转发展农业适度规模经营的意见》（以下简称《意见》）对引导农村土地经营权有序流转、发展农业适应规模经营明确提出了几条原则：坚持农村土地集体所有权，稳定农户承包权，放活土地经营权，以家庭承包经营为基础，推进家庭经营、集体经营、合作经营、企业经营等多种经营方式共同发展。坚持以改革为动力，充分发挥农民首创精神，鼓励创新，支持基层先行先试，靠改革破解发展难题。坚持依法、自愿、有偿，以农民为主体，政府扶持引导，市场配置资源，土地经营权流转不得违背承包农户意愿、不得损害农民权益、不得改变土地用途、不得破坏农业综合生产能力和农业生态环境。坚持经营规模适度，既要注重提升土地经营规模，又要防止土地过度集中，兼顾效率与公平，不断提高农地农用，重点支持发展粮食规模化生产。《意见》还要求，重点支持发展粮食规模化生产。《意见》还要求，鼓励创新土地流转形式，严格规范土地流转行为，加强土地流转管理和服务，合理确定土地经营规模，扶持粮食规模化生产，加强土地流转用途管制。

4. 土地适度规模经营

土地经营规模不是越大越好，要结合我国的基本国情，因地制宜地确定本地区土地经营的适宜规模。《关于引导农村土地经营权有序流转发展农村适度规模经营的意见》指出："各地要依据自然经济条件、农村劳动力转移情况、农业机械化水平等因素，研究确定本地区土地规模经营的适宜标准。防止脱离实际、违背农民意愿，片面追求越大规模经营的倾向。现阶段，对土地经营规模相当于当地户均承包地面积 10～15 倍、务农收入相当于当地二三产业务工收入的，应当给予重点扶持。创新规模经营方式，在引导土地资源适度集聚的同时，通过农民的合作与联合、开展社会化服务等多种形式，提升农业规模化经营水平。"

5. 工商资本流转农业用地

近年来，受农产品价格上涨和中央支农政策力度加大等诸多因素影响，农业领域逐步成为投资热点。工商企业进入农业，既要看到其在筹集资本、技术示范、市场营销等方面的优势和促进现代农业的引领作用，又要看到工商企业长时间、大面积租赁农户承包地，存在用工成本高、管理效率低、挤占农民就业空间等诸多隐患。《关于引导农村土地经营权有序流转发展农业适度规模经营的意见》明确指出："各地对工商企业长时间、大面积租赁农户承包地要有明确的上限控制，建立健全资格审查、项目审核、风险保障金制度，对租地条件、经营范围和违规处罚"等作出规定。工商企业租赁农户承包地要按面积实行分级备案，严格准入门槛，加强事中事后监管，防止浪费农地资源、损害农民土地权益，防范承包农户因流入方违约或经营不善遭受损失。定期对租赁土地企业的农业经营能力、土地用途和风险防范能力等情况，及时查处、纠正违法违规行为，对符合要求的可给予政策扶持。有关部门要抓紧制定管理办法，并加强对各地落实情况的监督检查。

6. 农村土地经营权抵押

长期以来，农民贷款难问题一直困扰着农业农村发展，缺乏有效抵押物是一个重要原因。党的十八届三中全会作出的《中共中央关于全面》深化改革若干重大问题的决定指出："赋予农民对承包地占有、使用、收益、流转及承包经营权抵押、担保权能。"2014 年中央"一号文件"提出："允许承包土地的经营权向金融机构抵押融资。"《关于引导农村土地经营权有序流转发展农业适度规模经营的意见》提出："按照全国统一安排，稳步推进土地经营权抵押、担保试点，研究制定统一规范的实施办法，探索建立抵押资产处置机制。"

目前，我国多数省（自治区、直辖市）都已经启动土地经营权抵押贷款试点，主要面向种养大户、家庭农场、农民合作社、农业龙头企业等新型农业经营主体，多以流转土地的经营权作抵押，向金融机构申请贷款。《中华人民共和国农村土地承包法》只是允许其他方式土地承包经营权进行进行入股、抵押，对家庭承包方式能否进行抵押未有涉及。《中华人民共和国物权法》《中华人民共和国担保法》则规定，以招标、拍卖、公开协商等方式取得的荒山、荒沟、荒丘、荒滩等农村土地承包经营权可以设定抵押，除另有规定外，耕地、宅基地、自留地、自留山等集体所有的土地使用权不得抵押。最高人民法院相关司法解释也明确规定，家庭承包的土地承包经营抵押无效。

7. 农村土地承包经营纠纷调解仲裁

《农村土地承包经营纠纷调解仲裁法》规定：发生农村土地承包经营纷纷的，当事人可以自行和解，也可以请求村民委员会、乡（镇）人民政府等调解。当事人和解、调解不成或者不愿和解、调解的，可以向农村土地承包仲裁委员会申请仲裁，也可以直接向人民法院起诉。

当事人申请仲裁，应当向纠纷涉及的土地所在地的农村土地承包仲裁委员会递交仲裁申请书。仲裁申请书应当载明申请人和被申请人的基本情况，仲裁请求和所根据的事实，理由，并提供相应的证据和证据来源。书面申请确有困难的，可以口头申请，由农村土地承包仲裁委员会记入笔录，经申请人核实后由其签名、盖章或者按指印。

仲裁农村土地承包经营纠纷，应当自受理仲裁申请之日起60日内结束；案情复杂需要延长的，经农村土地承包仲裁委员会主任批准可以延长，并书面通知当事人，但延长期限不得超过30日。当事人不服仲裁裁决的，可以自收到裁决书之日起30日内向人民法院起诉。逾期不起诉的，裁决书即发生法律效力。当事人对发生法律效力的调解书、裁决书，应当依照规定的期限履行。一方当事人逾期不履行的，另一方当事人可以向被申请人住所地或者财产所在地的基层人民法院申请执行。受理申请的人民法院应当依法执行。

8. 改革完善农村宅基地制度

党的十八届三中全会作出的《中共中央关于全面深化改革若干重大问题的决定》指出："保障农户宅基地用益物权，改革完善农村宅基地制度，选择若干试点，慎重稳妥推进农民住房财产权抵押、担保、转让，探索农民增加财产性收入渠道。"

2013年12月，国土资源部曾指出，包括农村宅基地在内的农村土地管理制度改革，必须坚持集体所有制。用途管制、城乡统筹、维护农民土地权权益四个重要原则，这是农地改革的基本逻辑和底线。农村土地管理制度改革的根本目标是要健全和维护我国基本土地制度，平等保护两种所有权，建立起适合市场经济要求的各种土地要素有序流动、平等交换、合理利用的土地市场。改革的出发点是要维护农民集体的土地权益，使宅基地权利得到切实保护，增加农民财产性收入。

解决农村宅基地的问题，首先要切实保障宅基地用益物权，完善好宅基地管理制度，同时要探索宅基地上的农民住房的财产性收益的路子。

对当前宅基地使用方面存在的问题，认为当前要做好三方面工作：完善宅基地的取得和分配制度，使其更加合理、规范；完善宅基地管理制度，促进宅基地的节约集约使用，同时保障宅基地用益物权；建立健全宅基地退出制度，使宅基地的利用更加合理。

9. 农民住房财产权抵押、担保、转让

党的十八届三中全会作出的《中共中央关于全面深化改革若干重大问题的决定》提出："选择若干试点，慎重稳妥推进农民住房财产权抵押、担保、转让。"

中央农村工作领导小组认为，住房财产权是个新概念。农民住房财产权抵押担保转让必须慎重稳妥推进，要选择若干地方先进行试点，摸索经验。抵押了还不上怎么办？房子收走了流离失所怎么办？转让在什么范围进行？都必须经过试点，这些试点必须按照程序依法获得授权，必须在规定的范围内进行，不能自行其是、擅自开展。

宅基地只能由本集体经济组织的成员申请，用于自住，不能建商业住房。必须遵循"一户一宅"原则，宅基地面积由各省级人民政府规定，大小不等。还有一点必须明确，农民对宅基地只有使用权，建在宅基地上的住房才是农民的私有财产，土地则属于农民集体所有，不允许自由买卖。

10. 农村宅基地和集体建设用地使用权确权登记发证

2010 年中央"一号文件"首次明确提出，加快农村集体土地所有权、宅基地使用权、集体建设用地使用权等确权登记颁证工作。2012 年、2013 年中央"一号文件"对这项工作提出了要求。2014 年中央一号文件提出，加快包括农村宅基地在内的农村地籍调查和农村集体建设用地使用权确权登记颁证工作。

2010 年以来，国土资源部、财政部、农业部成立了全国加快推进农村集体土地确权登记发证工作领导小组及办公室，积极推进农村集体土地确权登记发证工作。

2014 年 8 月，国土资源部、财政部、住房和城乡建设部、农业部、国家林业局联合下发《关于进一步加快推进宅基地和集体建设用地使用权确权登记发证工作的通知》，明确要求结合国家建立和实施不动产统一登记制度的有关要求，将农房等集体建设用地上的建筑物、构筑物纳入宅基地和集体建设用地使用权确权登记发证的工作范围，实现统一调查、统一确权登记、统一发证。

《通知》要求全面加快农村地籍调查，因地制宜确定调查方法和精度，避免"一刀切"，要针对本省实际问题，进一步细化完善有关政策和技术标准。坚持农村违法宅基地和集体建设用地必须依法补办用地批准手续后，方可进行登记发证。

11. 农村集体经营性建设用地入市

党的十八届三中全会作出的《中共中央关于全面深化改革若

干重大问题的决定》（以下简称《决定》）指出："在符合规划和用途管制前提下，允许农村集体经营性建设用地出让、租赁、入股，实行与国有土地同行入市、同权同价。"

中央农村工作领导小组表示，曾指出，《决定》中指的是农村集体经营性建设用地，而不是所有农村集体建设用地。所谓"农地入市"或"农村集体土地入市"是误读，是误读，是不准确的。"入市"这个问题看起来很简单，却有着明确的前置条件和限制条件。前置条件是只有符合规划和用途管制的这部分土地才可以，限制条件则必须是集体经营性建设用地。这是因为农村的集体建设用地分为三大类：宅基地、公益性公共设施用地和经营性用地。也就是说只有属于集体经营性建设用地的，如过去的乡镇企业用地，在符合规划和用途管制的前提下，才可以进入城市的建设用地市场，享受和国有土地同等的权利。

12. 建立城乡统一的建设用地市场与农村征地制度改革

党的十八届三中全会《中共中央关于全面深化改革若干重大问题的决定》专门提出要"建立城乡统一的建设用地市场"："在符合规划和用途管制前提下，允许农村集体经营性建设用地出让、租赁、入股，实行与国有土地同等入市、同权同价。缩小征地范围，规范征地程序，完善对被征地农民合理、规范、多元保障机制。扩大国有土地有偿使用范围，减少非公益用地划拨。建立兼顾国家、集体、个人的土地增值收益分配机制，合理提高个人收益。完善土地租赁、转让、抵押二级市场。"

中央农村工作领导小组提出看法，认为土地要素市场和其他资源要素市场不同，区别在于土地利用必须按规划分类管理。农村的农业用地和建设用地不能随意变换用途；城里的建设用地也分为商贸建设用地、住宅用地、工矿企业用地、公共设施用地等。按照规划，各类用地的价格是不同的。多类别的土地，不可能在同一个市场进行交易。建立城乡统一的建设用地市场，主要指内在机制、定价原则等方面的统一，而不是说各种不同用途、不同类型的土地都在一个市场买卖。

过去在征收农民土地时，长期存在两个问题：一是农民土地被征后，土地所有权都转为国有；另一个则是征收集体土地对农民的补偿标准比较低，农民不太满意。《决定》提出的"建立城乡统一的建设用地市场"恰恰对这两个问题作出了改进。第一，在符合规划和用途管制前提下，农村集体经营性建设用地可以不改变所有权就进入城镇建设用地可以不改变所有权就进入城镇建设用地市场，这部分用地仍归农民集体所有。第二，根据《决定》精神，今后应提高农民征地补偿标准，兼顾国家、集体、农民三者利益。根据现行的《中华人民共和国土地管理法》第四十七条规定，农民集体土地转化为城市建设用地后补偿标准最高不超出土地被征收前3年年均产值的30倍，同时《中华人民共和国土地管理法》授权国务院可以根据经济社会发展水平和各地不同情况决定是否提高补偿标准，具体由省一级人民政府组织实施，补偿款不够，可以从当地政府获得的土地出让金纯收益中提取，现在很多大中城市的补偿标准已经突破30倍了。

全国国土资源工作会议部署在2014年提出的十大工作任务就包括深化农村土地制度改革。一是要加快征地制度改革；二是完善农村宅基地管理制度；三是引导和规范集体经营性建设用地入市。国土资源部相关负责人介绍，此次征地制度改革，目的在于使征地范围得到合理的缩小、土地征收程序更加规范、被征地农民生活水平得到有效提高，国家、集体、个人利益协调同步增长。具体而言，一是界定征地范围、明确操作程序，以合理缩小征地范围；二是严格征地程序，包括建立拟定征地补偿和安置方案的制度、建立征地报批前协商制度等；三是完善合理、规范、多元的保障机制，包括完善征地补偿办法、探索多种安置途径、规范农民住房的补偿方式、健全完善被征地农民社会保障制度；四是研究土地增值收益合理分配机制，包括合理调整提高补偿标

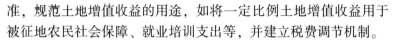

准，规范土地增值收益的用途，如将一定比例土地增值收益用于被征地农民社会保障、就业培训支出等，并建立税费调节机制。

13. 户籍制度改革与农村土地退出

近年来，随着各地城镇化的大力推进，一些地方一度热衷于推行"土地换社保"，其基本思路是"两换"：第一农民放弃宅基地，换取楼房，集中居住。第二，农民交出承包的耕地、林地，换取城镇居民的社会保障。对此，中央农村工作领导小组提出看法认为，承包地和宅基地是农民的合法的财产权益，而社会保障是应该政府给提供的公共服务，地方政府以社保换农民土地，是在制造新的不公平。

2014年7月，国务院出台《关于进一步推进户籍制度改革的意见》，提出取消农业户口与非农业户口性质区分和由此衍生的蓝印户口等户口类型，统一登记为居民户口。《意见》明确指出，土地承包经营权和宅基地使用权是法律赋予农户的用益物权，集体收益分配权是农民作为集体经济组织成员应当享有的合法财产权利。进城落户农民是否有偿退出"三权"，应根据党的十八届三中全会精神，在尊重农民意愿前提下开展试点。现阶段，不得以退出土地承包经营权、宅基地使用权、集体收益分配权作为农民进城落户的条件。

第七章 浅析鸡泽县农业现状及发展现代农业建议

一、现代农业的概念

现代农业是针对传统农业而言的,是指运用现代的科学技术和生产管理方法,对农业进行规模化、集约化、市场化和农场化的生产活动。现代农业是以市场经济为导向,以利益机制为联结,以企业发展为龙头的农业,是实行企业化管理,产加销一体化经营的农业。其核心是科学化,特征是商品化,方向是集约化,目标是产业化。

二、现代农业四大明显特征

简单来说,与传统农业相比,现代农业具有四大特点。

一是突破了传统农业仅仅或主要从事初级农产品原料生产的局限性,实现了种养加、产供销、贸工农一体化生产,使得农工商的结合更加紧密。

二是突破了传统农业远离城市或城乡界限明显的局限性,实现了城乡经济社会一元化发展,科学合理地进行资源的优势互补,有利于城乡生产要素的合理流动和组合。

三是突破了传统农业部门分割、管理交叉、服务落后的局限性,实现了按照市场经济体制和农村生产力发展要求,建立一个全方位的、权责一致、上下贯通的管理和服务体系。

四是突破了传统农业封闭低效、自给半自给的局限性,发挥资源优势和区位优势,实现了农产品优势区域布局、农产品贸易国内外流通。

其实建设现代农业的过程,就是改造传统农业、不断发展农村生产力的过程，就是转变农业增长方式、促进农业又好又快发展的过程。

三、现代农业主要类型

按照现代农业的概念，结合全国在发展现代农业上的典型案例，现代农业主要包含 9 种类型，即绿色农业、物理农业、休闲农业、工厂化农业、特色农业、观光农业、立体农业、订单农业。

四、鸡泽县农业发展现状

目前来讲，该县也正处于从传统农业向现代农业发展的过渡阶段，主要有以下 5 点。

一是全县粮食生产能力进一步提高，跨入"吨粮县"行列。近年来，我县实施了标准粮田、农业部小麦、玉米万亩高产创建示范片、"吨粮市"建设等项目，全县粮食生产再创新高，圆满完成了"吨粮县"建设。被省政府授予"河北省夏粮生产先进县"，被市委、市政府授予"邯郸市夏粮生产突出贡献县"、"吨粮市"建设突出贡献县。

二是全县畜牧业稳步增长。截至目前，全县累计规模化养猪场达到 100 家，规模化蛋鸡场 88 家，规模化肉牛养殖场 17 家，肉羊 48 家，兔专业户 95 家，肉鸭养殖 30 户。全县涌现出了润华牧业万头猪场、沙阳万头猪场、阔程标准化牛场等一批畜禽养殖基地及冀牧源、凯达肉食品加工等饲料加工和畜禽产品加工企业，全县畜牧业生产呈现良好的发展态势。

三是品牌建设卓有成效，竞争能力不断提升。截至目前，全县共成功认证无公害蔬菜产品 10 个、无公害基地 3.39 万亩，绿色蔬菜产品 10 个、绿色蔬菜基地 2150 亩。

四是土地流转工作成效显著。我县现有耕地面积 38.68 万亩，已流转土地 8.974 万亩，占全县耕地总面积的 23.2%。其中，流转面积在 1 000 亩以上有 20 户、26 548 亩；流转面积在 500 ~ 999 亩有 14 户、8 902 亩。

五是以农业园区建设为抓手，带动全县现代农业发展。尤其近些年来，我县积极推广规模化种植，探索农业园区建设经验和管理办法。在全县形成了曹庄乡富民、梦真葡萄合作社，小寨镇俊坡育苗、永辉设施蔬菜合作社，鸡泽镇、吴官营辣椒产业，风正大葱、甘蓝，浮图店、双塔樱桃、草莓、蓝莓为主的特色农业。

五、鸡泽农业生产上存在的不足和问题

尽管该县种养业呈现出较好的发展态势，但在生产经营中还存在一些问题。

一是农业产业化水平低。优势农产品在加工、储藏、包装、品牌建设以及市场营销等方面工作相对滞后，缺乏市场竞争力，加工转化能力和市场拉动能力较弱。

二是农业产业结构不尽合理。设施蔬菜和特色产业规模过小，畜牧业发展缓慢，尤其在农牧业精品园区建设上规模小、科技支撑力度不够、示范带动性弱。

三是农牧业投入严重不足。农技专业人员少，技术力量薄弱，农业发展资金、技术、人才、信息等投入严重不足，社会化服务体系不够健全，农业整体素质和效益难以有效提高。

四是在农业精品园区打造上，有的园区休闲、采摘、观光、高收入、高效益带动示范性差，起不到应有的辐射带动作用；个别园区建设规模小、产品档次低；各乡镇园区建设进展不平衡，有的园区目前仍处在土地流转阶段等问题。

六、鸡泽县在发展现代农业上的原则和思路

在该县农业发展上，主要是按照"规模化、标准化、产业化、生态循环、采摘观光旅游"的发展原则，不断调整优化农牧

业发展结构，夯实农业发展基础，不断提高粮食生产能力，努力打造一批一二三产业融合发展的现代农业精品园区，走无公害、绿色、有机农牧产品道路，从而推动本县现代农业又好又快发展。

七、在发展现代农业或者园区打造上的建议

发展现代农业是一个长期、繁重而又有潜力的工作，不能一蹴而就，需要各级政府、各个部门、全县群众共同努力、协调推进。就我县而言，我以为最主要的就是抓园区建设，典型示范，辐射带动全县农业发展。

在打造农业园区上，2015年，本县已经成立了由主管农业副县长任组长，县农协办主任、县农牧局局长任副组长，相关部门主管副职及各乡镇乡镇长为成员的农业精品园区管理领导小组。领导小组下设办公室，地点设在农牧局，办公室主任由县农牧局局长兼任，全力推进全县农牧业发展暨园区创建工作。同时出台了《鸡泽县现代农业园区管理办法》。

一是立足实际，发展特色，打造精品园区。要结合本县特色产业优势，着力培育辣椒和葡萄两个优质特色产业，重点积极打造示范带动性强的辣椒和葡萄农业精品园区。在发展现代农业上，首先要抓好农业精品园区的建设，坚持以抓工业园区的思路抓农业园区，以抓好龙头、构好机制、建好基地为抓手，集先进科技转化、现代装备应用、经营管理模式创新于一体，提高园区建设标准与质量，进一步带动全县现代农业健康快速持续发展，树立典型示范作用。

二是强化政府的支持和保护力度。首先，引导广大农民适度进行规模化经营，推进规模化土地流转，完善土地流转相关政策；其次，加大对农业基础设施建设力度，包括基本农田、水利设施和生态环境建设，改善农业生产条件，增强抗御自然灾害的能力；最后加强农产品市场体系和信息网络建设，引导农民有意

识调整农业结构，发展优质高效农业、外向型农业和现代化农业。

三是吸引多元资本进入现代农业。一是不断加强对资金投向和布局的引导，投资重点放在农牧产品的深加工项目上，注重发展高科技含量、高附加值的高产优质高效农业等。二是拓宽农业引资的渠道和方式。解放思想，探讨运用融资租赁、产权投资和经营权、收益权的有偿转让、兼并等新方式。三是在园区建设上，整合各涉农部门项目资金，按照"渠道不乱、用途不变、统筹安排、集中投入、各负其责、各记其功"的原则统筹使用。

四是抓好新型职业培养，提高科技推动作用。以县农牧局新型职业农民培训工程项目及其他项目为支撑，每年投入培育资金40万元以上，每年培育科技示范户200户以上，重点培育一批种养合作社负责人、家庭农场主、农业龙头企业带头人等新型农民主体，使其掌握新的知识和理念，能够在发展现代农业过程中成为先锋和领路人，从而提高农业知识创新能力，不断提高农民的科技素质，大力推进新的农业科技革命。

五是进一步提高农业产业化经营水平。首先是要做大、做强龙头企业，企业自身必须研究市场，开拓市场，建立和完善市场预测系统，按市场需求组织生产。其次，要与农民建立公平合理的利益联结机制。要允许企业和农户利益联结方式多样化，形成比较稳定的产品购销关系和利益共同体。第三要大力提高农业生产的组织化程度，探索和支持以龙头企业为主体，在自愿互助的基础上建立的各种行业协会、商会等中介组织。

六是健全农产品现代流通体系。规范市场建设，进一步完善其功能，提高其辐射效应，保证我县农牧产品正常流通；加快市场信息化建设，建立完善的农产品批发市场信息网络，发展电子商务，建立市场网站，通过网络收集、发布市场信息。

七是发展绿色、有机农业，注重品牌建设，提升市场竞争力。在发展现代农业过程中，必须注重品牌效应，不断强化品牌意识。就我县而言，就要举全县之力打造"鸡泽辣椒"、"鸡泽葡萄"等特色品牌，带动农产品向规模化、集约化发展，创建无公害优质农产品、绿色食品和有机食品品牌，培育和发展具有地方特色，在全省乃至全国有较高知名度的名牌农产品。

八是以质量提信誉，构建农产品质量安全体系。以农产品、畜产品质量监测试验室为依托，全面开展农畜产品及投入品的自检和送上级部门检测工作。同时集中开展农畜产品质量的监管工作，全力推进农资打假、集中整治，并积极申报绿色、有机产品及基地认证工作，努力打造成全国绿色辣椒、绿色葡萄特产示范基地和全国农产品质量安全示范县。

第八章 鸡泽县无公害农产品生产现状与发展途径

随着社会的快速发展，生活水平的不断提高，人们对农产品的质量有了新的要求，无公害、绿色、有机食品成了香饽饽。当前，我国农业已进入新的发展时期，传统农业，正在被高产、优质、高效的现代农业所代替，农产品的质量正在向优质、无污染、无公害方向发展，大力发展无公害农产品生产，这是摆在面前的一个迫切课题。

所谓无公害农产品，是指产地环境（大气、水质、土壤、施肥、用药等）、生产过程和产品质量符合国家有关标准和规范的要求，经认证合格，获得认证证书，并允许使用无公害农产品标志的未经加工或者初加工的食用农产品。通俗地讲即是可食用农产品中有害物质含量低，且符合国家规定的标准，对人体不造成危害。

从我国面临的形势来看，由于各地相继出现因食品中有毒物质含量超标而引起人员中毒事件，如苏丹红、三鹿奶粉、瘦肉精等问题出现，食品安全生产已引起国家高度重视。近年来，国家多次召开了整顿食品安全工作会议，其中内容之一就是农产品质量问题；要求农产品在销售中有相关单位的证明，如植物检疫证、卫生许可证、农产品安全监测证明等。国家明文规定了在农产品应用上所使用的农药品种，具备高效、低毒、残效期短；像一些剧毒农药如3911（甲拌磷）、甲胺磷、1605、呋喃丹、杀虫脒等30多个品种已严令禁用。在河北有一个县，是国家命名的"韭菜之乡"，由于在生产中使用高剧毒农药，"韭菜之乡"已被取消；可见国家对发展无公害农产品的重视程度，这也体现了国家对人民生命安全的重视程度。人生只有一次，珍惜生命、热爱生命是每个人的追求，每日三餐，病从口入，可见食用无公害农产品的重要性，安全生产无公害农产品势在必行，毋庸置疑。

在国外，生产优质、无公害农产品在20世纪60年代已被重视；我国是个农业大国，然而农产品在出口上却并不多，关键在于我们的粮食质量不优；过去只追求高产，在生产中所使用的农药、化肥造成粮食中的有毒物质超标，致使我国农产品在国际上声誉很低，粮食出口受到限制。我国加入世界贸易组织之后，农产品生产必须与国际接轨，高产、优质、无公害的农产品正在实际生产中被逐步落实，改善农产品质量，促进贸易交流，提高农产品产值，增加经济效益。

我国是一个人口众多、需粮大国，粮食安全问题至关重要，在一手抓好米袋子的同时，保证广大农民的钱袋子，让13亿人有饭吃、有钱花，尤为重要。只有通过调整产业结构，发展高效种植模式，提高经济效益，增加农民收入。近年来，由于农产品价格偏低，农民种粮积极性受到抑制，现在国家制定了多项惠农政策，通过良种补贴来提高农民种粮积极性，全国上下以工业反哺农业，于此同时，国家对农产品质量也有了更高要求。可见，种粮必须改变过来的传统种植方式，变粗放经营为科学种田，大力推广标准化种植技术，发展无公害农产品。如果还是原来种植方法，品质上不去，价格仍高不了，增加效益将无从谈起，必将自我束缚，阻碍发展。

如上所述，当前生产上，应重点围绕以下6个方面发展无公害农产品。

全力搞好无公害农产品的认证工作。现在国家要求农作物种子具有高产、优质的特性，在农药使用上，选择高效、低毒、低残留产品，这都是发展无公害农产品的具体手段和措施。

目前，所说的绿色食品，就是无公害产品的延伸。所谓的绿色食品是遵循可持续发展原则，按照特定生产方式生产，经专门机构认定，许可使用绿色食品标志商标的无污染的安全、优质、营养类食品。

我国的绿色食品分为 A 级和 AA 级两种。其中，A 级绿色食品生产中允许限量使用化学合成生产资料，像农药、化肥等；AA 级即有机食品则较为严格地要求在生产过程中不使用化学合成的肥料、农药和其他有害于环境和健康的物质；有机食品所使用的肥料多为有机肥，像秸秆还田、鸡粪等。而防治病虫害上，采用抗病品种或相应的植物性杀菌剂；防治害虫上采用生物防治、植物性杀虫剂、利用菌类杀虫、Bt 乳剂、灭幼脲、白僵菌等。当然就目前我国生产力水平，有机食品在很大程度上，受到诸多因素影响，在自然条件下，实现起来有很大难度。

在具体工作中，严格"三品一标"各项工作，把住认证各个关口，确保认证农产品在质量上合格。同时，强化认证之后的监管工作，落实定期与不定期抽检制度，使后期工作严格有序进行，保证农产品质量。

在农业生产上，科学合理、推广应用无公害农药。无公害农药，就是高效、低毒、低残留农药；指那些防治效果好，对人畜及有益生物毒性小，同时在外界环境中易于分解，不至于造成环境和农产品污染的农药。具体地说，一般要求杀虫效果在 90% 以上，防病效果在 80% 以上的农药称为高效农药；在自然条件下农药易于分解或消失，农药安全间隔期短（从在生产上使用到食用时间短），采收的农产品的农药残留量低于国家规定的允许残留标准的属于低残留农药。在粮食蔬菜生产上，国家都明确规定了应该用哪些农药，哪些农药禁止使用；像蔬菜上，防治病害可用的有多菌灵、百菌清、代森锰锌、甲基托布津、粉锈宁、甲霜灵、农用链霉素、DT 杀菌剂、菌毒清、植病灵等药剂。防治蔬菜害虫的杀虫剂有辛硫磷、菊酯类、吡虫啉、甲维盐、灭幼脲、Bt 乳剂、阿维菌素等农药。

为了保证人民群众的利益，国家颁布了《中华人民共和国农药管理条例》，市场上销售农药应具备"三证"，即农药登记证，农药生产许可证，产品质量合格证。各地市、县也成了相应的执法组织，负责督促落实，检查经销农药商户，对经销的禁用农药严格查处，量大者追究刑事责任。国家宣布取消某种农药，是有准确依据的，是经过从田间实际检测得到证实的，是与国际接轨和食品安全的现实需要，因此，国家下大力气推广使用无公害农药、发展绿色产品，是社会发展的必然，人民生活的需要。

加强农业生产过程中投入物资的监管。近年，随着农药新品种、新剂型大量增加，许多农民对新农药缺乏了解，违禁用药、盲目用药的现象比较普遍，造成部分地区农产品中农药残留量超标，生产性农药中毒、死亡事故和作物药害问题突出。因此，认真贯彻执行 安全生产法，对于保障农业生产和人民生命财产安全，具有极其重要的现实意义。

全面禁止剧毒农药在园艺作物上的使用。农业部发布了停止批准甲胺磷等5种高毒有机磷农药（包括混剂）的新增登记，撤销甲基对硫磷（包括混剂）在果树上使用登记的基础上，再度停止甲拌磷等11种高毒、剧毒农药在一些作物上的登记。公布了国家明令禁止使用的农药的不得在蔬菜、果树、茶叶、中草药材上使用高毒农药品种清单。大力筛选示范可代替农药品种，做好高毒农药的取代工作，同时，做好农药的限用、禁用工作。积极推广农产品标准化生产，搞好产前、产中、产后的技术指导，严格控制生产过程中的各项措施，全面提升农产品质量，推动农产品标准化生产健康发展。

按照"试验、示范、推广"的原则，重点筛选适用于经济作物病虫防治的新农药，为取代高毒农药打下基础。全国农业技术推广服务中心公布了"无公害农产品生产推荐农药品种和植保机械名单"，推荐高效、低毒、低残留农药120种。同时，积极开展病虫抗性监测和治理。科学指导，加大对蔬菜果树等经济作物病虫的抗药性监测，并提出科学、合理用药意见。着力推广普及新型施药机械。切实加强安全用药技术指导、宣传和培训。帮助农民选准农药，掌握施药时间、剂量与方法。搞好施药人员的安全防护，加强农药保管，严防因误食、误用造成的人员非生产性中毒事故的发生。

继续建好安全用药示范区。建立包括水稻、蔬菜、果树、茶叶等作物的安全使用农药示范区，各地要继续推广示范区标准化建设，确保使用者和消费者的安全，促进无公害生产的可持续发展。

第九章 农产品质量安全控制

一、农产品质量安全控制产生的背景

1. 资源和环境的压力

我国是发展中国家人多地少、资源匮乏，吃饭、喝水、穿衣是头等大事，因此，必须特别重视农业、优先发展农业。我国的资源特别是土地和水资源贫乏，世界人均耕地 0.27 公顷，中国只有 0.1 公顷，世界人均水资源 10 800 立方米，中国只有 2 700 立方米，世界人均农林牧面积 2.23 公顷，中国只有 0.44 公顷，世界人均森林 1 公顷，中国只有 0.12 公顷。我们要以占世界 6.8% 的耕地生产占世界 20% 的粮食，养活占世界 22% 的人口。随着经济的发展和人口的进一步增长，我国相对短缺的资源和脆弱的环境承载的压力越来越大，耕地减少、草场退化、水土流失、土壤沙漠化、生态破坏、环境污染等问题迫使我们保护环境和资源，发展可持续农业。

2. 农业发展战略转变

20 世纪 80 年代末随着改革开放和经济发展，农业发展战略出现了大的转变，提出了高产、优质、高效农业，即由单一数量型发展向数量、质量、效益并重发展的方向转变，实行"五个结合"即种养加结合、产供销结合、农工商结合、农科教结合、内外贸结合。

二、农产品质量安全含义

随着经济的发展，人民生活水平不断提高。现在人们不仅要求吃得饱，而且还要求吃得好，也就对农产品质量安全的要求越来越严格。通常所说的农产品质量既包括涉及人体健康、安全的质量要求，也包括涉及产品的营养成分、口感、色香味等非安全性的一般质量指标。《中华人民共和国农产品质量安全法》对农产品质量安全的定义为农产品质量符合保障人的健康、安全的要求。

农产品质量安全的定义的完全表述应为：生物产品及其加工产品的生产、包装、贮藏、运输、销售的全过程实现标准化，全过程能顺利进行，把自然风险降到最低程度并且对人类无危险、对产品和环境无危害生产的生物产品及不同层次的加工产品营养丰富、符合人类身体健康的需要和不断提高的物质生活要求，而且对人类无危险、对环境无危害。农产品对人和环境的危害因素主要指农药残留、兽药残留、重金属污染等对人、对动、植物和环境存在的危害和潜在危害。食品的质量安全必须符合国家法律、行政法规和强制性标准的规定，满足保障人体健康、人身安全的要求，不存在危及健康和安全的危险。食用的农产品中不应含有可能损害或威胁人体健康的因素，不应导致消费者急性或慢性毒害或感染疾病或产生危及消费者及其后代健康的隐患。

三、污染途径

食用农产品来源于动物和植物，受各种污染的机会很多，其污染的方式、来源及途径是多方面的，在生产、加工、运输、贮藏、销售、烹饪等各个环节均可能出现污染。因此，食用农产品质量安全不仅仅局限于微生物污染、生物毒、化学物质残留及物理危害，还包括如营养、食品质量、标签及安全教育等问题，大致包括兽药或农药残留超标、动物疫病、环境因素造成的有毒有害物质超标及人为的掺杂使假等几个方面。一是物理性污染。指由物理性因素对农产品质量安全产生的危害。如通过人工或机械在农产品中混入杂质、农产品因辐照导致放射性污染等。二是化学性污染。指在生产加工过程中使用化学合成物质而对农产品质量安全产生的危害。如使用农药、兽药、添加剂等造成的残留。

二是生物性污染。指自然界中各类生物性污染对农产品质量安全产生的危害。如致病性细菌、病毒以及某些毒素等。此外，人们关心的农业转基因技术总体上是安全的，但是不能放松质量安全问题。生物性污染则更具有较大的不确定性，控制难度大。

四、农产品质量安全问题可能带来的影响

在当今日趋复杂的国际环境下，农产品质量安全问题既是个经济问题也是个社会问题更是个政治问题，其影响面非常大。

1. 农产品质量安全问题会危及公众健康

科学研究表明，食品中的有毒有害物质直接影响人的生长发育，诱发急性中毒和慢性疾病甚至导致死亡。据世界卫生组织估计，每年全球有数以亿计的人口因食品污染、饮用水污染而患病。

2. 农产品质量安全问题会造成经济损失

在过去20多年中，发生在世界各地的食品安全事件，不仅对人类身体健康带来了危害，而且对农业、食品业、旅游业等也造成了不同程度的影响，每年全球食品安全事件导致的经济损失数额巨大。例如，比利时因二噁英事件，不仅本国大量销毁大量活鸡和鸡肉加工制品，造成的直接经济损失达13亿欧元，而且使整个欧盟畜产品贸易蒙受巨额损失。

3. 农产品质量安全问题会引发国际贸易争端

近年来世贸组织各成员国在普遍实行关税减让，根据世贸规则越来越多的国家把提高食品安全标准作为技术性贸易壁垒措施限制他国产品进入。通常的做法是采取修改技术法规、提高技术标准、严格合格评定程序、要求食品出口国生产企业具备较高的食品安全生产条件、出口产品必须取得国际认证等提高农产品和食品进口门槛。2005年世界贸易组织成员国共提交卫生和植物卫生措施通报651件，涉及食品安全问题的多达357件，占通报总量的近六成。食品安全问题以及由此设置的贸易壁垒已经成为国

际贸易争端和磨擦的焦点之一。

4. 农产品质量安全问题会影响政府公信力

从国际经验看，农产品质量安全事件会直接影响公众对政府的信任度，一些重大食品安全事件甚至会破坏社会稳定、危及国家安全。因此，能否保障食品安全已成为衡量政府能力的重要尺度。比利时由于发生二噁英事件，直接导致了政府的更迭，德国也因发生疯牛病导致了联邦政府卫生部长和农业部长辞职。因此，做好农产品质量安全工作责任重大、意义深远。

五、质量安全农产品种类

自 2005 年农业部公布了《关于发展无公害农产品绿色食品有机产品的意见》进一步明确了无公害农产品、绿色食品、有机产品的发展方向。我国农业一定要坚持无公害农产品、绿色食品和有机产品"三位一体、整体推进"的发展思路，加快发展进程，树立品牌形象。

第十章　绿色食品、无公害农产品和有机产品

一、绿色食品标准及认证

20 世纪 90 年代初期，我国基本解决了农产品的供需矛盾，农产品农药残留问题引起社会广泛关注，食物中毒事件频频发生，出口农产品因质量安全问题受阻，农产品质量安全成为社会的强烈期盼，政府开始重视农产品质量安全和环境问题。1990 年农业部发起首先在农垦系统试点生产绿色食品。与发达国家相比，中国质量安全农产品起步迟了十多年。

1. 绿色食品的概念

绿色食品是遵循可持续发展原则，按照特定生产方式生产，经专门机构认定，许可使用绿色食品标志商标的无污染的安全、优质、营养类食品。

（1）绿色食品概念的含义。一是按照特定生产方式生产，实行"全程质量监控"；二是经过环境质量和食品质量专门机构检测，中国绿色食品发展中心认定；三是许可使用绿色食品标志商标和防伪标签；四是经过初加工或深加工的无污染的安全、优质、营养类食品。

目前，我国绿色食品中 70% 为加工产品，30% 为初级农产品。

绿色食品并非指绿颜色的食品，而是特指无污染的安全、优质、营养类食品，绿色不仅是对"无污染""无公害"的一种形象表述，而且还包容了营养丰富、质量高的广泛内涵。

（2）绿色食品的定位。绿色食品定位是提高生产水平、满足更高需求、增强市场竞争力。绿色食品在解决农产品中农残、有

毒、有害物质等污染问题，实现安全的基础上实现食品的优质和高营养。绿色食品的质量水平达到发达国家普通食品质量水平，高于国内同类标准的水平，AA级绿色食品标准实行等效采用欧盟和IFOAM有关标准的原则，A级产品标准参照联合国和世界卫生组织食品法典委员会（CAC）标准、欧盟质量安全标准。

2. 绿色食品的分级

绿色食品分为AA级和A级。

（1）AA级绿色食品。指生产地的环境质量符合《绿色食品产地环境质量标准》，生产过程中不使用化学合成的肥料、农药、兽药、饲料添加剂、食品添加剂和其他有害于环境和身体健康的物质，按有机生产方式生产，产品质量符合绿色食品产品标准，经专门机构认定，许可使用AA级绿色食品标志的产品。

AA级绿色食品完全与国际接轨，相当于欧盟的有机食品。AA级绿色食品是高标准的无公害食品，完全符合人类对保护环境和自身健康幸福的需求。目前，AA级绿色食品标准已达到甚至超过国际有机农业运动联盟的有机食品基本标准的要求，这就为AA级绿色食品走向世界创造了条件，拥有广阔的国际市场。

（2）A级绿色食品。指生产地的环境质量符合《绿色食品产地环境质量标准》，生产过程中严格按照绿色食品生产资料使用准则和生产操作规程要求，限时、限量使用限定的化学合成生产资料，产品质量符合绿色食品产品标准，经专门机构认定，许可使用A级绿色食品标志的产品。

（3）A级绿色食品与AA级绿色食品的区别。A级绿色食品在生产过程中允许限时、限量使用限定的化学合成生产资料。A级绿色食品是充分考虑了我国国情根据大规模开发无污染的安全、优质、营养类食品的现实需求将A级绿色食品作为向AA级绿色食品过渡的一个过渡期产品，它不仅在国内市场上有很强的竞争力在国外普通食品市场上也有很强的竞争力。

（4）绿色食品分级的意义。一是为了促进绿色食品与国际相关食品接轨。目前，AA 级绿色食品标准已达到甚至超过国际有机农业运动联盟的有机食品基本标准的要求，这就为 AA 级绿色食品走向世界创造了条件。

二是为了适应中国国情，鉴于我国人多地少、鉴于 AA 级绿色食品开发初期产量下降的实际情况，在我国现有条件下，大量开发 AA 级绿色食品尚有一定的难度，只能采取择优发展，逐步扩大的方针。我们主张根据各地区实际条件可以先发展 A 级绿色食品，然后逐步向 AA 级绿色食品过渡。

绿色食品证书的有效期为 3 年，每年必须年检，3 年以后必须重新认证。3 年之内如发现不执行绿色食品标准和产品达不到绿色食品标准的现象，认证机构可以宣布该绿色食品证书无效。

3. 绿色食品的管理机构

中国绿色食品发展中心是经中华人民共和国人事部批准的、全权负责组织实施全国绿色食品工程的机构，绿色食品标志由中国绿色食品发展中心注册。各省（市、区）绿色食品委托管理机构由中国绿色食品发展中心委托，负责本辖区内绿色食品商标标志的管理工作。根据证明商标管理办法，受中国绿色食品发展中心委托，定点的环境、食品监测机构作为独立于中国绿色食品发展中心之外，处于第三方公正地位的权威技术机构，负责绿色食品的环境质量监测、评价工作和产品质量监测工作。

4. 绿色食品的标志和防伪标签

（1）绿色食品标志图形由 3 部分构成。上方的太阳、下方的叶片和蓓蕾，象征自然生态；标志图形为正圆形，意为保护、安全，颜色为绿色，象征着生命、农业、环保。

（2）AA 级绿色食品标志与字体为绿色，底色为白色。A 级绿色食品标志与字体为白色，底色为绿色。整个图形描绘了一幅明媚阳光照耀下的和谐生机，告诉人们绿色食品是出自纯净、良好生态环境的安全、无污染食品，能给人们带来蓬勃的生命力。绿色食品标志还提醒人们要保护环境和防止污染，通过改善人与环境的关系创造自然界新的和谐。

（3）绿色食品标志是指"绿色食品"。"GreenFood"，绿色食品标志、图形及这三者相互组合等四种形式，绿色食品商标已在国家工商行政管理局注册的此四种形式（AA级绿色食品）。注册在以食品为主的共九大类食品上，并扩展到肥料等与绿色食品相关的各类产品上。

（4）绿色食品标志商标作为特定的产品质量证明商标，已由中国绿色食品发展中心在国家工商行政管理局注册，其商标专用权受《中华人民共和国商标法》保护。凡具有生产"绿色食品"条件的单位和个人自愿使用"绿色食品"标志者须向中国绿色食品发展中心或省、自治区、直辖市绿色食品办公室提出申请，经有关部门调查、检测、评价、审核、认证等一系列过程，合格者方可获得"绿色食品"标志使用权。统一的绿色食品名称及商标标志也在香港和日本注册。

为了区别绿色食品的不同等级，AA级和A级绿色食品的标志图形完全一致，但在颜色设计和标志编号方面有明显的区别。AA级绿色食品标志图形为：标志和标准字体为绿色底为白色，防伪标签的底色为蓝色，标志编号以AA结尾。A级绿色食品标志图形为：标志和标准字体为白色，底色为绿色，防伪标签底色为绿色，标志编号以A结尾。

（5）获得绿色食品标志使用权的产品，必须同时符合下列条件。

①产品或产品原料的产地必须符合绿色食品的生态环境标准。

②农作物种植、畜禽饲养、水产养殖及食品加工必须符合绿色食品的生产操作规程。

③产品必须符合绿色食品的质量和卫生标准。

④产品的标签必须符合《绿色食品标志设计标准手册》中的有关规定。

5. 绿色食品的认证

（1）认证机构。绿色食品认证的办理机构为中国绿色食品发展中心，是农业部直属事业单位，负责组织实施绿色食品认证工作。中国绿色食品发展中心在全国各省、市、自治区及部分计划单列市委托了 42 个委托管理机构，有的省、自治区的管理机构延伸到市、县。环境质量监测机构必须通过省级以上计量认证，产品质量监测机构必须通过国家级计量认证。遵守《绿色食品监测机构委托管理办法》，国家和省级环境质量监测机构 67 家，部级产品质量监测机构 37 家。根据《绿色食品标志管理办法》，绿色食品认证分为产地认定和产品认证。产地认定由委托管理的省级以上环境质量监测机构组织实施，产品认证由委托管理的部级产品质量监测机构组织实施，获得绿色食品产地认定证书的产品方可申请产品认证。绿色食品认证是企业自愿行为，认证需收费。

（2）绿色食品标志使用期限及再论证。绿色食品标志使用期为 3 年。到期后必须重新检测认证。这样既有利于约束和规范企业的经济行为，又有利于保护广大消费者的利益。

6. 绿色食品的生产

（1）绿色食品的产地环境条件。绿色食品产地环境质量必须达到中华人民共和国农业行业标准 NY/T 391—2000《绿色食品产地环境质量标准》的要求。

（2）绿色食品的生产资料。AA 级绿色食品生产不允许使用任何化肥、农药。一切生产资料都必须来自绿色食品基地内的有机物。

A 级绿色食品生产中允许限量、限品种、限时间地使用人工合成的安全的化学农药、兽药、渔药、肥料、饲料添加剂等。使用的生产资料符合中华人民共和国农业行业标准 NY/T 393—2000《绿色食品 农药使用准则》、NY/T 394—2000《绿色食品 肥料使用准则》等各项绿色食品生产资料通用性准则，农药、肥料、兽药、饲料及饲料添加剂准则，要求加工原料是绿色食品原料产品。

（3）绿色食品生产过程。绿色食品原料生产采用生态农业技术，把优良的传统农业技术与现代农业优质、高产配套技术的结合。绿色食品从选择、改善农业生态环境入手，通过在生产、加工的全过程中，执行特定的生产操作规程，实施"从土地到餐桌"全程质量监控。各种绿色食品的生产技术规程是推荐性标准，可以根据当地的自然资源、环境条件和社会条件的实际情况，在绝对不会影响农产品质量安全的前提下，对有关生产技术规程进行修订，但修订的生产技术规程必须上报绿色食品主管部门审核，并得到批准，才能实施。

7. 绿色食品的监管

中国绿色食品发展中心是代表国家管理绿色食品事业发展的唯一权力机构，并依照《绿色食品标志管理办法》对标志的申请、资格审查、标志颁发及使用等进行全面管理。

中国绿色食品发展中心以商标标志委托管理的方式，组织全国的绿色食品管理队伍是绿色食品事业的一大特色。

各省（市）绿色食品办公室是受中国绿色食品发展中心委托的管理部门，履行由中国绿色食品发展中心划定的职责，在各地政府的领导和支持下，直接为绿色食品企业服务。中国绿色食品发展中心在全国范围内设立的食品监测网及各地绿办委托的环保机构形成的环境监测网对绿色食品生态环境及产品质量进行技术性监督管理。

相关监察部门实施标志管理。使用绿色食品标志的单位和个人，在有效的使用期限内，应接受中国绿色食品发展中心指定的环保、食品监测部门对其使用标志的产品及生态环境进行抽查和复检，如果达不到相关标准，则责令限期整改或取消其标志使用资格。

二、无公害农产品标准及认证

无公害农产品是中国最基础的质量安全农产品，是进一步大规模发展、普及绿色食品、有机产品，与国际标准接轨的前提。80 年代后期，部分省、市开始试点实施。2001 年，农业部提出"无公害食品行动计划"，开始推广无公害农产品。

无公害农产品的追求目标是：基本安全。

1. 无公害农产品的概念

无公害农产品的概念，在《无公害农产品管理办法》第一章第二条中明确指出，无公害农产品是指产地环境、生产过程和产品质量符合国家有关标准和规范的要求，经认证合格获得认证证书，并允许使用无公害农产品标志的未经加工或者初加工的食用农产品。

（1）无公害农产品概念的含义。一是无公害农产品必须按照国家标准和农业行业标准生产实行全程质量监控。

二是必须经过无公害农产品专门机构检测，农业部农产品质量安全中心认定，有毒有害物质残留控制在质量安全允许范围内。

三是许可使用无公害农产品标志。

四是无公害农产品基本为初级农产品，未经加工或者初加工的食用农产品，不包括经过深加工的农产品，也不包括非食用农产品。

（2）无公害农产品的定位。规范农业生产，保障基本安全、满足大众消费。侧重于解决农产品中农残、有毒、有害物质等已成为"公害"的问题。无公害农产品质量水平，定位于中国普通农产品质量水平。质量标准的部分指标等同于国内普通食品标准，部分指标略高于国内过去普通食品标准。无公害农产品的标准，已成为一切食品必须严格执行的，食品质量安全市场准入的最低标准。

2. 无公害农产品的管理机构

国务院直接推动无公害农产品发展。

农产品质量安全中心：无公害农产品的管理机构是由中央机构编制委员会办公室批准成立，经国家认证认可监督管理委员会批准登记的，是农业部直属正局级事业单位，专门从事无公害农产品认证工作。

农业部农产品质量安全中心的主要职责是贯彻执行国家关于农产品质量安全认证认可及合格评定方面的法律、法规和规章制度，发布认证标志和认证产品目录，受理分中心认证审查报告，并向认证合格者颁发认证证书，办理无公害农产品标志的使用手续，负责无公害农产品标志使用的监督管理，接受无公害农产品产地认定结果备案，对无公害农产品标志的印制单位进行委托和管理，开展无公害农产品质量安全认证的国际交流和合作，负责农业部农产品认证管理委员会的日常工作。

各省、市、县农业主管部门相应设立农产品质量安全管理机构，负责受理、认证等具体工作。

农业部农产品质量安全中心委托具备法定检测资格，自愿承担无公害农产品检验任务的机构，从事无公害农产品的检测工作。

3. 无公害农产品的标志及防伪标签

（1）无公害农产品执行全国统一的标志。无公害农产品标志图案主要由金色的麦穗、对勾和绿色的无公害农产品字样组成。麦穗代表农产品，对勾表示合格，金色寓意成熟和丰收，绿色象征环保和安全。

全国统一的无公害农产品标志是加施于获得无公害农产品认证的产品或者其包装上的证明性标记。

（2）全国统一的无公害农产品标志与防伪标签合二而一，具有双层结构。面层是标志，采用激光防伪、荧光防伪、微缩文字防伪、单色及凹版印刷技术等传统静态防伪技术，标志的下层——揭露层（即标志稳定粘贴在附着物上后，揭下标志面层，留下的底层）上有16位防伪数码，通过输入此防伪数码查询，不但能辨别标志的真伪，而且能了解通过认证产品的生产厂家、产品名称、品牌及认证部门等相关信息，具有防伪数码查询功能的动态防伪技术。目前，标志防伪数码的查询功能已经开通。可通过三种方式查询：

全国统一电话16840315或010-64450315查询。

手机短信息查询。

移动用户，将16位防伪数码写成短信内容发送到3315。

联通用户，将16位防伪数码写成短信内容发送到93315。以上短信发出后，约3秒钟左右，发送的手机会收到回复信息，消费者打开短信息即可知道所查询产品的真假。手机短信息查询费为0.1元/条，可查询的有效期限为一年（预定标志的当月至第二年同月）。

通过互联网查询。登录http：//www.aqsc.gov.cn，在防伪标识查询框内输入产品数码，确认无误后按"鉴别"键，即可迅速得到鉴别结果。互联网查询为免费查询，可查询的有效期限为一年（预定标志的当月至第二年同月）。

4. 无公害农产品的认证

（1）无公害农产品的认证机构。无公害农产品认证的办理机构为农业部农产品质量安全中心。

根据《无公害农产品产地认定与产品认证一体化推进实施意见》，以行政推动和依法管理相结合为发展基本方向，在现有制度框架基础上，围绕提高无公害农产品产地认定与产品认证工作质量和效率，在操作层面按照"统一规范、简便快捷"和"循序渐进、稳步推进"的工作原则，用一体化推进的理念和要求，统筹产地认定与产品认证全过程，全面实现无公害农产品产地认定与产品认证工作一体化推进，产地认定与产品认证工作机构一体化运作，产地认定产品认证与证后监管同步实施，证书核发与标志使用同步进行的工作目标。

无公害农产品认证是政府行为，认证不收费。

（2）无公害农产品标志使用期限与再论证。无公害农产品标志使用期限、产地认定证书有效期为 3 年。期满需要继续使用的，应当在有效期满 90 日前，按照规定的无公害农产品产地认定程序，重新进行论证。

5. 无公害农产品的生产

（1）无公害农产品的产地环境条件。无公害农产品产地环境质量必须达到 NY 5010—2001《无公害食品 蔬菜产地环境条件》等各类农产品相关的中华人民共和国农业行业标准的要求。

（2）无公害农产品的生产资料。无公害农产品生产中允许限量、限品种、限时间地使用人工合成的安全的化学农药、兽药、渔药、肥料、饲料添加剂等；必须执行农业部《无公害农产品施用农药规定》、相关无公害农产品中华人民共和国农业行业标准农药、兽药《使用准则》。

（3）无公害农产品的生产过程。无公害农产品的生产过程必须执行相关的操作规程。各种无公害农产品的生产技术规程是推荐性标准，可以根据当地的自然资源、环境条件和社会条件的实际情况，在绝对不会影响农产品质量安全的前提下，对有关生产技术规程进行修订，但修订的生产技术规程必须上报无公害农产品主管部门审核，并得到批准才能实施。

6. 无公害农产品的监管

无公害农产品管理工作由政府推动。全国无公害农产品的管理及质量监督工作，由农业部农产品质量安全中心、国家质量监督检验检疫部门，按照国务院的有关规定，分工负责，共同做好工作。无公害农产品严格参照国家标准，执行省地方标准。各级农业主管部门设置无公害农产品管理机构和专业技术人员，专门负责无公害农产品宣传、申报、认证、监管等系列工作。

三、有机产品标准及认证

由于发达国家农产品过剩，生态环境恶化以及环保主义运动，促进了有机农业发展，国际上有机产品起步于 20 世纪 70 年代，以 1972 年国际有机农业运动联盟的成立为标志。1994 年中国国家环保总局在南京成立有机食品中心，标志着有机产品在我国迈出了实质性的步伐。有机产品追求的目标是：回归自然，保护环境。

1. 有机产品相关概念及涵义

有机农业指在动植物生产过程中不使用化学合成的农药、化肥、生产调节剂、饲料添加剂等物质以及基因工程生物及其产物，而是遵循自然规律和生态学原理，采取一系列可持续发展的农业技术，协调种植业和养殖业的平衡，维持农业生态系统持续稳定的一种农业生产方式。

有机产品是根据有机农业原则和有机产品生产方式及标准生产、加工出来的并通过合法的有机产品认证机构认证并颁发证书的一切农产品。有机食品这一名词是从英文 Organic Food 直译过来的，这里所说的有机不是化学上的概念。虽然不如绿色食品那样形象直观，但国外普遍接受 Organic Food 有机食品这一叫法。一些国家称之为天然食品、生态食品或生物食品。

中华人民共和国国家标准 GB/T19630—2005《有机产品》中定义有机产品是生产、加工、销售过程符合本部分的供人类消费、动物食用的产品。本部分范围指农作物、食用菌、野生植物、畜禽、水产、蜜蜂等各种生物。

有机食品和有机产品实质上是从不同角度、用不同方式表述的相近的概念。有机食品是有机产品中可供人类食用的一部分。有机产品定位是满足人类对生存环境和农产品质量安全更高需求、增强市场竞争力。有机产品从生产源头解决农产品中农残、有毒、有害物质等污染问题，在实现自然、安全的基础上实现高品位、高质量、高营养的健康食品。有机产品质量水平达到发达国家食品质量安全水平，高于国内其他农产品的质量安全水平。

有机产品概念有四层涵义。

（1）有机农业的原则是在农业生态系统能量的封闭循环状态下生产，全部过程都利用农业资源而不利用农业以外的能源（化肥、农药、生产调节剂和添加剂等）影响和改变农业的能量循环。有机农业是一种完全不用或基本不用人工合成的化肥、农药、生产调节剂和饲料添加剂的生产体系。有机农业生产方式是利用生态系统内动物、植物、微生物和土壤4种生产因素的有效循环，不打破生物循环链的生产方式。有机产品是纯天然、无污染、安全营养的食品，也称为生态食品。

（2）有机产品是根据有机农业和国际有机食品协会（IFOAM）的标准生产、加工的产品。有机产品生产必须建立严格的质量管理体系、生产过程控制体系和追踪体系，有机产品在生产和加工过程中必须严格遵循有机产品生产、采集、加工、包装、贮藏、运输标准，禁止使用化学合成的农药、化肥、激素、抗生素、食品添加剂等，禁止使用基因工程技术及该技术的产物及其衍生物。有机产品的生产基地需要有转换期，在开始生产有机产品的前2～3年之内必须不使用农药和化肥。

（3）经过有机产品颁证组织"IFOAM认可机构"（简称IAP）论证并颁发给证书。

（4）有机食品是真正纯天然、无污染、高品位、高质量、安全营养的健康食品，包括农副产品及其初加工、深加工产品，如谷物、蔬菜、水果、饮料、牛奶、禽畜产品、水产品、调料、油类、水果、蜂蜜、药物、酒类等，有机产品则除有机食品外扩大包括各种真正纯天然、无污染、高品位、高质量、安全的非人类食用产品，如有机纺织品、皮革、化妆品、林产品、家具等生活资料，饲料、生物农药、肥料等有机生产资料。我国AA级绿色食品与有机食品标准等同但生产过程实行全程质量控制，在控制

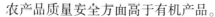

农产品质量安全方面高于有机产品。

2. 有机产品标志

全球范围内有机产品无统一标志，各国标志正显现多样化。中国有机产品有国家制定的统一认证标志，中国各认证机构也有不同的认证标志（或标识）。

中国国家质量监督检验检疫总局 2004 年公布《有机产品论证管理办法》规定了"中国有机产品论证标志"和"中国有机转换产品论证标志"。标志由外围圆形、中间的种子及其周围环形 3 部分组成，圆形形似地球象征和谐、安全，圆形中文字中英文结合表示中国有机产品与世界同行，利于消费者识别。中间类似种子的图形代表生命萌发之际的勃勃生机象征有机产品是从种子开始的全过程认证，同时昭示有机产品就如同刚刚萌发的种子正在中国大地茁壮成长。种子图形周围圆润自如的线条与种子图形构成汉字"中"体现出有机产品根植中国。同时，处于平面的环形又是英文字母"C"的变体，种子形状也是字母"O"的变形，意为"China Organic"。绿色代表环保、健康，表示有机产品给人类的生态环境带来完美和协调。橘红色代表旺盛的生命力，表示有机产品对可持续发展的作用。转换产品标志中的褐黄色代表肥沃的土地，表示有机产品在肥沃的土地上不断发展。此标志是国家规定的统一标志，分别用于通过论证的"中国有机产品"和产地在转换期内的"准有机产品"。

3. 有机产品的认证

（1）有机产品的论证、颁证机构。有机产品的论证、颁证机构包括国际有机农业运动联盟（IFOAM）、国际有机颁证服务机构 IOAS 和颁证机构 IAP。

有机产品的认证要求

申请有机产品认证必须具备以下基本要求。

① 生产基地在最近 2 年（一年生作物）或 3 年（多年生作物）内未使用过《OFDC 有机认证标准》中的禁用物质。

② 种子使用前没有用任何禁用物质处理。禁止使用任何转基因的种子和种苗。

③ 生产基地应建立长期的土壤培肥、植物保护、作物轮作和畜禽养殖计划。

④ 生产基地无明显水土流失、风蚀及其他环境问题。

⑤ 作物在收获、清洁、干燥、贮存和运输过程中必须避免污染。

⑥ 从常规生产系统向有机生产转换通常需要 2～3 年的时间，新开荒地及撂荒多年的土地也需经至少 12 个月的转换期才有可能获得有机认证。

⑦ 在生产和流通过程中，必须有完善的质量控制和跟踪审查体系，并有完整的生产和销售记录。

（2）有机产品、食品标志使用期限及再认证。有机产品认证证书的有效期为一年，即只对申请认证的当年种植的作物或产品有效一年，期满后可申请"保持认证"通过检查、审核合格后方可继续使用有机食品标志。每年有机产品都必须进行认证。由于有机产品认证的基本要求是从产品生产基地到产品销售的全过程跟踪审查，对作物已收获的基地一般不再受理认证。因此，宜尽早申请，只要确定了生产基地即可申请预审查，有效期满前一个月需重新办理申请认证手续。有机产品认证是企业自愿行为，认证需收费。

4. 有机产品的生产

（1）有机产品的产地环境条件。在中国的 IFOAM 颁证机构（IAP）申请论证有机产品、植物、动物、微生物生产基地环境质量必须符合 GB/T 19630《有机产品》中关于环境质量的要求。在中国绿色食品发展中心申请认证 AA 级绿色食品产品或产品原料产地的环境质量必须达到 NY/T 391—2000《绿色食品产地环境质量标准》的要求。在外国的 IFOAM 颁证机构（IAP）申请论证有机产品或产品原料产地的环境质量必须符合该 IFOAM 颁证机构的要求。无论国内、国外的 IFOAM 颁证机构对产品或产品原料产地的环境质量的要求是基本一致的。有机产品或产品原料产地需要在 IFOAM 颁证机构的监督下经过从常规生产到有机农业生产的转换期。经 IFOAM 颁证机构检查、监测最近两三年内所用的生产技术、方法以及管理措施是符合有机天然食品生产的技术要求,环境中有害物质的残留物没有超过规定的标准。

(2) 有机产品的生产资料。有机产品和 AA 级绿色食品生产均不允许使用任何化肥也禁止使用化学农药、基因工程有机体及其他高毒的阿维菌素、烟碱、矿物源农药等。一切生产资料和原料是同一生产体系内部循环的自然物质或符合有机产品产地环境质量标准的自然环境中的有机物质。有机产品生产中也有限制使用的生产资料。在国际认证标准中允许有限制地使用的生产资料主要是生物制剂和无毒害的矿物源物质。施用的生产资料必须是有机农业生产中允许使用的品种,如海藻制品、二氧化碳、明胶、蜂蜡、黏土、石英砂等。

(3) 有机产品生产过程。在认证机构监督下完全按有机生产方式生产 1~3 年 (转化期) 即被确认为有机农场并可在其产品上使用认证机构标志和 "有机" 字样上市。有机产品生产采用有机农业技术把优良的传统农业技术与生态农业技术的结合。AA级绿色食品从选择、改善农业生态环境入手通过在生产、加工的全过程中执行特定的生产操作规程,实施 "从土地到餐桌" 全程质量监控。

5. 有机产品的监管

有机产品管理由政府管理部门审核、批准的民间或私人的认证机构,如美、日、欧盟部分国家;也有由政府所属的机构,如丹麦、捷克、韩国。认证机构按法规、条例、标准实施认证、检查和监督;有机产品销售,实施市场监管。中国有机产品管理由政府授权、认可的认证机构进行,如国环有机产品论证中心 (OFDC)、中绿华夏有机食品认证中心 (COFCC) 等。

四、怎样正确选购农资物品

种子、农药、肥料是农业生产的重要生产资料，如果选购不当，不仅不能起到增产提质的作用，而且还会造成减产和损失，导致经济纠纷。因此，如何购买放心的农业生产资料至关重要。

1. 正确选购种子

农作物种子是农业生产中重要的、基本的不可替代的生产资料，选用不当，一旦造成损失就为时已晚，不可弥补。

（1）什么是种子

种子是指农作物和林木的种植材料或者繁殖材料，包括籽粒、果实和根、茎、苗、芽、叶等。

（2）什么是假种子

①以非种子冒充种子或者以此种品种种子冒充他种品种种子的。

②种子的种类、品种、产地与标签标注的内容不符的。

（3）什么是劣种子

①质量低于国家规定的种用标准的。

②种子质量低于种子标签标注指标的。

③因变质不能作种子使用的。

④杂草种子的比率超过规定的。

⑤带有国家规定检疫对象的有害生物的。

（4）什么是合格种子

凡是在种子净度、纯度、发芽率、水分四项重要指标上均达到《中华人民共和国农作物种子质量标准》且不低于标签标注的种子均视为合格种子，否则视为不合格种子。

（5）购买种子注意事项

①选择合法种子经营者：要到有种子经营许可证，有经营种子营业执照，正规可靠、信誉好，有经济实力的种子经营单位购种，千万不可贪便宜到无证、无照及流动非法种子摊点购买种

子；否则，一旦所购种子出现问题，得不到有效赔偿。

②购买有包装的种子：没有包装的散装种子容易被不良商贩掺杂作假，受到损失难以追偿。千万不能图方便、贪便宜而吃大亏。

③学会看包装种子的标签：《种子法》及有关配套规章规定，包装种子标签必须要标注产地、种子经营许可证编号、质量指标（纯度、净度、发芽率、水分）、检疫证编号、净含量、生产年月、生产商名称、生产商地址及联系方式等。主要农作物如玉米种子标签还要加注种子生产许可证编号和品种审定编号。如果是进口种子，应当加注进口商名称、种子进口贸易许可证编号及进口种子审批号。如果标签内容不全面，有可能是假冒种子，质量难以保证。

④对不切实际、夸大其辞的种子广告和传言不要轻易相信：拒绝购买隐蔽销售、走乡串村流动销售或借科技下乡之名宣传销售的种子，这些经营者不具备经营资格，所售种子难有质量保证，一旦上当受骗，无索赔之处。不可贪图推销者给的奖品等小恩小惠，天上不会掉馅饼。

⑤索取购种发票：购买种子时一定要索取购种发票。购种发票、种子标签及种子说明书是索赔的合法有效凭证。

⑥依法维护自身合法权益：种子种植以后出现质量问题，应做好记录、现场保护和提供有效凭证，如现场照片、录像。及时与种子经营者、当地种子管理部门联系，由种子管理部门进行调解，调解不成可提出田间鉴定申请，由种子管理部门组织专家现场鉴定；依据鉴定结论，向当地的人民法院状告种子经营者要求其赔偿。

⑦注意种子适宜种植的区域：主要是看品种介绍，所有品种都应明确说明其所适宜种植的区域范围。由于任何品种都不可能适宜在所有生态条件下表现正常，所以，如果你所在地区不在该品种的适宜种植区域内，绝对不能轻易购买，否则可能造成大幅

度减产。了解品种的特征特性，特别是抗逆性，看是否适合当地种植，不要轻信广告，尽量购买省市农业部门发布的主导品种或补贴品种。

2. 正确选购农药

（1）购买农药前，首先要了解农药的类别。农药按防治对象分为杀虫剂、杀菌剂、除草剂、植物生长调节剂、杀鼠剂等。每一类又有若干品种。为了方便区别和选购，根据国际惯例统一规定了农药类别颜色标志条，标志条设在农药标签的下部：杀虫剂用红色条表示；杀菌剂用黑色条表示；除草剂用绿色条表示；植物生长调节剂用深黄色条表示；杀鼠剂用蓝色条表示。

（2）购买农药前，应了解农药的毒性。农药的毒性标志有其特一性和专一性，毒性标志一般设在农药标签的右下方。低毒用红色菱形图案表示，并在图中印有红色"低毒"字样；中等毒用红色菱形图案加黑色十字叉表示，并在图下方印有"中等毒"字样；高毒用黑色菱形图案中加人头骷髅表示，并在图下方印有红色"高毒"字样。

（3）购买农药时应选择有营业执照和三证（"农药登记证""生产许可证"或"准产证""产品标准证"）的农资经营单位购买。

（4）查看注册商标。注册商标包括两部分，一是有"注册商标"字样；二是有"商标图案"。进口农药标签上的"注册商标"通常用符号"R"代替。假冒农药一般无注册商标或商标图案。

（5）仔细阅读产品介绍。注意掌握农药的特性、适用范围、适宜用量、使用方法、使用时间及注意事项等。假冒伪劣农药一般无产品介绍，或者产品介绍有字迹不清、异样字和错别字、内容不完整、有不科学的夸大药效等现象，这样的农药最好不要购买。

（6）查看有效期限和生产批号。"有效期限"是该种农药从生产分装时开始计算有效期的最长年限，超过有效期限，药效就达不到原来的质量标准。"生产批号"是指该农药生产的年、月、日和当日的批次号。不要购买无生产批号和超出使用期限的农药。

（7）查看厂名、厂址。正规生产农药的企业单位标签上的厂名、厂址清楚。有些生产厂家还注明邮政编码、电话号码、电报挂号等。

（8）看外观质量。主要是查看农药有无结块、分层、沉淀和泄漏。如果有此类现象中的一种，则为过期农药或不合格农药，最好不要购买。

3. 正确选购化肥

（1）要选择正规企业的产品。并要在正规企业的销售处或合法经销单位购买，到有固定经营场所，证、照齐全的农资产品经营单位购买。

（2）购买化肥时，要查看肥料包装标识。特别要注意查看有无生产许可证、产品标准号、肥料登记证号，要查看产品质量证明书或合格证，以及生产日期、保质期和批号、生产者或经销者的名称、地址，产品要有使用说明书。

（3）肥料产品标识要清楚规范。那些不实或夸大性质的词语如"肥王"、"全元素"等是不允许添加的。选择的肥料产品，外观应颗粒均匀，无结块现象，且不要购买散装产品。

（4）购买肥料要索要收据（发票）和盖有经营单位公章的信誉卡。信誉卡上应清楚准确地标明购买时间、产品名称、数量、等级、规格、型号、价格等主要项目。一定不能接受个人签名的字据或收条。肥料施用后要保存肥料包装，以便出现纠纷时作为证据或索赔依据。

（5）要货比三家。不要图便宜。千万不要为省几毛钱误了一年的收成。肥料生产企业基于原料价格和生产成本，其产品价格会在一定范围内变化。在选购化肥时，您千万不要贪图便宜，购买价格过低的肥料。

4. 不要盲目听取商家推销宣传

遇到问题或不清楚应选择何种农资时，应咨询当地农业部门或者有关农业技术人员，切勿轻信商家推销，或者再次向专业人士确认。

5. 选择合法经营单位购买

合法经营者都会在经营场所醒目位置悬挂有关证照，如营业执照、经营许可证、厂家的授权委托书等。非正规经营单位容易买到假冒伪劣商品，以致造成无法挽回的损失。并且在正规商店购买完农资产品后一定要向商家索要发票等凭证，为以后的维权做好准备。

6. 购买时看清楚外包装及标示在产品上的各项说明

仔细查看包装是否规范、标签是否完整、有无合格证、厂名厂址、商标标识、生产日期、失效期及使用说明等。不要购买包装破损、标识不清或不全的农资商品。购买农药或化肥时还要了解其药剂含量或产品品牌，尽量选择信誉度高的产品；如果是农机具，还要看清产品合格证，并了解和掌握农机具的基本性能和操作知识。最后，索要购物凭据并妥善保管，可作为发生消费纠纷时提供的凭证。

7. 要严格按照使用说明的方法和剂量使用

在使用过程中，不要只凭自己的经验，应按照使用说明的方法和剂量，防止过量或不当使用造成损失。

8. 发生消费纠纷要及时向有关部门举报或投诉

一旦发生消费纠纷，应及时向当地工商、质检、农业等部门申诉举报或者向消费者协会投诉。

第四部分　附录

国务院：开展农村土地承包经营权抵押贷款试点的通知

国办发〔2014〕17号

各省、自治区、直辖市人民政府，国务院各部委、各直属机构：

农村金融是我国金融体系的重要组成部分，是支持服务"三农"发展的重要力量。近年来，我国农村金融取得长足发展，初步形成了多层次、较完善的农村金融体系，服务覆盖面不断扩大，服务水平不断提高。但总体上看，农村金融仍是整个金融体系中最为薄弱的环节。为贯彻落实党的十八大、十八届三中全会精神和国务院的决策部署，积极顺应农业适度规模经营、城乡一体化发展等新情况新趋势新要求，进一步提升农村金融服务的能力和水平，实现农村金融与"三农"的共赢发展，经国务院同意，现提出以下意见。

一、深化农村金融体制机制改革

（一）分类推进金融机构改革

在稳定县域法人地位、维护体系完整、坚持服务"三农"的前提下，进一步深化农村信用社改革，积极稳妥组建农村商业银行，培育合格的市场主体，更好地发挥支农主力军作用。完善农村信用社管理体制，省联社要加快淡出行政管理，强化服务功能，优化协调指导，整合放大服务"三农"的能力。研究制定农业发展银行改革实施总体方案，强化政策性职能定位，明确政策性业务的范围和监管标准，补充资本金，建立健全治理结构，加大对农业开发和农村基础设施建设的中长期信贷支持。鼓励大中型银行根据农村市场需求变化，优化发展战略，加强对"三农"发展的金融支持。深化农业银行"三农金融事业部"改革试点，探索商业金融服务"三农"的可持续模式。鼓励邮政储蓄银行拓展农村金融业务，逐步扩大涉农业务范围。稳步培育发展村镇银行，提高民营资本持股比例，开展面向"三农"的差异化、特色化服务。各涉农金融机构要进一步下沉服务重心，切实做到不脱农、多惠农（银监会、人民银行、发展改革委、财政部、农业部等按职责分工分别负责）。

（二）丰富农村金融服务主体

鼓励建立农业产业投资基金、农业私募股权投资基金和农业科技创业投资基金。支持组建主要服务"三农"的金融租赁公司。鼓励组建政府出资为主、重点开展涉农担保业务的县域融资性担保机构或担保基金，支持其他融资性担保机构为农业生产经营主体提供融资担保服务。规范发展小额贷款公司，建立正向激励机制，拓宽融资渠道，加快接入征信系统，完善管理政策（财政部、发展改革委、银监会、人民银行、证监会、农业部等按职责分工分别负责）。

（三）规范发展农村合作金融

坚持社员制、封闭性、民主管理原则，在不对外吸储放贷、不支付固定回报的前提下，发展农村合作金融。支持农民合作社开展信用合作，积极稳妥组织试点，抓紧制定相关管理办法。在符合条件的农民合作社和供销合作社基础上培育发展农村合作金融组织。有条件的地方，可探索建立合作性的村级融资担保基金（银监会、人民银行、财政部、农业部、供销合作总社等按职责分工分别负责）。

二、大力发展农村普惠金融

（四）优化县域金融机构网点布局

稳定大中型商业银行县域网点，增强网点服务功能。按照强化支农、总量控制原则，对农业发展银行分支机构布局进行调

整，重点向中西部及经济落后地区倾斜。加快在农业大县、小微企业集中地区设立村镇银行，支持其在乡镇布设网点（银监会、人民银行、财政部等按职责分工分别负责）。

（五）推动农村基础金融服务全覆盖

在完善财政补贴政策、合理补偿成本风险的基础上，继续推动偏远乡镇基础金融服务全覆盖工作。在具备条件的行政村，开展金融服务"村村通"工程，采取定时定点服务、自助服务终端，以及深化助农取款、汇款、转账服务和手机支付等多种形式，提供简易便民金融服务（银监会、人民银行、财政部等按职责分工分别负责）。

（六）加大金融扶贫力度

进一步发挥政策性金融、商业性金融和合作性金融的互补优势，切实改进对农民工、农村妇女、少数民族等弱势群体的金融服务。完善扶贫贴息贷款政策，引导金融机构全面做好支持农村贫困地区扶贫攻坚的金融服务工作（人民银行、财政部、银监会等按职责分工分别负责）。

三、引导加大涉农资金投放

（七）拓展资金来源

优化支农再贷款投放机制，向农村商业银行、农村合作银行、村镇银行发放支小再贷款，主要用于支持"三农"和农村地区小微企业发展。支持银行业金融机构发行专项用于"三农"的金融债。开展涉农资产证券化试点。对符合"三农"金融服务要求的县域农村商业银行和农村合作银行，适当降低存款准备金率（人民银行、银监会、证监会等按职责分工分别负责）。

（八）强化政策引导

切实落实县域银行业法人机构一定比例存款投放当地的政策。探索建立商业银行新设县域分支机构信贷投放承诺制度。支持符合监管要求的县域银行业金融机构扩大信贷投放，持续提高存贷比（人民银行、银监会、财政部等按职责分工分别负责）。

（九）完善信贷机制

在强化涉农业务全面风险管理的基础上，鼓励商业银行单列涉农信贷计划，下放贷款审批权限，优化绩效考核机制，推行尽职免责制度，调动"三农"信贷投放的内在积极性（银监会、人民银行等按职责分工分别负责）。

四、创新农村金融产品和服务方式

（十）创新农村金融产品

推行"一次核定、随用随贷、余额控制、周转使用、动态调整"的农户信贷模式，合理确定贷款额度、放款进度和回收期限。加快在农村地区推广应用微贷技术。推广产业链金融模式。大力发展农村电话银行、网上银行业务。创新和推广专营机构、信贷工厂等服务模式。鼓励开展农业机械等方面的金融租赁业务（银监会、人民银行、农业部、工业和信息化部、发展改革委等按职责分工分别负责）。

（十一）创新农村抵（质）押担保方式

制定农村土地承包经营权抵押贷款试点管理办法，在经批准的地区开展试点。慎重稳妥地开展农民住房财产权抵押试点。健全完善林权抵押登记系统，扩大林权抵押贷款规模。推广以农业机械设备、运输工具、水域滩涂养殖权、承包土地收益权等为标的的新型抵押担保方式。加强涉农信贷与涉农保险合作，将涉农保险投保情况作为授信要素，探索拓宽涉农保险保单质押范围（人民银行、银监会、保监会、国土资源部、农业部、林业局等按职责分工分别负责）。

（十二）改进服务方式

进一步简化金融服务手续，推行通俗易懂的合同文本，优化

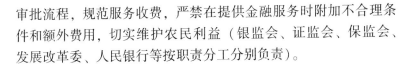

审批流程，规范服务收费，严禁在提供金融服务时附加不合理条件和额外费用，切实维护农民利益（银监会、证监会、保监会、发展改革委、人民银行等按职责分工分别负责）。

五、加大对重点领域的金融支持

（十三）支持农业经营方式创新

在部分地区开展金融支持农业规模化生产和集约化经营试点。积极推动金融产品、利率、期限、额度、流程、风险控制等方面创新，进一步满足家庭农场、专业大户、农民合作社和农业产业化龙头企业等新型农业经营主体的金融需求。继续加大对农民扩大再生产、消费升级和自主创业的金融支持力度（银监会、人民银行、农业部、证监会、保监会、发展改革委等按职责分工分别负责）。

（十四）支持提升农业综合生产能力

加大对耕地整理、农田水利、粮棉油糖高产创建、畜禽水产品标准化养殖、种养业良种生产等经营项目的信贷支持力度。重点支持农业科技进步、现代种业、农机装备制造、设施农业、农产品精深加工等现代农业项目和高科技农业项目（银监会、人民银行、发展改革委、农业部等按职责分工分别负责）。

（十五）支持农业社会化服务产业发展

支持农产品产地批发市场、零售市场、仓储物流设施、连锁零售等服务设施建设（银监会、人民银行、发展改革委、财政部、农业部、商务部、供销合作总社等按职责分工分别负责）。

（十六）支持农业发展方式转变

大力发展绿色金融，促进节水农业、循环农业和生态友好型农业发展（人民银行、银监会、农业部、林业局、发展改革委等按职责分工分别负责）。

（十七）探索支持新型城镇化发展的有效方式

创新适应新型城镇化发展的金融服务机制，重点发挥政策性金融作用，稳步拓宽城镇建设融资渠道，着力做好农业转移人口的综合性金融服务（人民银行、发展改革委、财政部、银监会等按职责分工分别负责）。

六、拓展农业保险的广度和深度

（十八）扩大农业保险覆盖面

重点发展关系国计民生和国家粮食安全的农作物保险、主要畜产品保险、重要"菜篮子"品种保险和森林保险。推广农房、农机具、设施农业、渔业、制种保险等业务（保监会、财政部、农业部、林业局等按职责分工分别负责）。

（十九）创新农业保险产品

稳步开展主要粮食作物、生猪和蔬菜价格保险试点，鼓励各地区因地制宜开展特色优势农产品保险试点。创新研发天气指数、农村小额信贷保证保险等新型险种（保监会、财政部、农业部、林业局、银监会、发展改革委等按职责分工分别负责）。

（二十）完善保费补贴政策

提高中央、省级财政对主要粮食作物保险的保费补贴比例，逐步减少或取消产粮大县的县级保费补贴（财政部、保监会、农业部等按职责分工分别负责）。

（二十一）加快建立财政支持的农业保险大灾风险分散机制，增强对重大自然灾害风险的抵御能力

财政部、保监会、农业部等按职责分工分别负责。

（二十二）加强农业保险基层服务体系建设，不断提高农业保险服务水平

保监会、财政部、农业部、林业局等按职责分工分别负责。

七、稳步培育发展农村资本市场

（二十三）大力发展农村直接融资

支持符合条件的涉农企业在多层次资本市场上进行融资，鼓励发行企业债、公司债和中小企业私募债。逐步扩大涉农企业发行中小企业集合票据、短期融资券等非金融企业债务融资工具的规模。支持符合条件的农村金融机构发行优先股和二级资本工具（证监会、人民银行、发展改革委、银监会等按职责分工分别负责）。

（二十四）发挥农产品期货市场的价格发现和风险规避功能

积极推动农产品期货新品种开发，拓展农产品期货业务。完善商品期货交易机制，加强信息服务，推动农民合作社等农村经济组织参与期货交易，鼓励农产品生产经营企业进入期货市场开展套期保值业务（证监会负责）。

（二十五）谨慎稳妥地发展农村地区证券期货服务

根据农村地区特点，有针对性地提升证券期货机构的专业能力，探索建立农村地区证券期货服务模式，支持农户、农业企业和农村经济组织进行风险管理，加强对投资者的风险意识教育和风险管理培训，切实保护投资者合法权益（证监会负责）。

八、完善农村金融基础设施

（二十六）推进农村信用体系建设

继续组织开展信用户、信用村、信用乡（镇）创建活动，加强征信宣传教育，坚决打击骗贷、骗保和恶意逃债行为（人民银行、银监会、保监会、公安部、发展改革委等按职责分工分别负责）。

（二十七）发展农村交易市场和中介组织

在严格遵守《国务院关于清理整顿各类交易场所切实防范金

融风险的决定》（国发〔2011〕38号）的前提下，探索推进农村产权交易市场建设，积极培育土地评估、资产评估等中介组织，建设具有国内外影响力的农产品交易中心（证监会、发展改革委、国土资源部、农业部、财政部等按职责分工分别负责）。

（二十八）改善农村支付服务环境

推广非现金支付工具和支付清算系统，稳步推广农村移动便捷支付，不断提高农村地区支付服务水平（人民银行、工业和信息化部、银监会等按职责分工分别负责）。

（二十九）保护农村金融消费者权益

畅通农村金融消费者诉求渠道，妥善处理金融消费纠纷。继续开展送金融知识下乡、入社区、进校园活动，提高金融知识普及教育的有效性和针对性，增强广大农民风险识别、自我保护的意识和能力（银监会、证监会、保监会、人民银行、公安部等按职责分工分别负责）。

九、加大对"三农"金融服务的政策支持

（三十）健全政策扶持体系

完善政策协调机制，加快建立导向明确、激励有效、约束严格、协调配套的长期化、制度化农村金融政策扶持体系，为金融机构开展"三农"业务提供稳定的政策预期（财政部、人民银行、银监会、税务总局、证监会、保监会等按职责分工分别负责）。

（三十一）加大政策支持力度

按照"政府引导、市场运作"原则，综合运用奖励、补贴、税收优惠等政策工具，重点支持金融机构开展农户小额贷款、新型农业经营主体贷款、农业种植业养殖业贷款、大宗农产品保险，以及银行卡助农取款、汇款、转账等支农惠农政策性支付业务。按照"鼓励增量，兼顾存量"原则，完善涉农贷款财政奖励

制度。优化农村金融税收政策，完善农户小额贷款税收优惠政策。落实对新型农村金融机构和基础金融服务薄弱地区的银行业金融机构（网点）的定向费用补贴政策。完善农村信贷损失补偿机制，探索建立地方财政出资的涉农信贷风险补偿基金。对涉农贷款占比高的县域银行业法人机构实行弹性存贷比，优先支持开展"三农"金融产品创新（财政部、人民银行、税务总局、银监会、保监会等按职责分工分别负责）。

（三十二）完善涉农贷款统计制度

全面、及时、准确反映农林牧渔业贷款、农户贷款、农村小微企业贷款以及农民合作社贷款情况，依据涉农贷款统计的多维口径制定金融政策和差别化监管措施，提高政策支持的针对性和有效性（人民银行、银监会等按职责分工分别负责）。

（三十三）开展政策效果评估，不断完善相关政策措施，更好地引导带动金融机构支持"三农"发展

财政部、人民银行、银监会、农业部、税务总局、证监会、保监会等按职责分工分别负责。

（三十四）防范金融风险

金融管理部门要按照职责分工，加强金融监管，着力做好风险识别、监测、评估、预警和控制工作，进一步发挥金融监管协调部际联席会议制度的作用，不断健全新形势下的风险处置机制，切实维护金融稳定。各金融机构要进一步健全制度，完善风险管理。地方人民政府要按照监管规则和要求，切实担负起对小额贷款公司、担保公司、典当行、农村资金互助合作组织的监管责任，层层落实突发金融风险事件处置的组织职责，制定完善风险应对预案，守住底线（银监会、证监会、保监会、人民银行等按职责分工分别负责）。

（三十五）加强督促检查

各地区、各有关部门和各金融机构要按照国务院统一部署，

增强做好"三农"金融服务工作的责任感和使命感，各司其职，协调配合，扎实推动各项工作。地方各级人民政府要结合本地区实际，抓紧研究制定扶持政策，加大对农村金融改革发展的政策支持力度。各省、自治区、直辖市人民政府要按年度对本地区金融支持"三农"发展工作进行全面总结，提出政策意见和建议，于次年1月底前报国务院。各有关部门要按照职责分工精心组织，切实抓好贯彻落实工作，银监会要牵头做好督促检查和各地区工作情况的汇总工作，确保各项政策措施落实到位。

国务院办公厅

2014 年 4 月 20 日

农业部关于促进家庭农场发展的指导意见

农经发〔2014〕1号

近年来各地顺应形势发展需要，积极培育和发展家庭农场，取得了初步成效，积累了一定经验。为贯彻落实党的十八届三中全会、中央农村工作会议精神和中央1号文件要求，加快构建新型农业经营体系，现就促进家庭农场发展提出以下意见。

一、充分认识促进家庭农场发展的重要意义

当前，我国农业农村发展进入新阶段，要应对农业兼业化、农村空心化、农民老龄化，解决谁来种地、怎样种好地的问题，亟需加快构建新型农业经营体系。家庭农场作为新型农业经营主体，以农民家庭成员为主要劳动力，以农业经营收入为主要收入来源，利用家庭承包土地或流转土地，从事规模化、集约化、商品化农业生产，保留了农户家庭经营的内核，坚持了家庭经营的基础性地位，适合我国基本国情，符合农业生产特点，契合经济社会发展阶段，是农户家庭承包经营的升级版，已成为引领适度规模经营、发展现代农业的有生力量。各级农业部门要充分认识发展家庭农场的重要意义，把这项工作摆上重要议事日程，切实加强政策扶持和工作指导。

二、把握家庭农场基本特征

现阶段，家庭农场经营者主要是农民或其他长期从事农业生产的人员，主要依靠家庭成员而不是依靠雇工从事生产经营活动。家庭农场专门从事农业，主要进行种养业专业化生产，经营者大都接受过农业教育或技能培训，经营管理水平较高，示范带动能力较强，具有商品农产品生产能力。家庭农场经营规模适

度，种养规模与家庭成员的劳动生产能力和经营管理能力相适应，符合当地确定的规模经营标准，收入水平能与当地城镇居民相当，实现较高的土地产出率、劳动生产率和资源利用率。各地要正确把握家庭农场特征，从实际出发，根据产业特点和家庭农场发展进程，引导其健康发展。

三、明确工作指导要求

在我国，家庭农场作为新生事物，还处在发展的起步阶段。当前主要是鼓励发展、支持发展，并在实践中不断探索、逐步规范。发展家庭农场要紧紧围绕提高农业综合生产能力、促进粮食生产、农业增效和农民增收来开展，要重点鼓励和扶持家庭农场发展粮食规模化生产。要坚持农村基本经营制度，以家庭承包经营为基础，在土地承包经营权有序流转的基础上，结合培育新型农业经营主体和发展农业适度规模经营，通过政策扶持、示范引导、完善服务，积极稳妥地加以推进。要充分认识到，在相当长时期内普通农户仍是农业生产经营的基础，在发展家庭农场的同时，不能忽视普通农户的地位和作用。要充分认识到，不断发展起来的家庭经营、集体经营、合作经营、企业经营等多种经营方式，各具特色、各有优势，家庭农场与专业大户、农民合作社、农业产业化经营组织、农业企业、社会化服务组织等多种经营主体，都有各自的适应性和发展空间，发展家庭农场不排斥其他农业经营形式和经营主体，不只追求一种模式、一个标准。要充分认识到，家庭农场发展是一个渐进过程，要靠农民自主选择，防止脱离当地实际、违背农民意愿、片面追求超大规模经营的倾向，人为归大堆、垒大户。

四、探索建立家庭农场管理服务制度

为增强扶持政策的精准性、指向性，县级农业部门要建立家庭农场档案，县以上农业部门可从当地实际出发，明确家庭农场

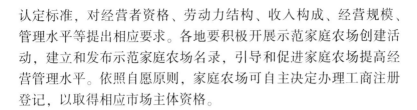

认定标准，对经营者资格、劳动力结构、收入构成、经营规模、管理水平等提出相应要求。各地要积极开展示范家庭农场创建活动，建立和发布示范家庭农场名录，引导和促进家庭农场提高经营管理水平。依照自愿原则，家庭农场可自主决定办理工商注册登记，以取得相应市场主体资格。

五、引导承包土地向家庭农场流转

健全土地流转服务体系，为流转双方提供信息发布、政策咨询、价格评估、合同签订指导等便捷服务。引导和鼓励家庭农场经营者通过实物计租货币结算、租金动态调整、土地经营权入股保底分红等利益分配方式，稳定土地流转关系，形成适度的土地经营规模。鼓励有条件的地方将土地确权登记、互换并地与农田基础设施建设相结合，整合高标准农田建设等项目资金，建设连片成方、旱涝保收的农田，引导流向家庭农场等新型经营主体。

六、落实对家庭农场的相关扶持政策

各级农业部门要将家庭农场纳入现有支农政策扶持范围，并予以倾斜，重点支持家庭农场稳定经营规模、改善生产条件、提高技术水平、改进经营管理等。加强与有关部门沟通协调，推动落实涉农建设项目、财政补贴、税收优惠、信贷支持、抵押担保、农业保险、设施用地等相关政策，帮助解决家庭农场发展中遇到的困难和问题。

七、强化面向家庭农场的社会化服务

基层农业技术推广机构要把家庭农场作为重要服务对象，有效提供农业技术推广、优良品种引进、动植物疫病防控、质量检测检验、农资供应和市场营销等服务。支持有条件的家庭农场建设试验示范基地，担任农业科技示范户，参与实施农业技术推广项目。引导和鼓励各类农业社会化服务组织开展面向家庭农场的代耕代种代收、病虫害统防统治、肥料统配统施、集中育苗育秧、灌溉排水、贮藏保鲜等经营性社会化服务。

八、完善家庭农场人才支撑政策

各地要加大对家庭农场经营者的培训力度，确立培训目标、丰富培训内容、增强培训实效，有计划地开展培训。要完善相关政策措施，鼓励中高等学校特别是农业职业院校毕业生、新型农民和农村实用人才、务工经商返乡人员等兴办家庭农场。将家庭农场经营者纳入新型职业农民、农村实用人才、"阳光工程"等培育计划。完善农业职业教育制度，鼓励家庭农场经营者通过多种形式参加中高等职业教育提高学历层次，取得职业资格证书或农民技术职称。

九、引导家庭农场加强联合与合作

引导从事同类农产品生产的家庭农场通过组建协会等方式，加强相互交流与联合。鼓励家庭农场牵头或参与组建合作社，带动其他农户共同发展。鼓励工商企业通过订单农业、示范基地等方式，与家庭农场建立稳定的利益联结机制，提高农业组织化程度。

十、加强组织领导

各级农业部门要深入调查研究，积极向党委、政府反映情况、提出建议，研究制定本地区促进家庭农场发展的政策措施，加强与发改、财政、工商、国土、金融、保险等部门协作配合，形成工作合力，共同推进家庭农场健康发展。要加强对家庭农场财务管理和经营指导，做好家庭农场统计调查工作。及时总结家庭农场发展过程中的好经验、好做法，充分运用各类新闻媒体加强宣传，营造良好社会氛围。

国有农场可参照本意见，对农场职工兴办家庭农场给予指导和扶持。[1]

农业部

2014 年 2 月 24 日

关于引导农村土地经营权有序流转
发展农业适度规模经营的意见

伴随我国工业化、信息化、城镇化和农业现代化进程，农村劳动力大量转移，农业物质技术装备水平不断提高，农户承包土地的经营权流转明显加快，发展适度规模经营已成为必然趋势。实践证明，土地流转和适度规模经营是发展现代农业的必由之路，有利于优化土地资源配置和提高劳动生产率，有利于保障粮食安全和主要农产品供给，有利于促进农业技术推广应用和农业增效、农民增收，应从我国人多地少、农村情况千差万别的实际出发，积极稳妥地推进。为引导农村土地（指承包耕地）经营权有序流转、发展农业适度规模经营，现提出如下意见。

一、总体要求

（一）指导思想

全面理解、准确把握中央关于全面深化农村改革的精神，按照加快构建以农户家庭经营为基础、合作与联合为纽带、社会化服务为支撑的立体式复合型现代农业经营体系和走生产技术先进、经营规模适度、市场竞争力强、生态环境可持续的中国特色新型农业现代化道路的要求，以保障国家粮食安全、促进农业增效和农民增收为目标，坚持农村土地集体所有，实现所有权、承包权、经营权三权分置，引导土地经营权有序流转，坚持家庭经营的基础性地位，积极培育新型经营主体，发展多种形式的适度规模经营，巩固和完善农村基本经营制度。改革的方向要明，步子要稳，既要加大政策扶持力度，加强典型示范引导，鼓励创新农业经营体制机制，又要因地制宜、循序渐进，不能搞大跃进，不能搞强迫命令，不能搞行政瞎指挥，使农业适度规模经营发展与城镇化进程和农村劳动力转

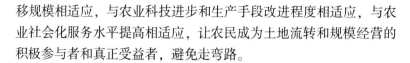

移规模相适应，与农业科技进步和生产手段改进程度相适应，与农业社会化服务水平提高相适应，让农民成为土地流转和规模经营的积极参与者和真正受益者，避免走弯路。

（二）基本原则

——坚持农村土地集体所有权，稳定农户承包权，放活土地经营权，以家庭承包经营为基础，推进家庭经营、集体经营、合作经营、企业经营等多种经营方式共同发展。

——坚持以改革为动力，充分发挥农民首创精神，鼓励创新，支持基层先行先试，靠改革破解发展难题。

——坚持依法、自愿、有偿，以农民为主体，政府扶持引导，市场配置资源，土地经营权流转不得违背承包农户意愿、不得损害农民权益、不得改变土地用途、不得破坏农业综合生产能力和农业生态环境。

——坚持经营规模适度，既要注重提升土地经营规模，又要防止土地过度集中，兼顾效率与公平，不断提高劳动生产率、土地产出率和资源利用率，确保农地农用，重点支持发展粮食规模化生产。

二、稳定完善农村土地承包关系

（三）健全土地承包经营权登记制度

建立健全承包合同取得权利、登记记载权利、证书证明权利的土地承包经营权登记制度，是稳定农村土地承包关系、促进土地经营权流转、发展适度规模经营的重要基础性工作。完善承包合同，健全登记簿，颁发权属证书，强化土地承包经营权物权保护，为开展土地流转、调处土地纠纷、完善补贴政策、进行征地补偿和抵押担保提供重要依据。建立健全土地承包经营权信息应用平台，方便群众查询，利于服务管理。土地承包经营权确权登记原则上确权到户到地，在尊重农民意愿的前提下，也可以确权确股不确地。切实维护妇女的土地承包权益。

（四）推进土地承包经营权确权登记颁证工作

按照中央统一部署、地方全面负责的要求，在稳步扩大试点的基础上，用 5 年左右时间基本完成土地承包经营权确权登记颁证工作，妥善解决农户承包地块面积不准、四至不清等问题。在工作中，各地要保持承包关系稳定，以现有承包台账、合同、证书为依据确认承包地归属；坚持依法规范操作，严格执行政策，按照规定内容和程序开展工作；充分调动农民群众积极性，依靠村民民主协商，自主解决矛盾纠纷；从实际出发，以农村集体土地所有权确权为基础，以第二次全国土地调查成果为依据，采用符合标准规范、农民群众认可的技术方法；坚持分级负责，强化县乡两级的责任，建立健全党委和政府统一领导、部门密切协作、群众广泛参与的工作机制；科学制定工作方案，明确时间表和路线图，确保工作质量。有关部门要加强调查研究，有针对性地提出操作性政策建议和具体工作指导意见。土地承包经营权确权登记颁证工作经费纳入地方财政预算，中央财政给予补助。

三、规范引导农村土地经营权有序流转

（五）鼓励创新土地流转形式

鼓励承包农户依法采取转包、出租、互换、转让及入股等方式流转承包地。鼓励有条件的地方制定扶持政策，引导农户长期流转承包地并促进其转移就业。鼓励农民在自愿前提下采取互换并地方式解决承包地细碎化问题。在同等条件下，本集体经济组织成员享有土地流转优先权。以转让方式流转承包地的，原则上应在本集体经济组织成员之间进行，且需经发包方同意。以其他形式流转的，应当依法报发包方备案。抓紧研究探索集体所有权、农户承包权、土地经营权在土地流转中的相互权利关系和具体实现形式。按照全国统一安排，稳步推进土地经营权抵押、担保试点，研究制定统一规范的实施办法，探索建立抵押资产处置机制。

（六）严格规范土地流转行为

土地承包经营权属于农民家庭，土地是否流转、价格如何确定、形式如何选择，应由承包农户自主决定，流转收益应归承包农户所有。流转期限应由流转双方在法律规定的范围内协商确定。没有农户的书面委托，农村基层组织无权以任何方式决定流转农户的承包地，更不能以少数服从多数的名义，将整村整组农户承包地集中对外招商经营。防止少数基层干部私相授受，谋取私利。严禁通过定任务、下指标或将流转面积、流转比例纳入绩效考核等方式推动土地流转。

（七）加强土地流转管理和服务

有关部门要研究制定流转市场运行规范，加快发展多种形式的土地经营权流转市场。依托农村经营管理机构健全土地流转服务平台，完善县乡村三级服务和管理网络，建立土地流转监测制度，为流转双方提供信息发布、政策咨询等服务。土地流转服务主体可以开展信息沟通、委托流转等服务，但禁止层层转包从中牟利。土地流转给非本村（组）集体成员或村（组）集体受农户委托统一组织流转并利用集体资金改良土壤、提高地力的，可向本集体经济组织以外的流入方收取基础设施使用费和土地流转管理服务费，用于农田基本建设或其他公益性支出。引导承包农户与流入方签订书面流转合同，并使用统一的省级合同示范文本。依法保护流入方的土地经营权益，流转合同到期后流入方可在同等条件下优先续约。加强农村土地承包经营纠纷调解仲裁体系建设，健全纠纷调处机制，妥善化解土地承包经营流转纠纷。

（八）合理确定土地经营规模

各地要依据自然经济条件、农村劳动力转移情况、农业机械化水平等因素，研究确定本地区土地规模经营的适宜标准。防止脱离实际、违背农民意愿，片面追求超大规模经营的倾向。现阶段，对土地经营规模相当于当地户均承包地面积 10～15 倍、务农收入相当于当地二三产业务工收入的，应当给予重点扶持。创新规模经营方式，在引导土地资源适度集聚的同时，通过农民的合作与联合、开展社会化服务等多种形式，提升农业规模化经营水平。

（九）扶持粮食规模化生产

加大粮食生产支持力度，原有粮食直接补贴、良种补贴、农资综合补贴归属由承包农户与流入方协商确定，新增部分应向粮食生产规模经营主体倾斜。在有条件的地方开展按照实际粮食播种面积或产量对生产者补贴试点。对从事粮食规模化生产的农民合作社、家庭农场等经营主体，符合申报农机购置补贴条件的，要优先安排。探索选择运行规范的粮食生产规模经营主体开展目标价格保险试点。抓紧开展粮食生产规模经营主体营销贷款试点，允许用粮食作物、生产及配套辅助设施进行抵押融资。粮食品种保险要逐步实现粮食生产规模经营主体愿保尽保，并适当提高对产粮大县稻谷、小麦、玉米三大粮食品种保险的保费补贴比例。各地区各有关部门要研究制定相应配套办法，更好地为粮食生产规模经营主体提供支持服务。

（十）加强土地流转用途管制

坚持最严格的耕地保护制度，切实保护基本农田。严禁借土地流转之名违规搞非农建设。严禁在流转农地上建设或变相建设旅游度假村、高尔夫球场、别墅、私人会所等。严禁占用基本农田挖塘栽树及其他毁坏种植条件的行为。严禁破坏、污染、圈占闲置耕地和损毁农田基础设施。坚决查处通过"以租代征"违法违规进行非农建设的行为，坚决禁止擅自将耕地"非农化"。利用规划和标准引导设施农业发展，强化设施农用地的用途监管。采取措施保证流转土地用于农业生产，可以通过停发粮食直接补贴、良种补贴、农资综合补贴等办法遏制撂荒耕地的行为。在粮食主产区、粮食生产功能区、高产创建项目实施区，不符合产业规划的经营行为不再享受相关农业生产扶持政策。合理引导粮田

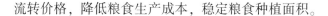

流转价格，降低粮食生产成本，稳定粮食种植面积。

四、加快培育新型农业经营主体

（十一）发挥家庭经营的基础作用

在今后相当长时期内，普通农户仍占大多数，要继续重视和扶持其发展农业生产。重点培育以家庭成员为主要劳动力、以农业为主要收入来源，从事专业化、集约化农业生产的家庭农场，使之成为引领适度规模经营、发展现代农业的有生力量。分级建立示范家庭农场名录，健全管理服务制度，加强示范引导。鼓励各地整合涉农资金建设连片高标准农田，并优先流向家庭农场、专业大户等规模经营农户。

（十二）探索新的集体经营方式

集体经济组织要积极为承包农户开展多种形式的生产服务，通过统一服务降低生产成本、提高生产效率。有条件的地方根据农民意愿，可以统一连片整理耕地，将土地折股量化、确权到户，经营所得收益按股分配，也可以引导农民以承包地入股组建土地股份合作组织，通过自营或委托经营等方式发展农业规模经营。各地要结合实际不断探索和丰富集体经营的实现形式。

（十三）加快发展农户间的合作经营

鼓励承包农户通过共同使用农业机械、开展联合营销等方式发展联户经营。鼓励发展多种形式的农民合作组织，深入推进示范社创建活动，促进农民合作社规范发展。在管理民主、运行规范、带动力强的农民合作社和供销合作社基础上，培育发展农村合作金融。引导发展农民专业合作社联合社，支持农民合作社开展农社对接。允许农民以承包经营权入股发展农业产业化经营。探索建立农户入股土地生产性能评价制度，按照耕地数量质量、参照当地土地经营权流转价格计价折股。

（十四）鼓励发展适合企业化经营的现代种养业

鼓励农业产业化龙头企业等涉农企业重点从事农产品加工流通和农业社会化服务，带动农户和农民合作社发展规模经营。引导工商资本发展良种种苗繁育、高标准设施农业、规模化养殖等适合企业化经营的现代种养业，开发农村"四荒"资源发展多种经营。支持农业企业与农户、农民合作社建立紧密的利益联结机制，实现合理分工、互利共赢。支持经济发达地区通过农业示范园区引导各类经营主体共同出资、相互持股，发展多种形式的农业混合所有制经济。

（十五）加大对新型农业经营主体的扶持力度

鼓励地方扩大对家庭农场、专业大户、农民合作社、龙头企业、农业社会化服务组织的扶持资金规模。支持符合条件的新型农业经营主体优先承担涉农项目，新增农业补贴向新型农业经营主体倾斜。加快建立财政项目资金直接投向符合条件的合作社、财政补助形成的资产转交合作社持有和管护的管理制度。各省（自治区、直辖市）根据实际情况，在年度建设用地指标中可单列一定比例专门用于新型农业经营主体建设配套辅助设施，并按规定减免相关税费。综合运用货币和财税政策工具，引导金融机构建立健全针对新型农业经营主体的信贷、保险支持机制，创新金融产品和服务，加大信贷支持力度，分散规模经营风险。鼓励符合条件的农业产业化龙头企业通过发行短期融资券、中期票据、中小企业集合票据等多种方式，拓宽融资渠道。鼓励融资担保机构为新型农业经营主体提供融资担保服务，鼓励有条件的地方通过设立融资担保专项资金、担保风险补偿基金等加大扶持力度。落实和完善相关税收优惠政策，支持农民合作社发展农产品加工流通。

（十六）加强对工商企业租赁农户承包地的监管和风险防范

各地对工商企业长时间、大面积租赁农户承包地要有明确的上限控制，建立健全资格审查、项目审核、风险保障金制度，对租地条件、经营范围和违规处罚等作出规定。工商企业租赁农户承包地要按面积实行分级备案，严格准入门槛，加强事中事后监管，防止浪费农地资源、损害农民土地权益，防范承包农户因流入方违约或经营不善遭受损失。定期对租赁土地企业的农业经营能力、土地用途和风险防范能力等开展监督检查，查验土地利用、合同履行等情况，及时查处纠正违法违规行为，对符合要求的可给予政策扶持。有关部门要抓紧制定管理办法，并加强对各地落实情况的监督检查。

五、建立健全农业社会化服务体系

（十七）培育多元社会化服务组织

巩固乡镇涉农公共服务机构基础条件建设成果。鼓励农技推广、动植物防疫、农产品质量安全监管等公共服务机构围绕发展农业适度规模经营拓展服务范围。大力培育各类经营性服务组织，积极发展良种种苗繁育、统防统治、测土配方施肥、粪污集中处理等农业生产性服务业，大力发展农产品电子商务等现代流通服务业，支持建设粮食烘干、农机场库棚和仓储物流等配套基础设施。农产品初加工和农业灌溉用电执行农业生产用电价格。鼓励以县为单位开展农业社会化服务示范创建活动。开展政府购买农业公益性服务试点，鼓励向经营性服务组织购买易监管、可量化的公益性服务。研究制定政府购买农业公益性服务的指导性目录，建立健全购买服务的标准合同、规范程序和监督机制。积极推广既不改变农户承包关系，又保证地有人种的托管服务模式，鼓励种粮大户、农机大户和农机合作社开展全程托管或主要生产环节托管，实现统一耕作，规模化生产。

（十八）开展新型职业农民教育培训

制定专门规划和政策，壮大新型职业农民队伍。整合教育培训资源，改善农业职业学校和其他学校涉农专业办学条件，加快发展农业职业教育，大力发展现代农业远程教育。实施新型职业农民培育工程，围绕主导产业开展农业技能和经营能力培养培训，扩大农村实用人才带头人示范培养培训规模，加大对专业大户、家庭农场经营者、农民合作社带头人、农业企业经营管理人员、农业社会化服务人员和返乡农民工的培养培训力度，把青年农民纳入国家实用人才培养计划。努力构建新型职业农民和农村实用人才培养、认定、扶持体系，建立公益性农民培养培训制度，探索建立培育新型职业农民制度。

（十九）发挥供销合作社的优势和作用

扎实推进供销合作社综合改革试点，按照改造自我、服务农民的要求，把供销合作社打造成服务农民生产生活的生力军和综合平台。利用供销合作社农资经营渠道，深化行业合作，推进技物结合，为新型农业经营主体提供服务。推动供销合作社农产品流通企业、农副产品批发市场、网络终端与新型农业经营主体对接，开展农产品生产、加工、流通服务。鼓励基层供销合作社针对农业生产重要环节，与农民签订服务协议，开展合作式、订单式服务，提高服务规模化水平。

土地问题涉及亿万农民切身利益，事关全局。各级党委和政府要充分认识引导农村土地经营权有序流转、发展农业适度规模经营的重要性、复杂性和长期性，切实加强组织领导，严格按照中央政策和国家法律法规办事，及时查处违纪违法行为。坚持从实际出发，加强调查研究，搞好分类指导，充分利用农村改革试验区、现代农业示范区等开展试点试验，认真总结基层和农民群众创造的好经验好做法。加大政策宣传力度，牢固树立政策观念，准确把握政策要求，营造良好的改革发展环境。加强农村经营管理体系建设，明确相应机构承担农村经管工作职责，确保事有人干、责有人负。各有关部门要按照职责分工，抓紧修订完善相关法律法规，建立工作指导和检查监督制度，健全齐抓共管的工作机制，引导农村土地经营权有序流转，促进农业适度规模经营健康发展。